CINCO PROBLEMAS NO RESUELTOS POR LA CIENCIA

CINCO PROBLEMAS NO RESUELTOS POR LA CIENCIA

Omar Peña Grau

A Carmen, Tamara, Carola, Matías y Camila,
que permanecen inmortales, en mi conciencia.

A TI (lector)….

…Para que te ilumines y creas con tu conciencia.

INDICE

INTRODUCCIÓN

Actualmente la ciencia se encuentra con muchos fenómenos que no ha resuelto. Es lo que puede asimilarse a la expresión, del "difícil problema" de David Chalmers, respecto de la conciencia. Se trata de un concepto acuñado por el filósofo de la mente Chalmers, y que tiene que ver con esta pregunta ¿Cómo es posible, que el cerebro que sólo procesa señales eléctricas o químicas, de lugar a una experiencia subjetiva consciente? El difícil problema consiste en que no somos capaces siquiera de imaginar, cómo una actividad neuronal, física, es capaz de producir fenómenos subjetivos y aparentemente intangibles.

Dado el enfoque y la gran similitud de los temas planteados en este libro, se me hace difícil no repetir algunos pasajes, que para mantener una coherencia de cada tema, se hace imprescindible volver a tocar esos "ecos" de la materia en cuestión. Por ello, los temas tratados en este conjunto de ensayos, está disgregada en el conjunto de mi obra.

Este libro, intenta presentar la argumentación de que mucho de los problemas que encierran las investigaciones de la ciencia, pueden estar subsumidas en el problema de la conciencia. De ahí, los cuatro problemas que inicia este libro están íntimamente relacionados con el quinto problema, el de la conciencia, que sería en el fondo el problema principal.

El capítulo primero, *Viajes en el tiempo*, nos presenta aquello que ha permanecido por tiempo en la imaginación del hombre que lo ha llevado a pensar que, en algún futuro lejano, pudiera construir una máquina del tiempo que viajara más allá de la velocidad de la luz. Se trata, de que nosotros, nuestro cuerpo, es la máquina del tiempo y nuestra conciencia cuántica (fotón) es el viajero del tiempo.

El segundo capítulo, *Vidas inmortales*, íntimamente relacionado con el capítulo anterior, desarrolla la pregunta ¿Qué es una vida inmortal?

que sugiere, que quien es inmortal ha vivido, vive y vivirá para siempre, en todos los tiempos y espacios del cosmos.

El capítulo tercero y cuarto, *Fenómenos paranormales y Fenómenos aéreos no identificados*, presentan aquellos mensajes que pueden estar mostrándonos hacia dónde vamos, son fenómenos de percepciones proyectadas en cristales, apariciones y desapariciones, telepatía, clarividencia, precognición y el fenómeno Ovni

El último capítulo, *Problema de la conciencia*, contempla los alcances de la visión cuántica, compleja, holística del universo, con la conciencia, en el sentido de que en un instante del tiempo, en nuestra conciencia, subsisten al menos dos tipos de conciencia, es decir, estamos percibiendo una conciencia sensorial y, en niveles de microsegundos, no percibimos la conciencia cuántica que está operando y anticipándose, a su vez, casi en el mismo tiempo (medio segundo antes de hacernos conscientes). Ahora, estamos llegando a comprender en un "cambio del concepto del mundo", en que la percepción ordinaria no tiene nada de ordinaria, sino que, en forma oculta, existe una especie de matriz o campo, que trasciende las limitaciones del espacio-tiempo, e incide en todo el espectro de la conciencia del Ser.

I. VIAJES EN EL TIEMPO

PRESENTACIÓN

Una Expansión de la Conciencia Ecológica[1]

La significación que tiene para mí, estar en este minuto con ustedes, radica fundamentalmente en el haber contactado con Omar en los inicios de su caminar por la Programación Neurolingüística (PNL) y, de ahí, fuimos tomando conocimiento de su inquietud fundamental. Participamos de un taller, donde está condensado gran parte de lo que relata don Rolando. Yo encuentro que la virtud, el mérito grande que tiene Omar, y el mérito grande que se traduce en el texto, es que esto de modificar el campo de la conciencia, él lo logra a través de la palabra, a través del ejercicio y no a través de una sustancia química que nos pueda producir algún tipo de alteración. Es decir, la herramienta de trabajo que Omar ha encontrado, y que entrega, es absolutamente ecológica y se puede trabajar a cualquier nivel, y en esto hay un poco de comunión entre lo que hace la PNL, las inquietudes de Omar y lo fundamental de él, es que permite con estos atrevimientos a unir la física con el campo de la conciencia. De otra forma, uno no se explica, por ejemplo, cómo en el campo de la meditación o en el campo de la relajación que él nos entrega en el texto, podamos meternos dentro del cuerpo de un animal y sentir las percepciones que el animal está viviendo. Cómo, por ejemplo, en otro campo, introducirnos en un trozo de metal, y percibir qué es lo que nosotros somos capaces de recoger en este caminar por el interior del cuerpo de metal. Todas estas son expansiones de la conciencia porque hasta el minuto en que nosotros a través del ejercicio que Omar nos entrega, el trozo de metal es algo que está inerte, que no tiene para nosotros ningún otro significado que se le pueda aplicar en el campo, tal vez de la industria, sin embargo, él toma el trozo de metal, nos hace introducir en el trozo y nos hace experimentar que es lo que hay en el interior. Eso yo creo que es uno de los grandes atrevimientos que, cuando Don Rolando dice, que son pocos los que se atreven a unir la física con la conciencia, Omar lo logra, además, y no solo lo digo por el texto, sino por la experiencia que nos hizo vivir en algún momento, de ponernos en contacto con sonidos arquetípicos; cuando nosotros estamos en contacto con esos sonidos y que él lo plantea en el texto, nos va produciendo una reacción absolutamente nueva, distinta y desde esa dimensión de estar sintiendo estos sonidos de manera absolutamente diferentes nos proyecta hacia la realidad, hacia lo que nosotros estamos viviendo en lo cotidiano y, ahí, es donde nosotros podemos entonces aplicar lo que estamos recogiendo de estas experiencias. A mí me complace y me produce una satisfacción muy grande, saber que hay personas como Omar que

---

[1] Presentación de "El Universo en una Caverna" en la Feria Internacional del Libro, Santiago octubre 2005, por el señor Guillermo Bruna, Master y profesor de PNL.

están preocupados que en este minuto la sociedad nuestra se va deteriorando y, en este deterioro, él habla que va a tener que llegar a su fin la **sociedad de la comunicación** que estamos viviendo, para llegar a la **sociedad de la comprensión**, para saltar después a la **sociedad de la creación** solo teniendo la imaginación suficiente para arrancarnos de los límites de los espacios de la física, para adentrarnos en lo que la conciencia nos puede entregar, como un vehículo de imaginación. En la medida, en que nosotros tomamos contacto interno con nuestro ser, nos vamos en una relación de relajación y meditación por el interior del cuerpo y vamos haciendo conciencia de lo que vamos encontrando está la posibilidad de que vayamos mejorando. Esto que parece o puede parecer un tanto lírico respecto del texto, yo lo he vivenciado con personas que lo han hecho en procesos patológicos de enfermedades como el cáncer, por ejemplo, donde mediante la relajación y mediante la meditación se hacen un recorrido interno y van encontrando cuales son las partes que están afectadas y solo con la imaginación, que es el vehículo que Omar hace que uno tome contacto y lo transforme como una cosa común y corriente en el texto, cómo a través de este caminar por el interior, uno puede producir cambios y es hacia eso que él orienta su texto, a encontrar personas que se atrevan a saltar, junto con él, desde la física de la conciencia y, desde ahí, empezar un caminar por una mejoría, de tal manera que nosotros podamos saltar de la **sociedad de la comunicación** hacia la **sociedad de la comprensión** y, en definitiva, llegar a la **sociedad de la creación**. Yo, íntimamente siento una satisfacción muy grande de poder transmitirles esto, que está en el texto de Omar, y además que yo lo he vivenciado, como les decía, en un taller que él dirigió, donde participamos como alumno, no obstante que yo había sido su profesor en la universidad de PNL y, el hecho de caminar por el interior de la persona, hace que nos acerquemos más al fenómeno de la conciencia, porque, tal como él lo dice, son muchas las inquietudes que nos plantea la conciencia, son pocas las respuestas que nosotros encontramos en el vivir cotidiano pero, cuando nosotros nos adentramos, mediante la relajación y la meditación por el interior nuestro vamos encontrando que el hablar y tener contacto con la conciencia nos va facilitando mucho las cosas. Yo agradezco mucho que Omar haga este aporte, a este trabajo de acercarnos a los niveles de conciencia que nos permita una expansión y que esa expansión se generalice, yo digo, desde el infante hasta el adulto, porque es **una expansión de la conciencia** absolutamente **ecológica**.

Guillermo Bruna
Master y Profesor en Programación Neurolingüística (PNL)

INTRODUCCIÓN:

¿Qué es un viaje en el tiempo?

La imaginación del hombre lo ha llevado a pensar que, en algún futuro lejano, pudiera construir una **máquina del tiempo** que viajara más allá de la velocidad de la luz. Según la teoría de la relatividad, la velocidad de la luz es energía (y/o partículas elementales) en movimiento. Mirado desde esta perspectiva, pareciera que esta máquina solo es una fantasía que jamás se logre alcanzar. Ningún cuerpo puede alcanzar la velocidad de la luz pues se transforma en energía de acuerdo a Einstein ($E = mc^2$). Sin embargo, ya existe un camino. La hipótesis de este libro[2], es que ya existe una máquina del tiempo y que hasta el momento la hemos ignorado. Se trata de que nosotros, nuestro cuerpo es la máquina del tiempo y nuestra **conciencia cuántica** (fotón) es el viajero del tiempo[3]. Ahora llegamos a la comprensión de que la única forma de viajar más allá de la velocidad de la luz es a través de la **energía de conciencia**. Hoy tenemos los medios y la tecnología de la mente que permite, en meditación[4] con música, trascender la identidad hacia aves, peces, animales, vegetales, minerales y humanidad en general; trascender el espacio, trasladándonos hacia otros lugares, y trascender el tiempo, viajando a otras épocas. Además podemos acceder al conocimiento directo de la relación de los objetos con las personas (psicometría) y obtener información clarividente y

---

[2] Se refiere al libro El universo en un instante de conciencia (2004).

[3] Una visión de la idea de la participación de la conciencia cuántica, obtenida en un estado alterado de conciencia: "Soy un fotón, que me desplazo por el universo del tiempo y el espacio. Me puedo identificar con cualquier cosa viva o "muerta" de este universo. Es decir, puedo trascender tanto mi identidad como el espacio-tiempo. Puedo transformarme en onda o volver a ser nuevamente partícula, dependiendo de mi intención. ¿Cómo llegué a eso? En un principio, estoy formando parte diminuta de una porción del cuerpo humano. Me siento como tocando o rodeando este cuerpo. Es, como si estuviera apagado, dormido, invisible, sin sonido, ni luz propia, casi inerte y, sólo vibrando en ondas incoherentes con otras porciones diminutas del cuerpo humano. De repente, como en una nube, algo me estimula y despierta y me lleva hacia el interior del cuerpo. Parece un sonido o una fuerza ondulatoria poderosa que hace que me mueva como en remolinos, cada vez más fuerte y empujando a otras porciones a seguir ese movimiento vibratorio y ondulatorio. Comenzamos a avanzar y retroceder en vaivén. Chocamos en las paredes, caímos y rebotamos en un lugar oscuro como un tubo largo o túnel. Al desplazarnos de nuestro lugar de origen tratamos de volver iluminando nuestra senda para no perdernos y, como todos avanzamos iluminando cada vez con mayor intensidad, salimos despedidos como en una sola corriente de luz y chocando en las paredes del túnel salgo al fin con todos, velozmente al unísono, despedidos fuera por algún lugar del cuerpo humano. Ahora veo, desde fuera, de donde venía, un cuerpo humano y, hacia donde voy viajando por el universo del tiempo y del espacio".

[4] Para efectos, de los términos expuestos en el libro, relativos a *meditación, meditación disipativa, meditación cuántica, proceso autonómico, conciencia cuántica* se entenderá que son conceptos equivalentes.

telepática. Quizás la experiencia más cercana a un viaje por el tiempo y espacio sea la del viaje en estados alterados de conciencia. La conciencia se expande y trasciende el espacio-tiempo además de la identidad. Esta experiencia ya se puede llevar a cabo en talleres de meditación. Uno de los participantes que por primera vez efectuaba este proceso, en un instante vivió la siguiente experiencia: "Salí expulsado por una enorme energía luminosa. Fui proyectado hacia el cosmos, crucé tres soles y visualicé un color azul profundo". Para él fue una experiencia real.

Si bien en condiciones ordinarias, a cada instante, ingresamos a esa trascendencia del tiempo, no somos conscientes de ello pues se produce a niveles de microsegundos.

El desdoblamiento o "trascendencia del cuerpo" conscientemente es una sensación raramente producida a veces en forma espontánea. Pero es posible experimentar conscientemente el proceso de trascendencia de identidad, del espacio y del tiempo mediante técnicas de alteración de la conciencia como son la hipnosis, la meditación y relajación. Durante los talleres de meditación y relajación que he efectuado en años anteriores, se han producido a veces estos efectos sin haberlos buscado. Para algunas técnicas, como visualización libre la persona puede experimentar la sensación de una metamorfosis de identidades (aves, animales, peces, vegetales, minerales y energía); en otras técnicas se obtiene la experiencia de trascender el espacio y el tiempo "viajando" en conciencia cuántica a otros lugares y a otras épocas. La persona puede experimentarlo como observador o como observador-participante. En este último caso ella "siente ser" la identidad asumida. Se obtiene conocimiento directo de estas experiencias (lugares, costumbres, comportamiento).

El libro *Conciencia*, intenta contemplar los alcances de una visión cuántica, compleja y holística del universo, en el sentido de que en un instante del tiempo, en nuestra conciencia, subsisten al menos dos tipos de conciencia, es decir, estamos percibiendo una conciencia sensorial y, en niveles de microsegundos, no percibimos la conciencia cuántica que está operando y anticipándose, a su vez, casi en el mismo tiempo (medio segundo antes de hacernos conscientes). Si el libro *Conciencia*, nos lleva por un viaje hacia la **comprensión,** entonces, en el conjunto de mi obra, especialmente en *Cambio de sentido y Espacios de la mente,* se nos entrega una profundización de un viaje hacia la **comunicación** del proceso de la percepción compleja. Ahora, corresponde sumergirse en el campo cuántico de trascendencia del espacio-tiempo con las herramientas de **creación,** que se despliegan en aquellos libros en el tiempo de comunicación. Entonces, acá, en *viajes en el tiempo de la creación*, sólo se muestran las experiencias de trascendencia del tiempo-espacio, que pueden lograrse con el proceso autonómico, con el propósito de tomar conciencia de la multiplicidad de los alcances de la conciencia cuántica.

(I) TIEMPO DE COMUNICACIÓN

El desarrollo de la conciencia lleva a establecer otras formas no ordinarias de comunicación que trascienden las fronteras de la comunicación normal[5]. Durante nuestra vida paulatinamente se nos privó de la participación de esta otra comunicación silenciosa. Nuestra enseñanza fue orientada hacia una realidad material, lógica, permanente, objetiva, defensiva, programada, sensorial, no dual y de externalidad de Dios.

Se nos enseña que la realidad está definida sólo por la lógica, debiendo evitar la intuición o soñar despiertos. Veremos que la intuición es prudentemente una forma confiable y complementaria a la lógica.

Se nos enseña que sólo somos algo estáticos y permanentes. Veremos que somos los roles de lo que hacemos.

Se nos enseña que sólo lo objetivo es verdadero, evitando en lo posible lo subjetivo. Veremos que lo subjetivo puede abrirnos las puertas a otra realidad trascendente.

Se nos enseña que debemos adoptar una actitud invulnerable y defensiva. Veremos que existen formas de protección propias de la naturaleza humana.

Se nos enseña que debemos hacer las cosas en forma programada. Veremos que existen tiempos y lugares adecuados para realizar eficientemente las actividades.

Se nos enseña que sólo existe la verdad sensorial. Veremos que podemos acceder a otra percepción extrasensorial.

Se nos enseña que no existen dualidades de la conciencia. Veremos que en ocasiones podemos tener dos o más formas de percibir el mundo de la realidad.

Se nos enseña la externalidad de que Dios está fuera de nosotros. Veremos en experiencia propia, que Dios está siempre dentro de nosotros mismos.

---

[5] Por ejemplo, en estados ampliados de conciencia se puede percibir las sensaciones internas de un animal, o sentirse partícipe de las emociones de un grupo; comprender directamente el lenguaje de los animales, en una palabra trascender el tiempo, espacio e identidad, para el intercambio de la comunicación.

Complejidad y Comunicación

En el capítulo "El Ultimo libro de Cinco Páginas" de mi libro EL UNIVERSO EN UN INSTANTE DE CONCIENCIA, se señala que *"Un encuentro más es, el darse cuenta de que uno mismo se realiza y transforma, sólo si existe el encuentro con los demás, en una relación de carácter yo-tu; de involucrarse con el otro; de estar, ser y vivir en una comunidad auténtica; de percibir el mundo como una red inmensa de relaciones permanentes de seres humanos que buscan el logro de darse sinceramente lo máximo que puedan para los demás sin esperar recibir recompensa alguna por esa acción. Cuando se reúnen dos o más personas formando un grupo orientado hacia objetivos comunes, tradicionalmente se organizan estableciendo una estructura programática de acciones, cuya dirección queda en manos de un sistema jerárquico, rígidamente establecido que guíe las tareas y pasos a seguir en esta actividad. Por otra parte, en las comunidades tradicionales, se dan ciertas actitudes de sumisión conjuntamente a obstáculos externos que impiden, inhiben o limitan el crecimiento del individuo como persona.*

Quien no haya experimentado los beneficios de una comunidad (la mayor parte del mundo), no sabe o no reconoce cual o cuales son las ventajas de vivir este proceso. Desconoce, por ejemplo, la forma creativa en que funciona una verdadera comunidad. Tampoco percibe el sentimiento que embarga a quienes participan de esta experiencia: tranquilidad y alegría de pertenecer a este grupo especial que funciona también de manera especial. Es con ellos con quien nos gustaría pasar la vida en este planeta. Aún siendo una comunidad una agrupación de individuos, no hay distinción ni predilección entre ellos, el amor se comparte por igual, se escucha a cada uno de ellos estimulándolos a que se expresen y activen su participación personal, haciendo que todos se sientan líderes. Tampoco se establecen reglas, estructuras ni tiempos que limiten la expresión creativa de los participantes, como un Centro de Conciencia. El Centro, no tiene organización ni dirigentes sin embargo se organiza y dirige "libremente" al emerger las capacidades internas del individuo. El Centro no fija objetivos específicos sin embargo, sigue un camino predeterminado por la propia conciencia".

La **Psicología** establece la identificación de **estados de conciencia específicos**, en donde cada uno de ellos, es un mundo distinto con su propio lenguaje que incide en la percepción, pensamiento y comportamiento del individuo, lo que contribuye a definir distintas realidades. Si bien la cultura y educación juegan un papel importante en el establecimiento de un determinado nivel de conciencia, es factible experimentar otras formas de conciencia distintas a las que hemos estado habituados. Dado que existen diversos modos de fragmentación de la conciencia, aquí nos limitaremos al modelo Holístico. Se han demarcado 5 niveles de conciencia específicos: objeto, sujeto, comunidad, transpersonal y cósmico. Si bien, el individuo vive como unidad, está permanentemente en interacción con otros individuos. Aquí se integra la **Sociología** en la participación de los **factores relacionales entre individuos**. Es así, que los niveles de conciencia específicos se definen por la relación de los actores del proceso de cambio: Maestro, Intención, Objeto y Sujeto. Según sea el tipo de relación que se dé entre estos elementos, será el nivel de conciencia del individuo (sujeto). Así por ejemplo, en la educación tradicional, existe una frontera entre el Maestro y el sujeto, asumiendo este último el carácter de objeto. Si la frontera es con el objeto, el Maestro y sujeto asumen el carácter de sujeto, pues no hay fronteras entre ellos mismos. Si no existen fronteras entre los actores del cambio, se forma una comunidad. Si desaparece el Maestro, se trasciende la relación sujeto-objeto mediante el observador-participante del cambio. Si existe una desidentificación cósmica de sí mismo, sólo se observa serenamente el cambio. Es importante el papel que juegan los factores relacionales y los actores del proceso de cambio en los diversos campos y actividades del ser humano (Salud, Educación, Trabajo, etc.). El factor relacional juega un rol importante en el desarrollo del proceso de la meditación guiada con música desarrollado en este libro. El sujeto experimenta un cambio de los vínculos entre los actores del proceso de la meditación. Primero, al iniciarse la meditación, existe una marcada frontera entre el maestro (guía), la intención (objetivo de la meditación), el objeto de fijación de atención (música) y el sujeto (participante). El maestro comienza verbalmente a describir la intencionalidad de la meditación, sintiéndose el sujeto separado de él. A continuación, al iniciarse la grabación, desaparece el maestro quedando solo sus instrucciones de la intencionalidad de la meditación. Luego al comenzar la música (objeto de concentración) el sujeto comienza paulatinamente a "olvidar" o dejar de pensar, primero en el maestro, después en la intención y por último en la música, quedando en una situación relajada de observador-participante, en que se funde el objeto con el sujeto, lográndose así la intencionalidad buscada.

"Si dos o más se unen en mi nombre, ahí estaré en medio de ellos". Esta sentencia bíblica nos dice que la comunión de personas reunidas de cierta forma, produce un cambio de nivel de conciencia. Es decir, la formación de una estructura de la mente humana tiene el potencial de transformación. Si consideramos que se une un grupo de personas como un sistema abierto, conformando con sus mentes una estructura disipativa (es decir, "una sola mente"), cada una de ellas configura un nodo, sujeto a bifurcaciones o fluctuaciones por la estimulación externa de ellas con la capacidad de encontrar cada mente individual, múltiples soluciones frente a una intencionalidad común para todas ellas. Todos los participantes tienen una meta (intencionalidad) común, pero cada participante tiene su propia imagen del objetivo-meta y en forma no lineal[6] deriva hacia diversas soluciones al azar, aunque todos reciben la misma estimulación externa que mantiene lejos del equilibrio a la estructura disipativa en funcionamiento, cada mente elabora, de acuerdo a su particularidad, su propia solución o respuesta.

En el desarrollo del proceso de las experiencias en **meditación cuántica** realizadas en los talleres, se dan frecuentemente vivencias de **comunicación silenciosa**, que trascienden las formas tradicionales de intercambio de información entre las personas. Así, una persona en estado alterado de conciencia percibió que alguien pasaba sobre su cuerpo cuando el guía visualizó mentalmente esa acción. En otra ocasión, algo que ocurre a menudo, un participante de un grupo de meditación visualizó las mismas imágenes de los otros participantes.

Se puede asumir la conciencia de otro:

Cuando empezó el tambor, pedí que le diera un mensaje a alguien que estaba aquí que necesitara de mi amor y acogida. Pensé que a ella los tambores no le gustaban; estuve enviándole calma y mis cariños; y en eso estuve muchísimo rato, cuando después quise recibir el mensaje o buenas vibras de otros, solo vi que los tambores eran mis barrotes de cárcel, ellos no dejaban entrar ningún mensaje, ni ninguna energía, tanto que me sentí angustiada por algún momento, pensé que podría cambiar y que se abriría algún camino pero todo era café y muy terroso; y se cambió era muy molesto, me dio lata que no cambiara y abrí los ojos antes de tiempo, no quise seguir.

La comunicación silenciosa obtenida en la técnica de psicometría efectuada en los talleres, es otra forma de adquirir información respecto de la historia de un objeto. También, en la técnica de visión dérmica, obtenemos información por el tacto aplicado a la percepción de un texto.

La comunicación silenciosa, se ha descubierto en experimentos de diálogos entre personas que producen en el nivel microscópico, ciertos movimientos

---

[6] Los Sistemas Dinámicos No Lineales (SDNL), que participan de los fenómenos complejos de emergencia y auto organización, han sido investigados desde hace mucho tiempo en forma teórica y matemática. Sin embargo, la representación gráfica sólo ha sido posible en el último tiempo con la invención de los sistemas informáticos, desde hace unos cincuenta años. Pero la aplicación de los SDNL en la psicología tiene un nacimiento de no más de quince años y hoy se encuentra en pañales sobre todo en sus aplicaciones prácticas. De ahí que, el modelo del proceso autonómico y metodología de expansión de conciencia, reseñado en mi obra, creo tiene un alto valor fenomenológico en la investigación futura de los SDNL. Los conocimientos de la ciencia de la época naciente de los SDNL, en que no estaban ampliamente disponibles los conceptos de la dinámica no lineal y del Pensamiento Complejo en psicología que, como ahora sabemos, engloba conceptos de los sistemas abiertos, lejos del equilibrio, estructuras disipativas, atractores, bifurcaciones, autopoiésis, conexionismo, emergencia y otros conceptos que hacen comprender la complejidad del proceso-estructura de la mente-cuerpo.

sincronizados en forma inconsciente que permanecen acoplados con las palabras emitidas y escuchadas. De ahí que la comunicación silenciosa, sería "una danza en la que todos los involucrados realizan movimientos complicados y compartidos a lo largo de numerosas dimensiones sutiles"(William S. Condon). En general la sincronización se mantiene con el interés o atención adecuada, y si por alguna razón se desvía esta, una pausa de silencio permite volver y reanudar la sincronización anteriormente perdida. Ahora bien, la sincronicidad que se obtiene en el diálogo, puede obtenerse también en la emisión de un sonido rítmico. Entonces, al escuchar un sonido el oyente estaría simultánea y sincronizadamente generando micro-movimientos, de igual frecuencia a la del sonido emitido y que supuestamente al acercarse las fases de ambos ritmos producirían un holograma de interferencias de frecuencias que permitirían el acceso a la realidad transpersonal a la cual fijemos nuestra atención e intención previa. Los estados alterados de conciencia conseguidos por los chamanes, a través del sonido rítmico de un tambor o la música siguen este patrón de comportamiento. El chamán fija una intención de su "viaje", limita o reduce su percepción en un aislamiento sensorial y visualizando un objeto, que le sirve de acompañante en el viaje, comienza el proceso de trance al escuchar el sonido rítmico del tambor.

La comunicación silenciosa obtenida en la meditación cuántica, tiene o puede tener gran importancia en el equilibrio de la salud en general. Un ejercicio de conciencia en sintonía transpersonal, permite obtener o enviar información en forma psíquica a una persona, grupo de personas, a un órgano del cuerpo, a un tejido o una célula. Así, por ejemplo, al igual que una persona se libera o reduce los problemas estableciendo una relación de comunicación con otras personas; a otro nivel, la mente tiene un efecto psicosomático sobre nuestro cuerpo; por último, a un nivel celular, en condiciones normales también el organismo establece una comunicación de las células con sus vecinas, de tal modo que ellas permanentemente regulan su posición relativa de crecimiento, comparando sus características y dimensiones de sí misma con su entorno y con el resto del organismo. Es decir, las células tienen conciencia de sí mismas y de las demás, en el campo de la conciencia celular.

Las aplicaciones de la educación sexual en forma virtual transpersonal, pueden favorecer la comunicación silenciosa en las relaciones de pareja de las personas y puede ser la base de una experiencia transpersonal de "unidad dual". Por ejemplo, una persona hiper-tímida puede mejorar la comunicación al entrar en un estado virtual transpersonal y experimentar un encuentro sexual con su pareja deseada e identificarse con ella plenamente, de tal modo que "perdemos nuestro sentido de identidad y nos convertimos en esa otra persona. Mientras ello ocurre, podemos sentirnos unidos a la fuente creativa de la que provenimos y de la cual cada uno de nosotros forma parte". En estas experiencias a pesar de sentirnos unidos a otra persona, mantenemos nuestra sensación de identidad. Por otra parte, conocida es la relación de la energía sexual con el despertar de la energía cósmica kundalini y, "es la base de una práctica yogui llamada Tantra, donde la unión sexual ritual es utilizada para inducir experiencias espirituales. El sexo tiene una dimensión transpersonal importante: Una unión sexual que se da en el contexto de un lazo emocional poderoso puede convertirse en una profunda experiencia mística: todas las fronteras individuales parecen disolverse y la pareja se siente reconectada con su origen divino". Algunos participantes de los talleres de meditación describían estas experiencias.

Viví, una relación erótica y sexual con mi pareja como nunca la había experimentado. Sentí enormes sensaciones de energía erótica que recorría mi cuerpo y mi mente. Me retorcía de placer erótico. Me cuesta expresar todas estas sensaciones, pero fue tremendamente grato y me produjo mucha felicidad.

Sentía vibraciones que subían desde los dedos hacia la cabeza y que cambiando de manos y empezar a hacer menos fuerza igual se mantenían las vibraciones, como si estuviera lleno de energía; era muy agradable, que jugaba con la energía; solo quería ir con la energía hacia arriba, era rico.

Se sabe, que situaciones de estados emocionales de aislamiento, desesperación, sentimientos permanentes de desamparo, abandono y temores generan estrés, y producen cambios en el sistema inmunológico y de la estructura arquetípica de la conciencia, que origina efectos perjudiciales al organismo y que alteran o pueden alterar la comunicación silenciosa entre las células provocando efectos en las formas de crecimiento de las células. Restablecer la comunicación silenciosa entre las células, puede ser el camino para eliminar o reducir la mal formación genética producida. Las células en condiciones normales se comunican silenciosamente entre ellas, sin distinguir la separación objeto-sujeto o de mente-cuerpo, de tal modo, que funcionan de una forma de conciencia de tipo observador-participante, que las mantiene en permanente contacto con la información de su entorno. Cuando el organismo se ve enfrentado a situaciones de estrés, se rompe este sistema de comunicación silenciosa e información y se aíslan algunas células, las que pierden el contacto (conciencia) de las células contiguas y comienzan a crecer en forma autónoma produciendo alteraciones de crecimiento en discordancia con el resto del organismo.

Las técnicas de relajación, **meditación cuántica** y visualización producen cambios positivos que reducen el estrés y ayudan a restablecer **la comunicación silenciosa** e información (conciencia) intercelular, recobrándose así el equilibrio homeostático perdido. Se han obtenido remisiones y curaciones del cáncer utilizando este tipo de técnicas, entre las que se destaca las empleadas por el doctor Simonton y las técnicas de Curación cuántica de Deepak Chopra.

La conciencia celular, sería entonces una forma de acelerar el proceso al complementar y regular el equilibrio psicosomático de la salud, obtenida tradicionalmente con los procedimientos aplicados en el ejercicio de la asistencia sanitaria. De esta forma, se nos responsabiliza en la mantención de nuestra enfermedad o regularización de la salud.

Uno de los grandes alcances de la meditación cuántica y de la comunicación silenciosa es la Experiencia del Ciclo Evolutivo (EXCE) o también llamada Experiencia Cercana de la Evolución, que permite experimentar el proceso evolutivo de la conciencia y el cerebro, al establecer comunicación silenciosa con los orígenes del Cosmos y la creación de las estrellas y planetas; la conciencia de formación de los minerales, vegetales y animales; la vivencia de nuestros ancestrales cavernícolas; el avance hacia la conciencia comunitaria moderna; las sensaciones y emociones de nuestros días; la expansión y trascendencia de la conciencia y la experiencia espiritual.

(II)   TIEMPO DE COMPRENSIÓN

Funcionalidad dual de la conciencia

Una de las características de la conciencia es su funcionalidad dual, dependiendo del espacio en que se encuentre. Al igual que los diferentes estados de la materia tienen propiedades particulares, la conciencia en cada uno de los dos espacios, sensorial (ordinario) y cuántico (complejo) tiene sus propias propiedades. Quizás esta característica de la conciencia, sea uno de los principales elementos que tenga incidencia en el proceso de desarrollo y evolución de la conciencia.

En conciencia sensorial (ordinaria), presenta las propiedades de adosarse a un envase (cuerpo) con características propias de la materia, de inmovilidad, de identidad o pertenencia, de ubicuidad, de temporalidad. En cambio, la conciencia cuántica de estados alterados (no ordinarios), adopta propiedades de deslizamiento de su sensación de envase (cuerpo) con características aproximadas a la energía, de movilidad, de trascendencia de la identidad, del espacio y del tiempo. Una característica importante de la conciencia en ambos espacios sensorial y cuántico (ordinario y complejo) es que la fijación de la atención, permite discriminar la propiedad específica en que nos encontremos. Así por ejemplo, si nos encontramos en conciencia sensorial (ordinaria), podemos prestar el foco de atención en un momento a sentir la conciencia en nuestro cuerpo, o a nuestra ubicación espacial y temporal, tomando esta experiencia como real en este campo. En espacios cuánticos (complejos), podemos prestar atención al cambio de identidad o trascendencia del espacio y del tiempo y también considerarla real en este otro campo transpersonal. En ambos casos es una experiencia virtual de observador-participante.

Obtener el equilibrio de los dos espacios de la conciencia (sensorial y cuántico), permite un desarrollo y evolución de la conciencia saludable, que puede tener enormes repercusiones en el funcionamiento de la humanidad. Mantenerse en un solo espacio "es incompatible con un comportamiento adecuado y con la supervivencia en el mundo cotidiano". La integración de ambas formas de percibir la realidad, contribuye a una "salud mental genuina". De ahí que, desplazar la orientación, de un espacio al otro, contribuye a un desarrollo sano y eficiente del funcionamiento de la conciencia. Sin embargo, este no es el paradigma que prevalece en nuestra cultura hasta ahora. La cultura occidental, ha tenido por eje en su paradigma de funcionamiento de la conciencia de un solo espacio (sensorial), con claro predominio en este contexto, de la materia sobre la energía. La educación, salud, trabajo y comunicación, están orientadas con el paradigma de la conciencia como materia. Sin embargo, hay indicios y esperanzas que esto vaya cambiando en las próximas décadas. Con el avance de la ciencia y el reconocimiento de las nuevas formas de vida y aplicaciones de la tecnología de la conciencia dual, estamos cada vez más cerca del cambio de paradigma de la conciencia como materia (sensorial) a la conciencia como energía (cuántica).

Uno de los aspectos que contempla la visión de la dualidad de la conciencia, se refiere a la forma de percibir del cerebro. Se puede primero percibir con los cinco sentidos en conciencia sensorial (ordinaria) y segundo, se puede percibir con la estructura cerebral cuántica (u holonómica). Se sabe que el cerebro puede actuar de dos formas para recordar: tener localizado la función de la memoria en un lugar del cerebro o también, tener disperso en todo el cerebro la función de la memoria (como un holograma). De ahí que podemos decir, que somos individuos (con sus sentidos) y también somos seres holoides (con estructura cerebral holonómica). Esto significa que toda la información (recuerdos) del universo se encuentra en nuestro cerebro y que en condiciones especiales (estados alterados) podemos acceder a esta información. Así, toda la información del pasado, presente y futuro está contenida en nuestra estructura cerebral y de hecho nunca estamos desconectados de los demás. Entonces, todos los recursos ya los tenemos y solo debemos buscar una forma para extraerlos de nuestro interior. Esto es lo que persigue la funcionalidad integral de la conciencia a través de la meditación cuántica.

Es sumamente importante, que desde ya se inicie el proceso de cambio, de adaptarse a la funcionalidad integral de la conciencia, en todos los ámbitos de la cultura y educación, en su más amplio sentido. Si esto es así, traerá profundos cambios en la forma de percibir y actuar en el mundo del mañana.

Llevar a cabo este salto, no requiere de grandes cambios tecnológicos en el sentido de incorporar maquinaria y equipos. Sólo se requiere de un cambio en el modo de pensar y de hacer las cosas. Es más bien un cambio en la percepción y enfoque de la atención en el otro espacio de la conciencia, cuántico, que históricamente hemos dejado en el olvido. Es volver a recordar lo que somos y llegaremos a ser.

La estructura del átomo y holografía en la conciencia

Otra forma de ver la estructura dela conciencia, es asimilarla a la estructura del átomo. La materia está compuesta por átomos que históricamente, antes de Einstein, se suponía no podían dividirse ni destruirse. Con el advenimiento de la energía atómica, se liberó la enorme cantidad de energía que contenía el átomo.

Al desintegrarse el átomo, se producía la explosión atómica, con la liberación poderosa de energía. Llevar a cabo un proceso similar en la estructura de la conciencia, trae aparejada la comprensión de que en el universo, los principios que lo rigen pueden aplicarse a diversos niveles de escala del conocimiento.

Ahora, si suponemos que la materia compuesta por moléculas es equivalente a una experiencia de conciencia compuesta por varios coordinados instantes de conciencia, **un átomo sería equivalente a un solo instante de conciencia.** Entonces, la descomposición (desintegración) del instante de conciencia en sus partes componentes, de acuerdo a los principios de la naturaleza, debiera liberar una energía encerrada y oculta en el interior del instante de conciencia (átomo). Durante el desarrollo de una experiencia de descomposición del instante de conciencia (similar a la desintegración del átomo) se liberan enormes cantidades de información (energía) que se regula en el proceso de la meditación disipativa con el control de la etapa de sincronización. Para conservar esa enorme cantidad de información en un pequeño espacio-tiempo solo es posible, con los conocimientos actuales, estar concentradas en un sistema holográfico, es decir, que en una pequeña porción del cerebro, se distribuya toda la información necesaria del nivel biográfico, perinatal y transpersonal de conciencia. Las estructuras disipativas como la meditación disipativa (MD) operan en el nivel cuántico que facilita la producción del proceso holográfico. El acceso a la memoria holográfica se facilita en cada instante de conciencia con la transformación de la intención en una imagen visualizada, que genera un patrón de búsqueda en la etapa de sincronización de las neuronas cerebrales (con la ayuda de la música), generando la estimulación neurológica que produce una corriente energética coherente y sincronizada en que se despliega la percepción virtual de la realidad buscada.

Modelación Matemática de un Instante de Conciencia

EL UNIVERSO EN UN INSTANTE DE CONCIENCIA nos sitúa en el estado de comunicarnos lo que vendrá con el desarrollo del proceso de la conciencia. En él se despliega la estructura de la conciencia en un modelo de percepción de la realidad, como resultado de una combinación de un medio y un proceso que deben efectuarse para acceder a la experiencia consciente o "desintegración" de la Energía de conciencia. Se menciona la similitud del instante de conciencia con la estructura del átomo. Así, al comparar la famosa fórmula de Einstein ($E=mc^2$) con la Energía de conciencia, podríamos generar un modelo que contemple la relación de la física con la conciencia. A continuación, comprendemos que para generar la

Energía de conciencia (Ec) además de un medio, que en nuestro caso se trata de nuestro cerebro o masa cerebral (Mc); necesitamos también de un proceso autónomo que debemos efectuar mediante una combinación de elementos simples para generar así un sistema autopoiético, de estructura disipativa[7]. Los elementos a combinar son las etapas que comprende el proceso de ocurrencia de un instante de conciencia y se despliegan en tres ámbitos. Una intención (i) que inicia el proceso, le sigue la imaginación (visualización) o rememorización (r) que converge en sincronización con sensaciones (s) de sonido o tacto, que debemos repetir en el tiempo (2). De la interacción de todos estos elementos podemos generar un modelo matemático expresado en la estructura siguiente:

Si recordamos que en física:

$$E = mc^2$$

Entonces, en el campo de la conciencia tenemos:

Experiencia Consciente = Energía de Conciencia

Energía de conciencia = Masa o Estructura cerebral * Proceso autonómico

Si definimos:

Proceso autonómico = (Intención + Reconocimiento * Sensación)^2
Entonces:

$$Ec = Mc (I + R * S)^2$$

Sabemos que la desintegración del átomo de la materia, genera una inmensa energía.

Asimismo, la interacción del Proceso Autonómico en la masa o estructura cerebral, genera un enorme despliegue de información que está oculta al interior de nuestro cerebro.

---

[7] Esto de que la experiencia consciente emerja de procesos neurológicos efectuados en la materia cerebral se puede ilustrar con el ejemplo (F. Capra) siguiente, sobre la estructura y propiedades del azúcar. Al unir de cierta forma átomos de carbono, oxígeno e hidrógeno para formar azúcar, el compuesto resultante tiene sabor dulce, que ninguno de sus componentes lo tiene, pero emerge de la interacción de ellos. Más aún, el sabor dulce surge como sensación al interactuar con las papilas gustativas. Es decir, es una propiedad emergente de la actividad neural corporizada.

Entonces podemos juntar ambas ecuaciones de características similares aunque una pertenece al campo de la física y la otra al campo de la psicología:

$$E = mc^2 \qquad\qquad Ec = Mc\ (I + R * S)^2$$

Otra forma de expresar esta relación compleja es asimilar parte de los componentes de dichas variables (Proceso autonómico) con los conceptos de la geometría fractal. Las series de Julia (fractales matemáticos) representan imágenes fractales complejas generadas matemáticamente por procesos iterativos simples entre una variable compleja (z) y una constante compleja (c).

$$z \rightarrow z^2 + c$$

Ahora si consideramos a la constante (c), como la imagen intencional inicial del proceso autonómico y la variable (z), compuesta por las variables de reconocimiento (r) y de sensación (s) tenemos que:

Proceso autonómico = Intención + (Reconocimiento * Sensación)²

Entonces, si:

$z \rightarrow z^2 + c$ se puede expresar también como $(R * S) \rightarrow (R * S)^2 + I$

Esta expresión señala que el proceso iterativo de una imagen (I) frente a la variable de reconocimiento (R) interactuando con (S) generan sucesivamente un complejo patrón de imágenes que se mueve en un horizonte de probabilidades atraídas por la imagen intencional inicial (I).

Como vemos, la repetición de patrones que implica una estructura fractal se genera por reglas muy simples que derivan hacia sistemas complejos. Como señala F. Capra en La Trama de la Vida:

Ecuaciones sencillas pueden generar atractores extraños enormemente complejos y reglas sencillas de iteración dan lugar a estructuras más complicadas que lo que podríamos imaginar jamás.

ESTADOS AMPLIADOS DE CONCIENCIA (EAC).

Existe un fenómeno que emerge en situaciones de aislamiento y alteración de conciencia, que estarían en consonancia con los planteamientos de Jung, de que estos fenómenos serían visiones arquetípicas originadas en el inconsciente colectivo.

Un punto que hay que considerar es que estas imágenes pueden aparecer de dos formas, mediante un trance voluntario o de forma espontánea, como la descripción que nos hace Hank Wesselman:

Lo más importante era que había descubierto la presencia de una especie de puerta interior dentro de mí, una puerta que se habría periódicamente, permitiéndome vislumbrar niveles de realidad y experiencias que no hubiera creído posibles. Por lo general, al abrirse esa puerta tenía alucinaciones visuales: veía puntos luminosos, líneas laberínticas, zigzags, vértices y cuadrículas, que algunos investigadores de lo cognoscitivo han llamado "fosfenos". Casi siempre se oía un sonido formidable, continuado y sordo, acompañado de abrumadoras sensaciones físicas de fuerza o poder, que me dejaban paralizado durante toda la experiencia, y su intensidad hubiera sido aterradora de no ser por su exquisita naturaleza.

La experiencia de luces, es una de las experiencias de mayor frecuencia y de más fácil acceso en el proceso de la meditación. En muchas ocasiones estas sensaciones se ven mezcladas con otras de distinta naturaleza. Antes de comenzar a profundizar la meditación, generalmente se perciben primero estas sensaciones como una etapa que debemos cruzar para adentrarnos en la profundidad de la conciencia. Se asimila esta etapa a la visión entóptica, de los chamanes del paleolítico.

Emergencia de luces: Es la característica principal que sustenta la presencia del "objeto" no identificado.

Desplazamiento de luces: deslizamiento y virajes veloces e instantáneos por el espacio aéreo.

Desaparición de luces: Breve duración del fenómeno con una repentina desaparición.

Los tres tipos de operaciones tienen alguna de las características de los procesos de la meditación cuántica:

- aislamiento sensorial.
- alta concentración.
- intencionalidad consciente y/o inconsciente.
- cansancio o agotamiento.
- estimulación sensorial.
- interacciones y/o perturbaciones sensoriales.
- autoorganización de procesos mentales (sistema complejo).

- emergencia de sistemas arquetípicos (luces).
- procesos recursivos inconscientes.

Dada las enormes distancias a desplazarse en el universo, no es posible que algún tipo de máquina pueda venir de estos remotos lugares por las razones expuestas a continuación. Además, debiera haber, después de más de 60 años que se tienen noticias registradas por las fuentes modernas, pruebas sustanciosas, como elementos físicos (objetos) concretos disponibles en las investigaciones pertinentes. Si vinieran de otros tiempos o de otros sistemas a cientos o miles de años luz, ya habríamos contactado físicamente con ellos y tendríamos pruebas irrefutables de estos fenómenos. Sin embargo, esto no es así, como veremos a continuación.

Según David Lewis- Williams, los chamanes del paleolítico entraban en estados de trance dentro de las cavernas con ayuda de la obscuridad de la cueva y los sonidos rítmicos, produciéndoles un estado alterado que los hacía pasar por tres estadios: en primer lugar, el chamán ve formas geométricas, como puntos, zig-zags, espirales, curvas, retículas, imágenes brillantes conocidas como imágenes entópticas producidas por la estructura neurológica del cerebro. En segundo lugar, estas imágenes se transforman en objetos dependiendo de la intención (cultura e intereses) del chamán. Por último, se atraviesa un túnel, círculos girando (vórtices) para llegar a una transformación humano-animal (theriántropos). A continuación el chamán fija (pinta) las imágenes en la roca, que es la membrana que divide el mundo real con el mundo espiritual.

Hay bastantes indicios, de que en los finales del siglo XX y comienzos del XXI, se está produciendo un acelerado proceso de evolución inconsciente de la conciencia.

Prestar atención a la manifestación de actos inconscientes, no es más que hacer presente el inconsciente. Es un camino para llegar al inconsciente. Como normalmente no somos conscientes del inconsciente, existe acceso al inconsciente a través de experiencias espontáneas de la realidad, que difieren de lo normal.

Si bien, tener experiencias de estos procesos puede, quizás, significar que comenzamos a ir paulatinamente hacia el interior de nosotros mismos, haciéndonos cada vez más conscientes del inconsciente, se sabe y reconoce, que uno de los medios más adecuados para tener una evolución consciente de la conciencia, es seguir un aprendizaje estructurado, en alguna de las formas de meditación.

Cuando uno se involucra en un proceso de aprendizaje sistemático, en alguno de los tipos de meditación, percibe que de una u otra forma, en nuestras actividades cotidianas hemos estado realmente "meditando sin saberlo". De forma inconsciente, seguramente se ha participado de alguna forma de meditación. De ahí, pareciera que no fuera importante participar conscientemente en un proceso meditacional. Sin embargo, si se desea acelerar la evolución de la conciencia, es imprescindible embarcarse en algún proceso de aprendizaje sistemático de las diversas formas de meditación.

Antes de iniciarnos en las técnicas de meditación y conocer los mapas y caminos que conducen al territorio interior de la conciencia, veremos las experiencias de Crisis de Transformación como una forma espontánea de evolución inconsciente de la conciencia, y, en segundo lugar, la referencia de un Proceso de Transformación, o evolución consciente de la conciencia, durante el desarrollo en la investigación de la propia conciencia en experiencias de meditación y relajación.

Las crisis de transformación pueden ser el resultado de una enfermedad, accidente u operación, del cansancio y falta de sueño, del parto o del aborto, de una experiencia emocional o sexual, cambios en una relación afectiva, pérdida del trabajo o bienes, etc. En cambio, el proceso de transformación puede comenzar con la meditación y prácticas espirituales como la oración y contemplación.

Existen diversas experiencias en soledad que favorecen la aparición de estados alterados de conciencia como los descritos anteriormente: navegar en solitario, caminar por los bosques, escalar montañas, buceos en medio de corales, entrada en cavernas, astronautas en los vuelos espaciales, etc.

Una persona recibió, en un sueño, un mensaje de su padre fallecido, que señalaba un lugar donde se encontraba un documento perdido. En cuanto a una de las recientes percepciones no ordinarias, la experimentó una persona al tener una visión a través de las paredes, experiencia similar a la descrita por D.Lewis William, respecto de las figuras en las cavernas de los primitivos.

Uno de los alcances de estos fenómenos, es lo que se conoce como comunicación silenciosa entre realidades distintas. La mayoría de la gente no comprende que pueda existir otra realidad en esta realidad. Gracias a una mayor comprensión de la nueva física cuántica, podemos afirmar que ambas realidades son complementarias. Recordemos la teoría de la luz onda-partícula. La luz, para ciertos efectos se comporta como onda y para otras como partícula, y ambas coexisten. La conciencia, podríamos asimilarla a que en condiciones normales actúa como partícula y en estados alterados como onda.

Existe una relación estrecha entre la percepción ampliada de conciencia y la física cuántica. Para comprender esta hipótesis debemos, primero, introducirnos en las teorías de la física moderna y de las fronteras de la ciencia. Empezando con la teoría de Einstein, sobre la complementariedad de la materia y energía, ningún cuerpo puede alcanzar la velocidad de la luz pues se transforma en energía de acuerdo a $E=mc^2$, lo cual hace imposible el desplazamiento, a la velocidad de la luz, de un objeto desde distancias siderales (cientos o miles de años luz).

La física cuántica, sostiene que toda la materia es un sistema complejo de interacciones de energía y que el objeto, en última instancia, es la emergencia de un colapso de una función de onda producida por la observación. Los físicos, señalan que existe la materia oscura (invisible) que sostiene al universo y comprende más del 90% de la materia y energía del universo. Por su parte, Hugh Everett plantea la coexistencia de universos paralelos inaccesibles. Esto ha llevado a plantear la existencia de mundos o realidades paralelas (invisibles) en iguales momentos del tiempo y que los agujeros negros serían el "puente" entre los universos (Einstein-Rosen) que no se tocan, separados por membranas energéticas. La curvatura del espacio-tiempo, en ocasiones, como un fenómeno temporal, pone en contacto a estas membranas, que pueden perforarse como un túnel que "aloja el objeto que entra en ella" y que se cierra inmediatamente después que un objeto las atraviesa (efecto túnel):

Sólo el desplazamiento de la energía, desde una membrana interior hacia una exterior, es posible cuando se produce una curvatura del espacio y, dado que los cuerpos de la realidad física o membrana exterior, en condiciones normales, no pueden acceder a la realidad no física o membrana interna (materia oscura), creo que la experiencia de acceder a las membranas internas (otros universos) a través de los hoyos negros y/o agujeros de gusano, es una experiencia que se tiene en el campo cuántico de energía, a pequeña escala y, por lo tanto, la energía de la conciencia (fotón) tiene la capacidad de viajar por estos túneles del tiempo, no, así, el cuerpo físico, aunque todas las sensaciones las experimentemos en nuestro cuerpo a gran escala. Se trata de una experiencia trascendente de la realidad no ordinaria en estados alterados de conciencia obtenidos ya sea mediante técnicas de meditación cuántica o en ECM[8].

---

[8] Experiencias cercanas a la muerte.

Cuando se tiene la experiencia de comunicación intencional o espontánea de un estado de ampliación de conciencia, es porque se produjo una curvatura del espacio y un colapso de la función de onda en un estado alterado de conciencia. Es una interferencia de dos sistemas (membranas) independientes, que bajo ciertas circunstancias producen la emergencia de contacto de estos dos universos: el mundo de la realidad física (membrana externa) con el mundo de la realidad oscura (membrana interna). Es una interacción multidimensional intencional-espontánea de un choque de energía mental-física. Se asemeja al fenómeno de la sinestesia como interacción de sentidos de distinta naturaleza. Se define, esta como "condición algo peculiar en la cual los sentidos se entrelazan. Por ejemplo, una persona puede ver colores cuando oyen un sonido, o puede probar realmente palabras; estímulo de un sentido, se parece o causa un estímulo inadecuado de otro". En resumen, los sinestésicos ven sonidos, otros sienten colores o saborean formas[9].

Por otra parte, veamos el Campo Punto Cero, CPC[10] y su interacción con la conciencia. Para comprender ¿qué es el CPC? señalaremos las características que encierra este concepto de la física cuántica vislumbrada y/o investigada por estudiosos pioneros, tales como, Schrödinger, Heisenberg, Bohr, Pauli, Bohm, Pribram, Mitchel, Puthof, etc. De sus investigaciones se fue reuniendo información sobre el CPC, de la cual se pueden rescatar los siguientes aspectos:

- Los seres humanos son paquetes de energía que intercambia información con el CPC.

- Los seres humanos alteran ("crean") las partículas al observarlas o medirlas en el CPC.

- La percepción se produce por interacciones con el CPC. La realidad percibida se manifiesta en el instante en que se produzca el colapso de onda entre las partículas cuánticas.

---

[9] Según Hubbard, la sinestesia ocurre porque algunas partes del cerebro que perciben los colores están muy próximas a las que procesan el habla, el lenguaje y la música.

[10] Campo Punto Cero (CPC), de acuerdo a la física cuántica, respecto de la naturaleza fundamental de la materia, corresponde a un "mar pulsante de energía" y vibraciones microscópicas existente en el espacio entre las cosas. Es decir, todo está conectado con todo lo demás en una trama invisible. Estudiosos de la física cuántica, pioneros tales como Schrödinger, Heisenberg, Bohr, Pauli, Bohm, Pribram, Mitchel, Puthof, Laszlo, nos sugieren la comprensión de que el espacio invisible que existe entre los objetos forma parte esencial de la continuidad en la relación existente entre ellos y, por tanto, la mente permite crear realidades en ese espacio que lo impregna todo: el Campo Punto Cero. El Campo, En busca de la fuerza secreta que mueve el universo. Lynne Mctaggart.

- La intención, la necesidad y la atención, juegan un papel fundamental para la conexión con el CPC. La inhibición del hemisferio izquierdo (verbal) facilita el contacto con el CPC.

- El CPC es el campo de todas las posibilidades y no está limitado por el tiempo y el espacio.

- Las enormes capacidades curativas del CPC están al alcance de todos, pues todos se conectan inconscientemente, o pueden contactarse conscientemente con el CPC.

- La existencia del CPC nos dice que nunca estamos solos. Estamos todos conectados unos con otros y la separación es aparente, si consideramos el CPC.

El espacio existente entre las cosas o CPC, nos permite ver los objetos a una distancia (espacio-meta) de nosotros. Sólo vemos el origen (nosotros) y la meta (el objeto). De lo que ocurra entre nosotros y el objeto, somos inconscientes. Sin embargo, este espacio, desde el punto de vista cuántico, está lleno (no está vacío) de energía que no es visible, porque sus efectos se anulan y equilibran mutuamente. Como señala Mark Cominos[11]:

Al deducir que cada punto de energía tiene energía infinita que está convergiendo hacia este punto desde todas las direcciones y debido a que esta energía infinita está proviniendo simultáneamente de todas direcciones, entonces hay un momento de cancelación, se cancelan mutuamente y es por eso que esta cantidad de energía en el espacio es invisible.

La materia emerge cuando no hay equilibrio entre las infinitas manifestaciones de energía, que impiden la cancelación de ellas permitiendo, con ello, la visibilidad y manifestación de la materia. Podemos ver con nuestros sentidos físicos, las diferencias de energía, lo que hace la manifestación de materia. Así, la materia forma parte de la energía del Campo Punto Cero y esto nos sugiere que estamos conectados a una fuente infinita de energía y, como señala M. Cominos:

Podemos ver toda la materia como cristalizaciones del vacío. Nuestros cuerpos son entonces complejos de asimetría en el vacío que están sintonizados con este campo de potencial infinito. La energía no es más que apenas la superficie de un inmenso océano de espiritualidad viva. Entonces, en términos de nuestro desarrollo espiritual lo más importante es que nosotros debemos accesar y conectar a este campo de potencialidad pura en el espacio.

---

[11] Mark Cominos, físico, matemático y místico, que ha centrado sus estudios en la nueva ciencia del tiempo, la relación que existe entre la conciencia y la materia-energía, sostiene, que de acuerdo con la Física de la Energía Punto Cero, toda materia no es más que una modificación del vacío.

Es fundamental que creamos en este potencial de energía, pues de esto depende la construcción de nuestra realidad. Nuestras creencias tienen el poder de limitarnos al acceso a estos campos infinitos de energía (fotones de energía). La intención, atención y necesidad pueden dirigir estos fotones de vacío lo suficientemente, como para controlar estos fotones y activen e influyan en la materia.

Es una ilusión y limitación de nuestros sentidos percibir la apariencia de objetos separados. Pero si intentamos abrir nuestras capacidades, comenzaremos a sentir más allá de los objetos y personas separadas, sino como formando parte de ellos. Comenzaríamos a experimentar la unicidad de todo el Universo. Y esto se consigue con la capacidad de acceso a la energía del Campo Punto Cero, un gran almacén de memoria (akáshica).

Walter Schempp sostiene, en su teoría de la memoria cuántica, que la memoria a corto y a largo plazo no reside en nuestro cerebro, sino que está almacenada en el Campo Punto Cero. Pribram y Laszlo argumentan, a su vez, que el cerebro sólo es el mecanismo de recuperación y lectura del gran medio de almacenamiento de información (CPC). Los recuerdos no serían más que agrupaciones estructuradas de las ondas de información[12]. Entonces, el cerebro recuperaría información del mismo modo como procesa los mecanismos de la percepción ordinaria, mediante la transformación holográfica de patrones de interferencias de ondas.

De acuerdo a las investigaciones de Pribram, los procesos de interferencias o colisiones de ondas neurológicas ocurrirían en los espacios entre las dendritas de las neuronas, donde se establecen las sinapsis y emergerían las imágenes cerebrales holográficas. Así, la información contenida en las interferencias de ondas sensoriales se convierte en imágenes holográficas virtuales. Esto es lo que llevó a Pribram a afirmar que:

La percepción se produce a un nivel mucho más fundamental de la materia: el mundo básico de las partículas cuánticas. No vemos los objetos per se, sólo su información cuántica, y a partir de ella construimos nuestra imagen del mundo. Percibir el mundo es sintonizar con el Campo Punto Cero.

Un modelo de trascendencia

Los sentidos (visión, audición, tacto, olfato, gusto, cenestesia[13] nos dan una percepción de la realidad, como si participara un objeto externo, independiente de

---

[12] Esto explicaría, tanto los procesos asociativos que concentran las imágenes, sonidos, olores, como los recuerdos instantáneos, no secuenciales.

[13] Sensación general de la existencia del propio cuerpo, no ubica las partes del cuerpo.

un sujeto observador. No se percibe la participación del sujeto en la creación del objeto observado. Sin embargo, sabemos, por investigaciones de laboratorio, que la experiencia consciente puede ser investigada. Esta experiencia debe abordarse en una situación normal y ordinaria. En esta circunstancia inicial o primer paso, nos damos cuenta que deben existir elementos ocultos a nuestra conciencia ordinaria durante el desarrollo de una experiencia consciente, cualquiera sea ella.

Lo que está presente a nuestra conciencia, es una minúscula parte respecto de lo que acontece en forma "invisible". Sabemos lo que vemos y hacemos en una experiencia consciente, tan sólo de una parte mínima del proceso total. Debemos investigar la naturaleza oculta del resto del proceso de la experiencia consciente. En este punto, se puede partir de las investigaciones realizadas por Francisco Varela, de la existencia de etapas en un instante de la experiencia, que definen los módulos de participación del proceso (intención, reconocimiento, sincronización, respuesta)[14]. Hay que destacar, que estas cuatro etapas ocurren en tan solo 720 milisegundos. Es decir, cada etapa no es de más de 180 milisegundos. Entonces, cuando percibimos algo, con nuestros sentidos, y mantenemos, por ejemplo, la vista en un objeto por un segundo, cada una de estas etapas se repite y refuerza varias veces, lo necesario para que se produzca en forma inconsciente el reconocimiento y la sincronización para que emerja una respuesta. Si de alguna forma pudiésemos reducir esos "tiempos de espera", no se alcanzaría a reconocer los objetos ni sincronizar nuestro cuerpo-mente. Así, podemos decir, que en la práctica cada vez que percibimos "una sola vez" un objeto, en realidad ya hemos percibido esa sensación varias veces en tan solo un segundo. Esto quizás explique el fenómeno llamado "curva arqueada de posición seriada"[15], referida al proceso que siempre recordamos mejor de una lista de artículos los que están al comienzo y final de la lista, que serían los menos "contaminados" o superpuestos por los otros artículos. Las experiencias subjetivas[16] en primera persona, efectuadas en meditación disipativa (modelo Cread 90), permite replicar el modelo de cuatro etapas, dejando así expuestas, como testigo, el total del proceso de la experiencia consciente.

---

[14] Estas etapas pueden asimilarse a los cuatro cuadrantes de la visión integral de Wilber: intencionalidad, cultural, cerebral y social.

[15] Los hacedores de cerebros. David H. Freedman.

[16] A. Damasio propone que la subjetividad emerge cuando el cerebro está produciendo no sólo imágenes de un objeto, no sólo imágenes de las respuestas del organismo al objeto, sino un tercer tipo de imagen, el de un organismo en el acto de percibir un objeto y responder a él.

TEORÍA DEL DESDOBLAMIENTO DEL TIEMPO

Jean Pierre Garnier Malet suscitó el interés de la comunidad científica y de los medios de comunicación en 1988, al presentar su teoría del "desdoblamiento del tiempo":

Resumen de la Teoría

"Tenemos dos tiempos diferentes al mismo tiempo: un segundo en un tiempo consciente y miles de millones de segundos en otro tiempo imperceptible en el que podemos hacer cosas cuya experiencia pasamos luego al tiempo consciente".

"Como su nombre indica, todos los tiempos que estaban divididos se vuelven uno solo. El primero que se integra con el tiempo presente es el futuro. Porque todo aquello que hemos imaginado ha formado potenciales, buenos o malos, dependiendo de nuestra imaginación, y por ello estamos obligados a vivir las consecuencias de nuestra imaginación, que se vuelven una realidad. Es decir, que actualizamos todo ese futuro. Evidentemente, como que siempre nos imaginamos cosas sensacionales, pacíficas, no violentas, nuestro porvenir será pacífico y no violento. Sin embargo, si las personas se divirtieran construyendo potenciales peligrosos, agresivos y violentos, tendríamos un futuro agresivo, peligroso y violento".

"El empleo es sencillo: basta con recibir el resultado de las informaciones desarrolladas en los tiempos imperceptibles futuros para saber lo que podemos hacer. El objetivo del desdoblamiento es estar siempre bien dirigidos, pero sin tener tiempo de saberlo, puesto que el desarrollo de la situación acontece en un tiempo que no existe para nosotros. En el otro tiempo transcurren días, incluso meses, mientras que para nosotros no transcurre más que un instante imperceptible. Recibo las consecuencias de mi pensamiento, generadas en el desarrollo a lo largo de ese tiempo acelerado, en forma de instintos e intuiciones".

TEORÍA DE LA PERCEPCIÓN CUÁNTICA

Cambio de paradigma de la percepción

Ahora, estamos llegando a comprender en un "cambio del concepto del mundo", en que la percepción ordinaria no tiene nada de ordinaria, sino que, en forma oculta, existe una especie de matriz o campo, que trasciende las limitaciones del espacio-tiempo, e incide en todo el espectro de la conciencia del ser.

Podemos concluir, entonces, que el proceso de Transformación de la Realidad, no significa cambiar de técnicas, sino que es una nueva visión de los conceptos y procesos de la percepción del universo en que se mueven. Es, como concluye Kuhn:

La vida cotidiana continúa como antes. Sin embargo, los cambios de paradigma hacen que los científicos vean el mundo...de manera diferente.

El cerebro no sería un medio de almacenamiento, sino un mecanismo de recepción de interferencias de ondas, tanto de la percepción ordinaria como de la memoria cuántica.

Hay, ahora, muchas formas para ingresar al territorio sagrado de nuestra interioridad, desde los conocimientos ancestrales de todas las culturas hasta las modernas formas de acceso al inconsciente. Pero todas ellas, nos llevan a contactarnos con la naturaleza. Hoy estamos en situaciones complejas que dificultan detenernos a escuchar el silencio. La vida transcurre, rápidamente, en todas las actividades de cada día. La parte del intelecto, análisis y de la razón, son los señores que mandan nuestras acciones. La intuición ni siquiera se le mira con respeto. Es una perturbación para la razón. No encontramos sentido a lo que hacemos y a lo que percibimos. La esencia de las cosas está vedada a nuestro alcance. Ni siquiera sabemos lo que esto significa. No conocemos la experiencia de eliminar las fronteras del objeto y el sujeto de la percepción. Si, así fuera, veríamos la esencia de todo lo que existe. Nos conectaríamos con la naturaleza, sus plantas, animales, aves, la tierra, el planeta entero. Hablaríamos otro lenguaje[17]. Y, obtendríamos sabiduría de esta conexión, tal como es el comportamiento inteligente de las abejas, que nos muestra Antonio Damasio[18].

---

[17] Los módulos del proceso autonómico están referidos al tipo de lenguaje utilizado, como elemento simple de activación de emergencias globales. La palabra es el principio de la creación. "Es el hacer y el saber, la acción sobre el mundo y la visión del mundo". Es un medio complejo de acción sobre la realidad. Las palabras serían la expresión o emergencia de una estructura interior y

Ahora, el proceso autonómico comienza fijando una estructura, espacio o tema general del viaje que permita centrar la atención en un marco de probabilidad de ocurrencia del fenómeno psicológico buscado. Enseguida, se especifica, en forma autónoma, el sentido del viaje a través de un estímulo sensorial (físico o mental). Por último, se perturba el viaje con un estímulo externo (percepción sonora o táctil) produciéndose con toda esta combinación de estímulos sensoriales, la emergencia del "viaje" esperado. Todo esto tiene las características de un sistema abierto autopoiético (Maturana). El proceso autopoiético consiste en que un sistema abierto (por ejemplo, la mente) está determinado por su estructura que puede ser perturbado y acoplado con un agente externo, pero es autónomo de elegir su propia dirección. Más aún, el sistema decide qué y quién lo perturbará.

Ahora, en resumen, todos estos planteamientos, los intuía cuando escribí El universo en un instante de conciencia, pues allí señalaba:

- Utilizar la mente mediante la conciencia cuántica, permite ampliar nuestra capacidad de percibir la realidad. De ahí que, en estados especiales de conciencia ampliada, se percibe que "lo sabemos todo" y que estamos unidos a la totalidad del cosmos. Así, por ejemplo, podemos identificarnos con el reino animal, vegetal, la Tierra o el cosmos en su conjunto. También podemos viajar en el tiempo hacia nuestros orígenes o incluso hasta la formación de la Tierra en experiencias del ciclo evolutivo.

- Soy un fotón, que me desplazo por el universo del tiempo y el espacio. Me puedo identificar con cualquier cosa viva o "muerta" de este universo. Es decir, puedo trascender tanto mi identidad como el espacio-tiempo. Puedo transformarme en onda o volver a ser nuevamente partícula, dependiendo de mi intención.

- Sin embargo, ya existe un camino. La hipótesis de este libro, es que ya existe una máquina del tiempo y que hasta el momento la hemos ignorado. Se trata de que nosotros, nuestro cuerpo, es la máquina del tiempo, y nuestra conciencia cuántica, (fotón) es el viajero del tiempo. Ahora,

---

profunda de la realidad. Se dice que existe una relación "mágica" entre la palabra, el sonido rítmico, el momento, lugar y disposición e intencionalidad y que, con ello, estaríamos actuando en los tres cerebros (corteza, de mamífero y de reptil). De la interacción de estos, se produce la paradoja, conflicto producido en la mente, holística, plástica y de acción dinámica, con las estructuras lineales y dualistas de nuestros modos habituales de expresión lingüística.

[18] El error de Descartes. Antonio Damasio.

llegamos a la comprensión de que la única forma de viajar más allá de la velocidad de la luz es a través de la energía de conciencia.

- Creo que la experiencia de acceder a los hoyos negros, es una experiencia que se tiene en el campo cuántico de energía a pequeña escala y, por lo tanto, la energía de la conciencia (fotón) tiene la capacidad de viajar por este túnel del tiempo, no así el cuerpo físico aunque todas las sensaciones las experimentemos en nuestro cuerpo a gran escala.

- Con el avance de la ciencia y el reconocimiento de las nuevas formas de vida y aplicaciones de la tecnología de la conciencia dual, estamos cada vez más cerca del cambio de paradigma de la conciencia como materia (sensorial) a la conciencia como energía (cuántica).

- Toda la información del pasado, presente y futuro está contenida en nuestra estructura cerebral y, de hecho, nunca estamos desconectados de los demás. Entonces, todos los recursos ya los tenemos y sólo debemos buscar una forma para extraerlos de nuestro interior. Es más bien, un cambio en la percepción y enfoque de la atención, en el otro estado de la conciencia, cuántico, que históricamente hemos dejado en el olvido.

John Lilly sostenía la existencia de otros modos de comunicación, ante los que el lenguaje humano devendría en obsoleto, porque las palabras humanas son incapaces de expresar a cabalidad: experiencias y emociones. Según Lilly, una civilización extraterrestre superior, emplearía estas formas totalizadoras de comunicación. Este tipo de experiencias indujo a Lilly a profundizar en el conocimiento de los estados de conciencia. A este fin diseñó cámaras de aislamiento sensorial, para flotar horas y horas. En los tanques, el cerebro se liberaba completamente de estas tareas, quedando libre para ocuparse de cosas más trascendentes. El cerebro derecho, el verbal, el racional quedaba de lado para dar paso al izquierdo, artístico, imaginativo. Por otra parte, Goswami señala que la conciencia puede tener acceso a una comunicación o memoria no-local; es decir, existe una "comunicación instantánea que se realiza sin intercambio de señales a través del espacio-tiempo". Asimismo, según plantea Jung, estos fenómenos serían visiones arquetípicas originadas en el inconsciente colectivo.

Entonces, hoy llegamos a la idea central de que nuestra conciencia, dada su condición de estado alterado de conciencia (intencional o espontáneo), permite el acceso a viajes en el tiempo y espacio. Como señalaba W. Buhlman en Aventuras fuera del cuerpo:

En el siglo XXI el estudio de la interacción de la tecnología física y la conciencia humana será una ciencia en sí misma. Sólo la conciencia puede observar y registrar las numerosas complejidades del espacio-tiempo y las realidades creadas por la mente.

Cuando se empieza a experimentar en estos campos de la conciencia transpersonal, pienso que uno accede a un campo en el cual no está limitado por las variables tiempo-espacio-identidad, similar al planteamiento teórico de los campos morfogenéticos de Rupert Sheldrake.

Sería como un "recuerdo" de experiencias de la humanidad (pasado, presente o futuro). De ahí que pienso que uno se identifica con la experiencia de cualquier otro individuo o especie en cualquier tiempo o espacio, como lo han experimentado algunas personas en talleres de meditación que he dirigido personalmente. En estados alterados de conciencia se puede viajar a los confines del universo en un instante. Incluso viajar a través del tiempo.

¡Nosotros somos la máquina del tiempo y sus tripulantes!

(III)   TIEMPO DE CREACIÓN

Si bien la inmersión en el tiempo cuántico puede obtenerse de diversas formas[19], las experiencias descriptas corresponden al acceso mediante las técnicas del proceso autonómico desplegadas en el conjunto de mis escritos.

Como señalábamos, sólo se muestran las experiencias de trascendencia del tiempo-espacio que pueden lograrse con el proceso autonómico.

(I)   EXPERIENCIA DEL CICLO EVOLUTIVO

Entre las experiencias de este tipo, tenemos las siguientes:

(en el viaje al origen del Cosmos) Me pasan muchas imágenes; era como ir a la velocidad de la luz.

(en el viaje de creación del planeta) A través de la piedra, me contacté con la Tierra; me sentí roca volcánica, y de ahí, un viaje por el magma incandescente. Escuché y sentí la pena del planeta por el inadecuado trato que tiene el hombre con nuestro planeta. Veía imágenes de tierras deforestadas, llenas de erosión, sin bosques. Sentí una profunda pena; fue una experiencia fuerte para mí.

(en el viaje al reino mineral) Me visualicé muy plana, como si fuera un papel que se desplazaba en el aire. Me sentía liviana, libre como el viento. Fue muy agradable y placentero no sentir mi cuerpo.

(en el viaje al reino vegetal) Me desorienté con la meditación. Finalmente veía árboles muy altos, de troncos café. Todo tan denso que no podía ver más allá. Me acerqué a uno de ellos, sentía su energía, él solo existía y no tenía expectativas de nada.

(En el viaje al reino animal) Me sentí un águila que planeaba en la región de Magallanes. Sentía el aire que tocaba mis alas, como era planear, sin hacer esfuerzo. Le pedí bajar para sentir como movía su cuerpo. Era sentirme libre, igual que ella. Me comuniqué con lo que ella sentía, su libertad, su fuerza y su libertad.

(en el viaje al mundo primitivo) En otra experiencia, recorrí una gran caverna, sentí y vi su gente, yo incluida en una tribu de ambiente prehistórico, donde todo tenía un orden, como cazaban, recolectaban hierbas.

(en el viaje por las antiguas comunidades) Visualicé una mujer hindú, de color aceitunado, que se desplazaba por calles de una época pasada. Luego llega a un palacio lleno de jardines; ella bailaba

---

[19] Se pueden dar experiencias de trascendencia del tiempo en el sueño paradójico (J.P. Garnier Malet), en ECM (R. Moody), en meditación, etc.

al estilo de la época y luego recorría los salones del palacio, lleno de oro y de contornos de esa cultura... Cambio de paisajes y personas... Era una sensación de tranquilidad y paz. Sentía peso en mi cabeza y cuello, en la parte de atrás del cuerpo.

De mi viaje por el tiempo, visualicé dos escenas; la primera en la época medieval, me siento asociada como un caballero con armadura. Siento, veo y escucho el golpeteo de las herraduras del caballo en el suelo de unas calles de piedras. Todo muy rústico. Luego, veo un hombre en Londres, en el siglo XVIII. Entra en un bar, sube una escalera, y se mira en un espejo. Está triste. Veo claramente su traje, su pelo cobrizo, tez blanca y su ropaje de la época. Aquí estoy disociada, miro todo.

(en el viaje al mundo de las ideas) Fue increíble recorrer un sueño que tengo. Sentía, escuchaba y veía la concreción de mi sueño. Suavemente recorrí cada parte de los lugares que iba a concretar. Sentía una profunda paz y satisfacción de haberlo logrado. Logré visualizar de manera más profunda todo aquello que deseo.

La siguiente experiencia, fue muy linda, muy enriquecedora para mí. Yo miraba en un espejo redondo toda mi vida; veía muchas imágenes mías desde ahora hasta el pasado, hasta llegar al momento de mi nacimiento, y luego, desde hoy hasta el día de mi muerte. Ahí está tranquila, satisfecha, en paz. Fue ver como un scanner de todas las partes y épocas de mi persona. Al final me unía a todas ellas; fue muy lindo.

Otro "primitivo moderno" vivió las siguientes experiencias:

(en el viaje al origen del Cosmos) Salí expulsado por una enorme energía luminosa. Fui proyectado hacia el cosmos, crucé tres soles y visualicé un color azul profundo.

(en el viaje de creación del planeta) Siento la piedra en mi mano, trato de analizar su forma, tiene dos caras planas, un borde medio redondeado rugoso, dos bordes más lineales, uno más suave y otro un poco rugoso. Es suave, debe ser piedra de río, suavizada por el agua, no es una piedra áspera de lugares secos y terrosos. Recuerdo la frase del evangelio, "Pedro, tú eres piedra, y sobre esta piedra edificaré mi iglesia". Siento la piedra sobre mi mano y la otra mano encima siente la textura de mi piel.

(en el viaje al reino mineral y vegetal) Pude ver claramente las hojas brillantes, escuchar el ruido del río, oler el viento, escuchar los pájaros y toda la naturaleza en todo su esplendor a mi alrededor. Un profundo sentimiento mezclado de recuerdos, del encuentro con la naturaleza, el contacto con el agua, con la tierra, con el aire. Mezcla de nostalgia, de estar consciente de que esto tan hermoso como es la naturaleza, el hombre la está destruyendo; pena.

(En el viaje al reino animal) Primero sentí al lado mío, como parte mía un perro. Salí de mi casa, corriendo sin saber cómo ya estaba en un sitio en el cual había mucha vegetación y agua; caminamos por la orilla del río y de pronto me sentí volando, era un ave y miraba mientras volaba muchos bellos paisajes, bosques entre cerros y agua (ríos). De pronto sentí la música como que venía del mar y me vi con otras aves juntas en la orilla del mar. Luego emprendí el vuelo nuevamente por sobre aquellos árboles de un verde maravilloso y sobre un agua muy cristalina.

(en el viaje al mundo primitivo) Estaba en la caverna con vestimenta de pieles y armas para cazar. Había mucha hambre en la tribu. Comenzamos un grupo a efectuar danzas rituales alrededor de una fogata en preparación de la caza para el día siguiente. Al amanecer salimos a cazar animales similares a venados.

(en el viaje por las antiguas comunidades) Comencé a sentir el temor que tenían los guerreros, que sabían que al otro día morirían en la batalla. Yo comprendía lo que pasaba por sus mentes.

(en el viaje de encuentro espiritual) Cuando empezó la música me conecté inmediatamente con el agua que me llenaba, era agua cristalina que llenaba mi cuerpo y cada célula. Cuando la música cambió, vi surgir del primer bambú otro más grande que recibía música del Cosmos y lo llenaba con un agua celestial. Cuando la música terminó, me convertí en paloma y salí volando incluso sentí que mis brazos eran las alas y volé a través de la música y era la paloma llena de la energía; estaba completa.

Las experiencias de este proceso tienen como su principal objetivo alcanzar un nivel más alto de conciencia, el samadhi o unión con lo Divino. Como vimos, una de las meditaciones es un emocionante recorrido por la **conciencia de evolución**, desde los orígenes del Cosmos hasta la aparición del hombre y su posterior desarrollo hacia el encuentro con lo divino. El proceso comienza con la conciencia de la creación de los planetas y estrellas del Universo. Le siguen la conciencia de formación de los minerales, vegetales y animales. Luego llegamos a la conciencia primitiva, de preservación de la vida del hombre de las cavernas. Continuamos con el espíritu de conservación de la especie, en la toma de conciencia ecológica. Desde aquí, entramos a la conciencia multiemocional de los mamíferos. Hasta este momento hemos avanzado por el mundo de las formas. Ahora, saltamos hacia el mundo de la conciencia del vacío de las formas, obteniendo en este punto la apertura de los centros energéticos para ser llenados por la conciencia divina. Al efectuar este recorrido evolutivo de la conciencia, permitimos desbloquear los siete centros espirituales (chakras). El proceso en esencia es curativo y puede que se manifiesten sensaciones de energía y emociones que pueden llegar al éxtasis.

Para experimentar un viaje evolutivo, más que un proceso intelectual se requiere de un mayor aprendizaje vivencial. Los ejercicios de viajes en el tiempo (regresión) permiten acceder a los niveles profundos de la memoria celular, descubriendo recuerdos que tuvieron lugar antes de nacer.

(II)   ENCUENTRO DE VIAJE TEMPORAL

Características: Se manifiesta como un viaje a otras épocas, con todas las características de un recuerdo de esa experiencia, como una "regresión" a vidas pasadas. Se percibe la época en todo su esplendor, en el ambiente, vestuario, personajes, costumbres y como si estuviéramos representando una escena de una película histórica.

El viaje a otros tiempos y lugares es una experiencia extraordinaria. Aprendemos de las costumbres, vestuario, ambientes y formas de comportamientos desconocidos por nosotros. Esta vivencia provoca cambios que trascienden explicaciones racionales.

Debido a que estas experiencias han tenido una amplia difusión específicamente en terapias de regresión hipnótica, daremos una breve descripción de estas experiencias en talleres de meditación y que son las siguientes.

Vi un teatro con cortinas de terciopelo roja y butacas rojas, donde estaban representando una obra con personajes estilo rey Luis XVI con vestimentas muy lujosas. De ahí, me trasladé a esa época en un palacio donde predominaba el dorado en su decoración con salones muy lujosos.

Estaba en una cueva en la época de las cavernas. Mi ropa era solo una piel de animal. Sostenía un palo en mis manos frente a una gran fogata que iluminaba la cueva. Mi pelo estaba muy desordenado.

Me encontraba en una batalla de la época medieval y morían los soldados a mi alrededor.
Era un jinete parecido a un hombre.

Estuve primero en un castillo y bajaba escaleras para saludar a los súbditos. Después me trasladé a la época de Cristo y lo seguía para escuchar sus prédicas.

Visualicé las mismas imágenes de las épocas históricas que los otros participantes tenían.

Comencé estando en Egipto y de pronto estaba en la época de Cristo y vi a Jesucristo en la cruz. Viví el calvario y lloré y sufrí este momento.

Estuve en Grecia, en la época de Platón. También anduve en mi infancia.

Luego vi en una mesa un mapa con una corona de rey encima y esta comenzó a deformarse hasta convertirse en una nave vikinga que iba a la guerra. Me vi como un hombre con vestimenta de esa época hasta que finalizó la meditación.

Pude visualizar un jinete que se sacó la máscara de su casco, un jinete medieval al cual no reconocí.

Se me pasó en forma fija la idea de monjes sin rostro en un ambiente oscuro, medieval.

(III)   ENCUENTRO CON FORMAS ANIMALES

La identificación con aves, peces y animales es una experiencia muy enriquecedora por la desaparición de los límites de la trascendencia de la conciencia. La identificación con un animal nos hace ver y sentir la importancia de la cercanía de nuestra conciencia con la de otras especies. Esta experiencia, es similar al tercer estadio del trance del chamán, la identificación con un humano-animal o theriántropo.

Las siguientes experiencias describen estas actitudes.

Veía con los ojos el nivel de la superficie del agua y me di cuenta que el caimán que flotaba en el agua era yo.

Me encontraba en la selva con mucho temor. De pronto se me fue el miedo. Me había convertido en tigre.

Venía volando como un pájaro en el mar. Divisé unas ballenas y me convertí en ellas.

Primero me convertí en caballo. Después empecé a volar como un pegaso hacia el sol.

Sufrí una transformación; de águila me convertí en delfín y después en mariposa.

Me veía caminando y comienzan a caer estacas del cielo. Como esto me daba miedo, observo un pequeño chanchito de tierra y me convierto en él. Me siento pequeño, con una caparazón y me cuesta moverme. De pronto escucho un gemido de alguien y me convierto en un tigre en la selva para ir en su ayuda.

A medida que continuó la meditación tuve una visión de una chinita (insecto) que posteriormente se acercó a una jirafa. Las manchas de la chinita se integraron en las manchas de la jirafa. Esta fue a beber agua y con burbujas saliendo de su cuerpo se transformó en caballito de mar.

Como águila me vi volando desde un cerro y abajo veía bosques y ríos totalmente desconocidos. Después me desconcentré y me preocupé de los ruidos externos y de cosas que me pasaron durante el día, por lo que perdí totalmente mi relajación.

Me encarné en mi perrita "marilyn"; partí desde la plaza de mi villa; primero me vi como era ella, muy linda, blanca con manchas negras y solamente tenía ganas de jugar, correr y observar; me dirigí al sur, directo a Llanquihue a un lago muy hermoso y mi mayor diversión fue correr.

Salí de mi casa, de mi dormitorio con una vaca hacia el campo, pero veía el mar; la playa. Caminando me encontré junto a mi marido e hijos como somos hoy en día; vi nubes blancas, pasto verde y luego el mar, un atardecer. Luego un río, y nuevamente mi familia conmigo, en tranquilidad; los lugares eran todos conocidos.

Me vi en un prado verde amplísimo; vi un árbol frondoso en el medio y yo dirigiéndome hacia allí mientras un perro blanco jugando, saltando en mi alrededor; visión clara, pero breve.

Me sentí como un caballo que revolotea por colinas; luego el espacio se me hizo estrecho y me convertí en un ave con enormes alas abiertas, volando suavemente alrededor de un campo; iba y venía.

Fue una imagen monótona. Un caballo (supuestamente yo) corría por el campo en el ocaso y no paraba de hacerlo; lo que más me emocionaba era sentir la brisa y tener la sensación de algo inalcanzable.

Visualicé una mancha en la piel o en la tierra con forma ovoide que se fue cambiando de color café y algunas partes brillantes, en algún momento casi me sentí caballo, imagen que perdí rápidamente.

Me visualicé como un perro y recorrí varios lugares, partiendo de mi casa, salí de Santiago por la carretera 5, llegué a la playa, la recorrí, me encontré con una vaca, seguí recorriendo varias partes que no recuerdo con exactitud por unos cambios de la música me desconcentraban, pero estoy consciente de que recorrí varias partes. La vaca estaba en el campo. Al primer cambio de la música, me estaba quedando dormida y de ahí me desperté un poco.

En el animal que pensé fue un caballo negro y brillante y el inicio del recorrido de este caballo fue de un lugar verde con una gran montaña verde atrás; empezó a galopar en forma lenta y poco a poco tomaba velocidad y empezaba a recorrer un camino largo, rodeada de una gran cadena de montañas, con bastante vegetación, en la cual tenía caídas de agua.

Me visualicé con un elefante muy grande, lindo y dulce; antes de la música, salí montada en él desde mi casa y sobrevolamos calles de la ciudad y traspasamos la cordillera hacia otros países; quería volar con él hasta el África y caminar por la selva, pero al escuchar la música sentía estar en un lugar distinto a la selva, pero muy lleno de vegetación, con todo verde y pájaros cantando y una cascada de agua y sólo quería quedarme allá.

Primero todo negro, luego una imagen de perro pequeño jugando en el pasto; después veo un ave que observa una carretera con verdes campos (Sur de Chile) a los costados de ella; luego se va la imagen y empiezo a sentir calor hasta transpirar.

En realidad empecé siendo un caballo que salía desde la partida del club hípico y corría por un camino que a mí desde chico andaba (casa de abuelo) pero de pronto me veía dando vueltas por el cielo dando círculos igual como un cometa, pero en cosas de segundos vi que iba hacia un paisaje verde, cosa que era nueva pero en ese momento trataba de averiguar ¿Cuál era ese lugar? Y reaccionaba; hubo varios lapsos de lugares que no conocía pero al tratar de buscar o saber qué lugar era, me desconcentraba, pero era agradable la sensación de viajar volando siendo un caballo que volaba y aterrizaba. Fui a la cordillera y veía al caballo que se deslizaba hacia abajo y me dio frío.

En lugar de concentrarme en un solo animal, mi visión eran tres, una garza, un cisne, un felino; se mezclaban entre ellos. Luego de una larga pausa me vi envuelta en círculos de niebla o nubes que se me acercaban logrando con esto quedarme definitivamente con la garza volando a través del océano en un atardecer lleno de colorido. Volví al lugar de partida. Paz.

Me vi como un perrito coker spanish, que salía desde la plaza que está a una cuadra de mi casa y desde ese momento yo me fundí con el perrito y corrí feliz, sin cansarme, recorriendo caminos, cerros, pastos, mar, calles, incluso el Parque del Recuerdo donde está mi papá (en ese momento sentí mucha pena). Luego de recorrer millones de Km. Siempre corriendo y feliz, volví a mi casa muy contenta de estar nuevamente ahí. Terminé relajada, cansada y contenta.

Vi un tigre; no partí de ningún lugar sino que inmediatamente me vi en un lugar con pasto alto, había viento, pero agradable; siempre permanecí en el lugar sola, jugué, acaricié y luego el tigre se transformó en una manada de ciervos que se disolvían.

Comienzo siendo un ciervo que está en un hermoso prado, rodeado de flores y un riachuelo con aguas cristalinas. En este paisaje me muevo. Más tarde, voy volando sobre un "Dumbo" y viajo a hermosas playas de aguas quietas y de hermoso color que bañan arenas blancas y suaves. Más tarde, vuelvo a ser ciervo y sigo en el hermoso prado.

Vi un pájaro que volaba por campos y selvas amazónicas, todo verde, lleno de vegetación y ríos, luego me convertí en un caballo salvaje que corría y estaba con una manada por lugares más conocido como campo de la zona central; finalmente me convertí en pez que bajaba por una cascada, que luego llegaba al mar y en las profundidades encontraba un naufragio con un barco pirata, con un tesoro.

Partí de Punta de Tralca, siendo una tonina. Era parte de la tonina; di vueltas en la bahía y pasó un barco negro. Me uní al barco y salté un rato a su lado. Pero me aburrí de esa monotonía y partí hacia Tahiti a ver los peces de colores. Ahora andaba bajo el mar, a ras de la arena. Estaba muy iluminado y era arena blanca; veía escenas con sirenas coloridas que pasaban entre ramas del suelo del agua. No volví sino hasta que se terminó la música.

(IV)   ENCUENTRO CON LO TRANSPERSONAL

La realidad virtual tradicional, se define como "una tipología de la realidad simulada en que el actor observador-participante a través de instrumental visual, táctil y sonoro, con ayuda de un ordenador, percibe esa realidad e interviene en ella". Ahora bien, la realidad podríamos descomponerla en varios campos: Realidad sensorial, personal biográfica, perinatal, arquetípica y transpersonal_cósmica. Si consideramos el mundo de la realidad sensorial y personal como el mundo de la realidad cotidiana, los otros campos de realidad pertenecerían entonces al mundo de la realidad virtual y solo podemos acceder a ellos bajo ciertas condiciones psicológicas. De ahí, podríamos decir que Psicología Transpersonal es el acceso a la realidad virtual mediante cambios psicológicos de comportamiento. Estos cambios pueden producirse con ayuda de la meditación y relajación como lo describen los siguientes ejemplos obtenidos en talleres de meditación.

Pregunté al objeto quién era su dueño y me apareció la imagen de él.

Vi que el libro que acariciaba en mis manos contenía números y figuras geométricas.

Vi un caballo y otros animales mientras sostenía el libro en mis manos.

Visualicé épocas históricas sosteniendo y tocando el libro.

Con el libro que tocaba, vi funciones del cuerpo humano.

Comencé a sentir calor en mi cuerpo, me vi en un desierto. Luego, acariciando la piedra se transformó en una caverna obscura con estalactitas.

(V)   PARAPSICOLOGÍA AL ALCANCE DE SU MANO

La parapsicología contempla fenómenos de clarividencia, telepatía, visión remota, visión dérmica y otros aspectos de la conciencia que pueden estar comprendidos dentro de la psicología transpersonal.

Existen innumerables libros que describen los procedimientos y pasos a seguir para poder acceder al mundo de la parapsicología. Estas breves notas, bastarán para obtener los mejores resultados. Lo único necesario para tener LA PARAPSICOLOGIA AL ALCANCE DE SU MANO, es seguir sus indicaciones y tener la motivación de experimentar una aventura de viajes en meditación.

¿Pueden nuestras creencias alterar o determinar nuestro comportamiento parapsicológico? Así parece ser cuando comprobamos que bajo ciertas circunstancias podemos trascender nuestra identidad y transformarnos psicológicamente en seres del reino animal, vegetal e incluso mineral; que en esas situaciones no ordinarias, también podemos viajar (nuestra conciencia) a otros lugares e incluso trascender el tiempo, comunicarnos sin la participación del lenguaje (hablado, escrito o gestual). Nuestras creencias están determinadas por nuestra cultura y la biología. La cultura nos define lo que podemos hacer o no hacer, lo que es normal pasa a ser lo óptimo que podemos alcanzar. Nuestros sentidos filtran e impiden el acceso de otras realidades. Sin embargo, ahora sabemos, y lo hemos vislumbrado que podemos ir más allá de lo normal, hacia lo transpersonal. Existen formas de alterar el comportamiento, cambiando las estructuras y estados de pensamiento. Reestructurar el pensamiento es un acto de meditación y la meditación es el camino adecuado para producir las condiciones de las estructuras y estados del pensamiento o conciencia.

La realidad transpersonal comprende los fenómenos que están "más allá de lo personal" en donde mediante la utilización de por ejemplo algunas técnicas de alteración de la conciencia, se trasciende la identidad, el espacio y el tiempo. La realidad virtual, es la sensación que se produce al estar inmerso en un ambiente que tiene todas las características de producir sensaciones corporales (visual, táctil, sonora, etc.) que dan la sensación de ser observador-participante de la acción representada en nuestra conciencia. De ahí que, el agregado de "Realidad Virtual Transpersonal" no es más que una forma de decir que en esa realidad se perciben sensaciones en forma virtual.

Creo que la psicología transpersonal no solo es una nueva forma de explicar la realidad trascendente de fenómenos naturales de la manifestación de la conciencia sino que ante todo, es una de las formas científicas en que se puede demostrar necesariamente cómo a través de estados no ordinarios de conciencia producidos en la hipnosis, meditación, relajación, u otro medio, podemos acceder a fenómenos de trascendencia de identidad, de viajes a otros lugares y tiempos remotos, comunicación telepática, clarividencia, visión dérmica, psicometría, desdoblamiento, etc.

En estados meditativos y de relajación, podemos aprender directamente en tres dimensiones, a color y en movimiento con todas las sensaciones que produce la inmersión virtual identificarnos con el comportamiento de un ave, pez, animal, vegetal o mineral; visiones del mundo del origen de las ideas y de creación de las "formas platónicas"; viajes a otros lugares conocidos o desconocidos de otros tiempos; comunicación sin lenguajes ni gestos, sino en forma telepática en resonancia con los objetos de las personas (psicometría).

Es como tener la parapsicología al alcance de la mano.

Entre las experiencias de este último grupo tenemos las siguientes:

Mientras acariciaba el anillo, tuve una visión de un camino hacia una casa. Entré a ella y vi sus muebles y en un sillón estaba la persona que resultó ser dueña de la joya.

Todas estas aplicaciones en la educación permiten acceder a un conocimiento directo e intuitivo de la realidad, que están disponibles actualmente y que pueden complementar el conocimiento tradicional ofrecido por los organismos e instituciones educativas.

(VI)   ENCUENTRO DE VISION INTERIOR

La "Visión Interior", no es más que una forma sencilla de hacer consciente el inconsciente, y consiste básicamente en que relajadamente, sin llegar a quedarse dormido, debemos con los ojos cerrados, concentrarnos en la respiración y en el cuerpo e intentar "ver" lo que ocurra al interior de nosotros mismos, sin ningún tipo de deseos y búsquedas, ni prejuicios y análisis de los acontecimientos.

Después de un cierto período de tiempo, podemos comenzar a experimentar ilusiones visuales, como imágenes del inconsciente que no están relacionados con la memoria normal, sino que se parecen más a las imágenes nítidas de sueños.

Entre las experiencias de este tipo tenemos las siguientes:

Estaba a punto de lograr una relajación profunda, me detenía y volvía nuevamente a relajarme. La música me hizo sentir mucha paz y abandono.

Con mi respiración de exhalar y expulsar, logré que todo mi organismo acompañado de la música lograra una paz y armonía general.

Concentré mis pensamientos en la respiración, en el estómago; luego, comencé a limpiar mi cuerpo lavando los huesos, los órganos, los pulmones, el estómago; eliminé grasas y suciedad; visualicé zonas blancas.

Una vez que me puse a meditar, me sentía como un tirabuzón en que mis pies se estiraban hacia arriba, como elevarme; vi solo colores, y fueron dos, se repite el color gris; primero fue gris con verde así como nubes pequeñas; después fue gris con naranja; después gris con azul, un segundo después gris con amarillo en todos los tonos; al final fue gris con celeste; demasiado hermoso todo el proceso.

Relajación profunda combinada con períodos de sueño; cuerpo con sensación de flotar; se producen algunas imágenes aisladas; cierta inestabilidad del cuerpo al "flotar"; agradables sensaciones.

Este proceso fue como una toma de conciencia de mi cuerpo, de su dimensión y peso. Me sentía encerrado dentro de él.

Sentí que no era necesario retener ni ideas, ni imágenes; parecía como que algunas sombras cambiaban de tamaño. Me quedé dormida varias veces. No alcanzaba a tener pensamientos completos. Solo en alguna oportunidad creí que me encontraba en una selva amazónica con mucha humedad y vegetación; me bajó la temperatura del cuerpo.

Empecé a dar vueltas en forma muy lenta; era como los gimnastas al dar vueltas hacia adentro.

Muy relajada, agradable, pero con algunas incomodidades; dolor de cuello.

Paz, relajación total. Sentí que la luz disminuía, como si tuviera los ojos abiertos.

Estoy muy bien; estaba en paz, tranquilidad, flotaba, no sentía nada.

Regresión; diferentes etapas de vivencias, buenas y malas. Sensación de paz que me produjo un profundo sueño.

Sentí la sensación de que mi ser se limpiaba y se llenaba de energías, botando todo lo sucio, molesto y pesado que sentía que tenía adentro. Quedé liviana, tranquila. Vi también, o mejor dicho, me sentí arrastrada hacia unos remolinos con mucha luz, preciosos y de colores pasteles. Me sentí en esos momentos llena de paz.

Lo más repetitivo fue enfrentarme a una puerta, entrar a túneles, pero nunca pude abrir la puerta; colores, esqueletos que se disolvían, flores, mujer caminando.

Al comienzo veo una serie de luces que me llevan a la entrada de algo; es como un "nacer"; luego la sensación es como la de ir descubriendo cosas paso a paso. La música provoca una sensación de tranquilidad. Sin embargo, no soy capaz de terminar la meditación porque mis pensamientos van de un lado a otro y despierto antes del tiempo esperado.

Me costó concentrarme; me pareció muy larga; empecé imaginando con la música a gitanos españoles cantando y tocando guitarra; luego vi un paisaje con hindúes y gente.

Siento que mi espíritu, mi yo interior, trasciende mi cuerpo; tiene forma incorpórea e ingrávida, como un fantasma sin sábana. Flota, siente la música, es afectada por los sentimientos; sensible a los sentimientos pero no a las sensaciones físicas y se contacta con los otros espíritus, independiente de sus cuerpos, en otra dimensión distinta a la física.

Me costó evadirme. Al hacerlo me pareció estar frente a una "entrada de luz" grande, sin límites pero muy clara y hermosa. Después viajé por muchos lugares indefinidos.

Sentí una sensación agradable de ingresar a una especie de templo con árabes (sin rostro) vestidos de ropa color tierra. Pero no pasó de ahí. Me iba a situaciones pendientes de la oficina y de lo que me espera en la casa y que tengo que ir al cajero automático para tomar taxi. De repente tuve la sensación que me dormía porque se me soltaba en forma brusca los músculos de brazos y cuello.

Bajé por la columna con mucho movimiento, como por escaleras de huesos huecos, con sonidos (como cuando uno toca un xilófono) bajé como por un tobogán, era cavernoso, alto. Llegué a la vejiga, allí estaba luminoso, era como una bolsa llena de líquido, me fui a los pulmones y luego salí por algún lugar.

(VII) OTRAS EXPERIENCIAS

Sensación: Flotar y volar.
Características: Es un estado alterado de la percepción que produce la sensación de un cambio de ubicación y posición del cuerpo. Nos sentimos sobre el piso, en distintas posiciones a la que permanecemos en ese momento y fuera de nuestro cuerpo.

Experiencia Subjetiva Tipo:
Sentí que iba perdiendo los sonidos exteriores que oía en ese momento; después, empecé a sentir como si flotara en plácidos movimientos, de gran suavidad, casi con movimientos muy lentos; fue una experiencia muy agradable.

Primero sentí una sensación de flotar y de movimientos hacia delante.

Me sentí relajado y sentí como si flotara en el mar frente a una bahía con un gran peñasco a mi izquierda del oleaje rompiendo en la costa.

Me sentí flotar sentada en la misma silla incluso con ella más alto que el resto de la gente presente y, en el mismo lugar.

Luego siento mi cuerpo ingrávido en el piso.

Partí pronto volando en momentos rápidamente.

Después un paisaje con mar, me imaginé que era un águila que volaba por extensas llanuras.

Estoy en una burbuja y me elevo en el aire; paso por encima de árboles, de la playa, de ciudades. La burbuja se deposita en una hoja y va por un riachuelo. Una ráfaga de viento la eleva y deposita en el jardín de mi casa de niña.

Fue un sentir profundo, una sensación de elevación, y me elevaba y elevaba; tal parecía que daba vueltas hacia atrás y volvía a darme vuelta; no habría salido de este estado maravilloso.

Sensación: Desdoblarse y disolverse.
Características: Corresponde a una sensación de que nuestro cuerpo no nos pertenece y que nos separamos de nuestro cuerpo físico, o también que se empieza a disolver. Muchas veces provoca temor el sentirse salir de su cuerpo, lo que dificulta acceder a estas experiencias.

Experiencia Subjetiva Tipo:
Me relajé totalmente, fue agradable, estuve a punto de desdoblarme, pero al darme cuenta, me dio susto y regresé.

Sentí que durante un momento prolongado mi cuerpo se durmió en una unión sustancial como elemento físico. Al contrario de mi conciencia, estaba muy alerta, abierta y clara. Visualicé muchas cosas, personas y situaciones. Creo que fue un primer paso de poder conscientemente separar la mente del cuerpo. Mi espíritu estuvo aquí en cada momento a lo mejor fue una primera conexión cuerpo, espíritu, conciencia.

Sentí una sensación de relajamiento muy grande, casi como que parte de mi cuerpo se desprendía del tronco, una sensación de sentirme como en millones de trocitos, de cada parte de mi cuerpo.

Mi cuerpo está absolutamente pesado, relajado, casi disuelto.

Colores claros, luces, círculos girando, niños en sillas giratorias, sensación de cuerpo disuelto.

Realmente no me costó mucho después de recorrer el cuerpo de pies a cabeza como dos o tres veces, empecé a sentirme liviana. Como que mi cuerpo no era el mío; mis brazos no los sentía como míos.

Sensación: Energía.
Características: Contempla experiencias que producen la sensación de corrientes internas de calor y frío y/o de corrientes eléctricas y de energía que recorren todo el cuerpo, contorciones y sonidos internos, que pueden asemejarse en cierta medida a la experiencia de despertar de la energía kundalini.

Experiencia Subjetiva Tipo:

Fue una etapa neutra donde estaba tan lleno de energía que solo estaba de espectador sin sensaciones negativas, disfrutaba solamente.

En algún momento el sonido era como que recorría todo mi cuerpo.

Sensación: Viaje espacial.

Características: Trasladarnos a diversos lugares en forma instantánea, es una de las pocas experiencias que demuestra la facilidad de trascender nuestra percepción limitada por la visión de nuestro entorno inmediato. Es muy grato experimentar estos viajes a diversos lugares del planeta.

Experiencia Subjetiva Tipo:

Fue una sensación muy agradable y más aún ver con qué facilidad viajaba y cambiaba de paisajes, agua, luz, vegetación, gente. Muy grata.

Me resultó grato el viaje. Sentí que viajaba en tren por sobre un gran puente; abajo corría un gran río; después nos internábamos por el bosque. Viajé a distintos lugares con la música que escuchaba.

Sensación: Encuentro y/o identificación con aves, animales o peces.

Características: Es un proceso de identificación con seres del reino animal, y pueden producirse metamorfosis o transformaciones múltiples. Podemos visualizar que somos acompañantes de los animales o también podemos sentirnos ser el animal.

Experiencia Subjetiva Tipo:

Luego como si fuera una cámara de videos, giré alrededor de este último y aparece una cara de un animal pequeño muy bonito.

Luego, realmente me vi en la jungla con la vegetación y animales.

Un ave sobre un puente; luego veo un camión rampla; lo empiezo a seguir y con los ojos de águila veo los detalles del camión.

Para finalizar este capítulo veremos las experiencias de dos personas que llegaron, una con esperanzas y la otra con mucha incredulidad en estos procesos de la mente. Veamos cómo nos describen sus relatos.

Encuentro con su padre

"Intentamos ver a mi padre, quien había fallecido el 1 de noviembre pasado producto de una caída en la tina fracturándose el cuello. A mi padre no lo vi por más de veinte años. No éramos precisamente cercanos. La última vez que lo vi estaba inconsciente, días antes que falleciera. Con posterioridad visité su casa, de la cual no conozco mucho detalle.

Iniciamos la experiencia del espejo, una experiencia que consistía en imaginarse el espejo en el cual debiera ver las imágenes. Me costó primero, imaginarme un espejo en forma oblicua. Y más aún ver imágenes en él...

De pronto me vi subiendo por una escala hacia un segundo piso de una casa, vi de pronto un espejo que estaba en una pared, de aquellos ovales o redondos con marco de metal negro, con una pequeña mesa también de fierro, con cubierta de mármol, pero no lograba ver nada de lo que buscaba. Empecé a llamar, no sé si en voz alta o sólo en mi mente, a mi papá, como si estuviera en algún lugar de esa casa, y miraba hacia los lados a medida que avanzaba por el pasillo, movimiento que si fue notorio para Omar.

Fue un momento largo, sin encontrarlo. Temía que se acabara la música y hasta ahí no más llegara.

De pronto estaba parado en el umbral de una habitación. No vi mucho en ella, solo que tres de sus lados estaban cubiertos de espejos, iluminada por dos luces empotradas en el techo cerca de los espejos, luces más bien tenues, el color que dominaba la habitación era verde musgo, oscuro, la textura era similar a la felpa.

Miré hacia el frente pero no recuerdo haber visto mi reflejo. Miré hacia mi derecha, y ahí estaba mi padre. No lo vi de cuerpo completo, sólo hasta la cintura, con el torso desnudo. Me miró como si estuviera sorprendido, desconcertado quizás. No sé si apareció desde una segunda puerta al lado mío o estaba al otro lado del espejo. No había sonidos.

Alguien le dijo, me imagino, "¿quién es?". El dijo algo así como mira quien está aquí. Una mujer menuda se asomó, posiblemente su madre, mi abuela paterna, también luminosa. Me miró y se retiró lentamente desapareciendo de mi vista. Quedamos solos mi padre y yo. Era un instante extraño, una situación como la que se produce cuando hemos ido a despedir a alguien al bus o al tren: uno dentro y el otro fuera separado por una corta distancia y un vidrio que impide escuchar lo que el otro dice, llenando ese momento con una comunicación hecha de gesticulaciones, sonrisas y miradas.

Yo sólo miraba. Mi padre lucía joven con su poco cabello negro (fue calvo desde joven) se veía luminoso, más luminoso de lo que era posible con la luz de la habitación. No sé si había más luz para él o si de él emanaba luz, pero no era enceguecedora.

Luego de un rato, lo veía sonreír, una sonrisa leve, como la que tenemos cuando sabemos que nos da gusto ver a alguien, pero no lo admitimos abiertamente. Hacía, no sé cómo describirlo, las poses que habitualmente hacen los físico-culturísticos para mostrar su musculatura, su buen estado físico, como diciendo, mira que bien estoy, estoy con un cuerpo envidiable, joven, haciendo ostentación de él, pero no una ostentación fuerte, sino la que haríamos a un niño para divertirlo, como si su propósito fuera entretener a un niño, algo carente de agresividad, de malicia. Solo un juego para entretener.

Sentí el momento de volver, de dejarlo. Dejé de mirar a mi derecha, donde había aparecido. Ahora miraba al frente, pero no veía mi reflejo ni a mi padre. Sentía que estaba a mi lado, mirando al mismo lugar que yo.

Una sensación me acompañó cuando la experiencia estaba terminando y que siguió por un largo rato más. Imagine a alguien parado junto a usted, digamos a su derecha. La persona pone su mano derecha en su brazo, entre el hombro y el codo y lo aprieta suavemente, como cuando alguien que lo estima lo acompaña a la puerta de su casa.

Mi padre falleció de 73 años. La casa de mi padre tiene un pasillo similar al de mi experiencia, pero sin espejos, solo unos marcos con fotos."

Testimonio de Incredulidad

"Debo ser muy sincero con mi persona. Es cierto, antes de este taller no creía en absoluto de los resultados que se llegan a percibir con las ciencias no exactas. Pero estaba equivocado. Aunque fue un primer y diminuto encuentro con las técnicas de meditación, fue un gusto conocerlas.

Lo primero que puedo mencionar, es lo esencial del entregarse y no dudar de lo que se intenta enseñar. Pienso que al aplicar lo anterior, podrán darse cuenta de lo bonito es todo lo que envuelve a la meditación.

En lo personal, tuve distintos grados de gozo con cada una de las técnicas experimentadas, basadas en distintos sentidos que desarrolla el ser humano. El tacto, enfocado en sentir un objeto elegido al azar me permitió imaginar los rasgos y características de un niño, cuando lo que en realidad estaba palpando era una piedra.

El sonido, fue la experiencia más fuerte para mí. Creo que el ser músico tiene mucho que ver con aquello. Cada canción escuchada, me transportó a distintas épocas y situaciones. Recuerdo haber visto el anillo de Saturno muy cerca de mí, cuando viajaba sobre un planeta. Recuerdo además, el viaje en un barco de guerra, el cual tenía como energía las fuerzas desplegadas por cada uno de los remeros azotados y maltratados por otros hombres; yo era uno de los remeros. Y cómo olvidar cuando me transformé de alguna forma en un elefante, el cual divisaba la naturaleza y animales que se situaban a su alrededor.

Bueno, espero que de una u otra forma este testimonio sirva para conocer un poco más, temas que son distantes a la mayor parte de las personas, que como yo vive en mundos alejados a estos".

CONCLUSIÓN

Hoy estamos siendo testigos y participantes del "Despertar de una época", del despertar espiritual. Donde quiera que vayamos encontramos indicios de este despertar de la conciencia. Parece que lo inconsciente ya se está haciendo consciente. Y está sucediendo en todos los ámbitos, en la educación, salud, trabajo, etc. Las sincronicidades se multiplican hasta el infinito. El lenguaje empieza a cambiar y esto transforma la realidad. Los conceptos de la ciencia pasan a estar en las conversaciones ordinarias y habituales de casi todas las personas. Existen algunas que no se dan cuenta de esto y pasarán sus vidas como si nada ha sucedido. También habrá algunos que temerán estos cambios y les provocará ansiedades. Otras, en cambio, a pesar de que verán el cambio que les provocará incertidumbres, quedarán en un estado lejos del equilibrio que les permitirá ascender a otros niveles superiores. Todo esto nos puede causar mucha angustia y ansiedad, tal como señala la doctora Olga Kharitidi, (que en un estado de meditación obtuvo la siguiente visión).

"Tu gente vivirá tremendos cambios personales. Tal vez les parezca que ha llegado el fin del mundo. Y en muchos aspectos será así, pues gran parte del viejo mundo será en efecto reemplazado por un nuevo modo de existencia. La estructura psicológica de cada persona quedará transformada, pues su antiguo modelo de la realidad ya no será suficiente. Tu gente experimentará y aprenderá a comprender otra naturaleza de su ser. Eso sucederá de una manera distinta para cada persona. Para algunos, será fácil y casi instantáneo; otros tendrán que luchar con esfuerzo y dolor, e incluso habrá algunas personas tan profundamente arraigadas en vuestras antiguas leyes de la realidad que no se darán cuenta de nada en absoluto."

Veamos, de acuerdo con esta visión, el significado de por qué estos cambios nos afectarán tanto.

Primero, *"Tu gente vivirá tremendos cambios personales"*, significa que la gente comenzará a percibir que vive en un mundo de incertidumbre. Nada tiene certeza. Ni la ciencia puede asegurarnos la verdad. Tendremos que personalmente experimentar los cambios, pues nadie nos garantiza la aprehensión de la realidad. Incluso la realidad "objetiva" parece frágil e inalcanzable.

Segundo, *"Tal vez les parezca que ha llegado el fin del mundo"*, significa que no hay donde asegurar el futuro. No podemos planificar nuestro futuro pues cada día nos trae caos y cambios inesperados. Nadie nos asegura algo consistente, firme y permanente en el tiempo.

Tercero, "gran parte del viejo mundo será en efecto reemplazado por un nuevo modo de existencia", significa que viviremos en la constante del cambio. Esta forma de existencia es creativa y transformadora. Todo puede cambiar y rápidamente quedar obsoleto.

Cuarto, "La estructura psicológica de cada persona quedará transformada", significa que la conciencia pasa al primer plano. Tiene incidencia en nuestra forma de ver y hacer la realidad. Lo "subjetivo" vale tanto como lo aparentemente "objetivo" y todos los puntos de vistas son verdades en la relatividad de la realidad.

Quinto, "su antiguo modelo de la realidad ya no será suficiente", significa que estamos expuestos a alterar la realidad y acceder a otros mundos, tan reales como al que estábamos acostumbrados anteriormente. Aumentará exponencialmente nuestras capacidades al estar abiertos a otras visiones de la realidad.

Sexto, "experimentará y aprenderá a comprender otra naturaleza de su ser", significa que somos más de lo que creemos que somos y podremos vivir conscientemente estas formas del ser.

Séptimo, "sucederá de una manera distinta para cada persona", significa que el cambio es personal y que nadie cambia a otro sino que cada uno es responsable de sí mismo y arquitecto de su propia vida.

Octavo, "Para algunos, será fácil y casi instantáneo", significa que el cambio no requiere de complejidades sino que necesita solo de la interacción de elementos simples que ayudarán al cambio.

Noveno, "otros tendrán que luchar con esfuerzo y dolor", significa que algunos se resistirán y vivirán dolorosamente el cambio. Negarán esta visión y por lo tanto no accederán a esta visión.

Décimo, "no se darán cuenta de nada en absoluto", significa que es un cambio sutil que puede no ser consciente de ello. Como si, al comprender que la Tierra se mueve pudiésemos percibir el movimiento de ella, pero seguimos como si nada sucediera y continuamos la vida igual.

Como lo hemos visto en otra ocasión, existe alguna relación desconocida del Megalítico monumento de Stonehenge[20], con el Calendario Maya, con la Biblia,

---

[20] El monumento de Stonehenge se relaciona con diferentes situaciones en su historia, como en las siguientes formas:

    a)   Descendientes de los mayas, han cruzado el océano para llevar su ritual a Stonehenge: "Soñé que tendríamos la oportunidad de proyectar hacia el mundo nuestro conocimiento

con una experiencia espiritual, con el pensamiento Complejo, con los misterios del universo en una caverna, con el proyecto ALMA y con otros "mensajes" de la Tierra[21] que, amerita tomar medidas urgentes y adecuadas a esta etapa de crisis y evolución de la humanidad; se tiene asombrosas relaciones de semejanza entre sus componentes individuales y, que en el conjunto, nos hacen descubrir que en ellas está presente algún mensaje global, de una probable e indeterminada emergencia, sobre algo que converge hacia una compleja interacción de elementos, en un próximo futuro.

Los últimos 5200 años (período del No-Tiempo) estaría llegando a su término en esa fecha. Sería la cúspide de la evolución del ser humano en el universo. Un cambio del caos al orden. Una profunda transformación planetaria. Un nuevo amanecer de un paradigma de la evolución. El alejamiento del equilibrio, estaría formando las condiciones para un salto a otra estructura del universo en la humanidad. Una Nueva Era estaría comenzando, la irrupción o emergencia del "ser luminoso", donde "Sudamérica comenzaría a jugar un rol fundamental a gran escala, trayendo orden al mundo". Sería un acceso a nuevos niveles de conciencia superior. Podría significar el inicio de una prolongación de la vida, de la inteligencia, de la mente y del espíritu que afectaría todas las actividades del ser humano en este universo. Estaríamos al borde de entrar a una nueva forma de "Ver" y "Hacer" la Realidad, lo que traerá consigo un cambio global en nuestra

---

y que sería en Stonehenge", señala el sacerdote Luis Nah, descendiente de 17 generaciones de la antigua civilización Chilam Balam.

b) Los conceptos desplegados en las profecías, en la Biblia, tienen características de los sistemas complejos: mensajes, trono, entrada, sellos, muchedumbre, trompetas, testigos, cantos y verbo.

c) El monumento de Stonehenge se ha asociado a fenómenos paranormales y visitas de Ovnis.

d) Se estima que Stonehenge marca la etapa final del neolítico y del cambio de conciencia participativa del pensamiento complejo del hombre primitivo, punto crucial en la historia de la humanidad, donde la agricultura cambia la forma de vida y se produce el nacimiento de la sociedad actual (Morris Berman). Entonces, Stonehenge sería el punto de inicio del proceso de involución de la mente del ser humano. Sería necesario, volver a recordar, ahora en nuestro tiempo, lo que éramos sin predominio del ego y de la distinción del sujeto/objeto en que vivían nuestros ancestros, que nos enfrenta como opositores del mundo de la realidad. Hemos perdido la consciencia de estar unido a la naturaleza y todo lo que la comprende. El pensamiento complejo, nos puede permitir volver a nuestras raíces primogénitas, de épocas remotas o de nuestra infancia, donde esta consciencia de unicidad se manifestaba o manifiesta cotidianamente.

[21] Otros mensajes que pueden estar mostrándonos hacia dónde vamos, son fenómenos de percepciones proyectadas en cristales, apariciones y desapariciones, telepatía, clarividencia, precognición, fenómeno Ovni, pensamiento complejo del hombre primitivo y proceso de involución.

vida sensorial, mental y espiritual. Sin embargo, aunque estén dadas las condiciones para la transformación, el cambio debe venir de nuestra intención libre de la cual seremos plenamente responsables con nuestra autonomía. Estaremos en un estado de incertidumbre para el cambio, un lugar en que no sabremos hacia dónde vamos, pero si asumimos como propios nuestros hechos, construiremos una realidad esperada y buscada.

En el Apocalipsis de San Juan se predice la llegada de un cometa llamado "Ajenjo" como símbolo del "Final de los Tiempos", señales que, como los Incas predicen, viene un caos que retornará nuevamente al orden con el surgimiento de un nuevo ser humano al término de este período de agitación. El "final del tiempo del miedo" será el comienzo de una era dorada en la Tierra. Hay un cambio en la percepción del tiempo. Ellos señalan la llegada de "Pachacuti". Será, como señala Aurobindo, un "despertar" del cuerpo a nivel celular y más aún de los átomos que facilitará el acceso de los seres humanos a niveles profundos de conciencia. Será la emergencia compleja de algo producido por interacciones producidas a todo nivel material, mental, espiritual.

El Modelo de viajes en el tiempo, sostiene que contempla el universo de la información desde los orígenes del Big Bang, (hace unos 15.000.millones de años). Entonces, el proceso logra poner al alcance del participante de la experiencia de evolución de la **conciencia desde los orígenes del Universo** hasta sus ancestros y llevarlo posteriormente, a sentir su desarrollo y evolución hacia la espiritualidad.

REFERENCIAS

Bulhman, W. (2001) Aventuras fuera del cuerpo. Buenos Aires: Editorial Sirio.

Capra, F. (2003). Las Conexiones Ocultas. Barcelona: Editorial Anagrama.

- (2006). La Trama de la Vida. Barcelona: Editorial Anagrama.

Chopra, D. (1989). La Curación Cuántica. México: Editorial Grijalbo.

Damasio, A. ((2009). El error de Descartes. Barcelona. Editorial Crítica.

Freedman, D (1996). Los Hacedores de Cerebros. Santiago de Chile: E. Andrés Bello.

Garnier, J. P. (2014). Entrevistas 2010 – 2012 y 2015.

Goswami, A. (2008). La física del alma. Barcelona España. Ediciones Obelisco, S.L.

Kharitidi, Olga. (1999). El círculo de los chamanes. Barcelona: Urano

Leakey, R. (2000). El Origen de la Humanidad. Madrid: Editorial Debate S.A.

Maturana, H. y Varela, F. (2004). De Máquinas y Seres Vivos. Argentina: Editoriales Universitaria/Lumen.

Moody, R., Jr. (1984). Vida después de la vida. Madrid: Edaf.

- (1997). Más sobre vida después de la vida. Madrid: Edaf.

Mctaggart L. (2006). El campo. Buenos Aires Argentina. Editorial Sirio

Peña, O. (2004). El Universo en un instante de conciencia. Stgo. de Chile: Lom Ediciones Ltda.

- (2006). Cambio de sentido. Santiago de Chile: Mago Editores.

- (2015). Breve historia del alma de Stonehenge. Amazon: CreateSpace.

- (2015). Espacios de la mente. Amazon: CreateSpace.

- (2015). La exploración. Amazon: CreateSpace.

- (2015). Conciencia. Amazon: CreateSpace.

Varela, F. (1999). Dormir, soñar, morir. Santiago de Chile: Dolmen Ediciones.

- (2005). Conocer. Barcelona: Gedisa.

- (2010). El fenómeno de la vida. Chile. J.C. Sáez Editor.

Varela, F., Thompson, E. y Rosch, E. (2005). De cuerpo presente. Barcelona: Gedisa.

Watzlawick, P. (1986). El lenguaje del cambio. Barcelona: Herder.

- (1993). La realidad inventada. Barcelona: Editorial Gedisa.

- (2009). ¿Es real la realidad? Barcelona: Herder.

Wesselman, H. (1999). El mensaje del chamán. Barcelona: Plaza & Janés.

- (1998). Encuentros con el espíritu. Barcelona: Plaza & Janés.

Wilber, K. (1989). La conciencia sin fronteras. Barcelona: Kairós.

- (2003). Una teoría de todo. Barcelona: Kairós.

- (1998). Breve historia de todas las cosas. Barcelona: Kairós.

II. VIDAS INMORTALES

PRESENTACIÓN

Prácticamente desde mediados de los años 60 inicié el aprendizaje de los temas que atañen a la conciencia. Desde aquel entonces, la investigación fue orientada hacia diversas ramas de la ciencia que tuviesen cierta relación con aquel campo. Así empezaron a integrarse aspectos de la Física Atómica y teoría Cuántica, tecnología Láser, holografía, hipnosis y Sugestión, Percepción Extrasensorial, Pensamiento Positivo, programación neurolingüística, chamanismo, sistemas complejos, estructuras disipativas, procesos autopoiéticos, realidad virtual, psicología Humanística y Transpersonal, Meditación e Iluminación, etc.

El libro intenta hacerlo meditar sobre cómo el hombre ha permanecido sobre tinieblas, de cómo recorrer el camino que lo lleve a la comprensión y desarrollo de su conciencia de maestro, iniciarlo en los procesos de la mente, conocer las actividades y campos relacionados con la conciencia, orientar sus metas y esperanzas a través de técnicas específicas, de quién es al transformarse en maestro, de cuál será el efecto de este cambio en su forma de vida y en la sociedad actual, en qué se convertirá la futura humanidad, de cuál es el proceso que lo guiará hacia la plenitud de su ser, adquirir nuevos modos de lenguaje, percepción, pensamiento y actuación en su vida que lleven a su conciencia en desarrollo hacia la auténtica felicidad, adquisición de nuevos enfoques y conceptos de la ciencia que expliquen de mejor forma los fenómenos de la realidad, conocer las fases del proceso creador, alcanzar la iluminación, etc.

Algunos pensadores de estos tiempos, están comprendiendo que el hombre ha cumplido y está jugando un papel importante en la creación del Universo. Entiende que ya no es posible asegurar una completa objetividad permanente de los sucesos en el tiempo, él participa (es sujeto y objeto) de estos cambios. El principio de causalidad se invierte y transforma en un principio de finalidad; se distorsionan los conceptos de dimensión espacio-tiempo y dejan de ser limitaciones a la conciencia; aparece como aceptable la coexistencia de dos o más mundos paralelos; el pasado, presente y futuro es una falsa o incompleta percepción de la realidad; su visión espacial no está limitada a la aproximación de sus órganos sensoriales; comprende que la historia de la humanidad tiene un sentido de ser un proceso para el desarrollo de la conciencia, objetivo predeterminado por la propia conciencia universal.

Por otra parte, estos apóstoles del nuevo pensamiento advierten que en este momento el hombre debe hacer algo en su conciencia y decidirse con urgencia a modificar su forma de percibir, de pensar y de actuar en todas las actividades de la sociedad humana dado que existen suficientes pruebas del deterioro progresivo (entropía), en que está involucrándose la humanidad, con un alto riesgo de destrucción de sí misma.

Para explorar el universo de la conciencia, acompáñenos en este maravilloso mundo en que una nueva visión de la realidad se incorporará a su experiencia. Tomará conciencia que siempre ha sido así, y desde ese instante, sufrirá una transformación positiva, comprenderá el valor de la verdad, comenzará a adquirir buena salud, pondrá en acción ideas e inteligencia creativa, sentirá amor hacia sí mismo, sus semejantes y en fin, hacia toda la naturaleza. Se sorprenderá de este nuevo (antiguo) conocimiento, que siempre ha estado presente y esperando ser descubierto, por aquel que busque con esperanza y sinceridad. A medida que vaya interiorizándose de los alcances de la conciencia, y a través del proceso permanente hacia el desarrollo del Ser, llegará a comprender lo que verdaderamente el hombre es, alterando su percepción de la realidad y conjuntamente disponer de libertad de elegir su propio destino.

Las orientaciones de este proceso, son una valiosa ayuda o guía para el descubrimiento de sí mismo. De ahí, podemos decir, que uno puede involucrarse en el cambio del modo siguiente: "Nosotros conformamos un Centro de Conciencia que busca e investiga en y sobre la conciencia. Cada uno de nosotros es un actor de la vida. Nos disponemos a viajar por el Centro de Conciencia, de modo que vayamos experimentando una transformación de la propia conciencia. Es un cambio de paradigma, un viaje a lo desconocido de nosotros mismos; un salto del conocimiento y de la experiencia vivencial; un reconocimiento de que no estamos solos y que ya somos lo que llegaremos a ser. Así, iremos percibiendo nuestro propio proceso de cambio personal en todo lo que hacemos y somos".

INTRODUCCIÓN:

¿Qué es una vida inmortal?

La pregunta sugiere, que quien es inmortal ha vivido, vive y vivirá para siempre, en todos los tiempos y espacios del cosmos. Ahora, puede que no sea consciente de ello y, de todas formas, en alguna medida, siempre ha sido inmortal y sólo necesita estar consciente de ello. Si alguien, de alguna forma, pueda acceder al universo de la información, desde el **Big Bang** hasta el final de los tiempos, entonces, cada uno de nosotros tiene la capacidad de ser inmortal. Es como si hubiese vivido durante todo el universo del tiempo-espacio. Si alguien puede identificarse con cualquier persona, animal, vegetal, mineral, energía, etc., en todos los tiempos y lugares, entonces cada una de esas identificaciones, en esencia, permanecen en vida con uno mismo, pues quien se identifica con ellos pasa a ser la identidad representada. Es decir, aquellas identidades son inmortales en espíritu a través nuestro, y aunque no sean identificados por alguien del presente o futuro, siguen siendo inmortales, pues permanecen potencialmente para ser descubiertos por un sí mismo.

Ahora, una vez aceptada la capacidad de la inmortalidad, es necesario tomar consciencia de esta capacidad, que opera en forma cuántica, compleja y holística de la realidad. Sin embargo, en consciencia sensorial no podemos percibir y acceder a esa realidad de vida inmortal. La **percepción sensorial** nos permite vivir en el espacio de realidad media o meso realidad para poder sobrevivir en el planeta de forma consciente. Sin embargo, como sabemos que la mayor parte de nuestra vida ocurre o está dirigida por nuestra vida inconsciente, entonces para acceder conscientemente a la percepción de las identificaciones holísticas señaladas se requiere entrar de lleno a la visión cuántica.

La **visión cuántica** es el medio que permite recorrer el camino de la inmortalidad de forma consciente. Esta visión nos permite comprender que, durante el nacimiento del universo, todas las partículas estaban juntas que al explotar en el Big Bang, dieron nacimiento del universo, manteniendo la relación de las partículas que permanecen "unidas", aunque aparentemente se separen durante la expansión del universo y, entonces, en el fondo, no habría separación entre ellas, pues permanecen unidas, como en una relación telepática hasta el fin del tiempo. Esto permite decir, que cada partícula que compone el universo, en todos los tiempos, está estrechamente relacionada con las otras partículas. Y, como las partículas permanecen para siempre son inmortales. Así, como nosotros estamos formados de las mismas partículas, desde el origen del Cosmos, estas tienen toda la información desde ese entonces.

Después de haber visto de dónde venimos (del polvo de estrellas), quienes somos (seres sensoriales mortales) y hacia dónde vamos (seres cuánticos inmortales), debemos ver cómo dirigir y orientar estas nuevas formas de la conciencia y percepción de la realidad. Para ello, en el último capítulo, desplegaremos las experiencias que se pueden alcanzar con estas herramientas disponibles a todo el mundo.

(I) FUIMOS POLVO DE ESTRELLAS

¿Cómo comienza la conciencia?

Al igual que el **Big Bang** es el origen del tiempo y del universo que conocemos, la conciencia tiene un origen que va evolucionando en el tiempo. Cada experiencia consciente forma parte de nuevos comienzos o intenciones de otros actos conscientes. De acuerdo a los procesos autopoiéticos y de estructuras disipativas, la estructura de la conciencia se mantiene ante cambios internos de organización. La conciencia es libre, desde el punto de vista de los cambios que determinan su organización pero también su estructura está determinada y se mantiene estable frente a estos cambios. Esto nos lleva a pensar que la estructura de la conciencia guarda un esquema de comportamiento estructurado arquetípico constante que habría sido el comienzo de la conciencia: el impulso inicial del proceso de la conciencia.

Existe una estructura arquetípica (naturaleza interna) de la conciencia que permanentemente actúa e influencia, como un eco, a la conciencia personal, desde lo más profundo de nuestra psiquis. Esta estructura está conformada en un sentido de desarrollo evolutivo. Cada persona, lo sepa o no, está pasando por los niveles de la estructura arquetípica.

La estructura de comportamiento manifestada en nuestra conciencia personal, señala el campo o nivel de la estructura arquetípica en que nos encontraríamos conectados en ese momento al interior de nosotros mismos. Es decir, que la realidad ordinaria estaría conectada de alguna forma a un nivel arquetípico de la conciencia, lo que significa que lo que acontezca en un estado se replica en el otro estado. Los cambios que personalmente experimenta una persona son el reflejo de cambios de nivel en las estructuras arquetípicas. Siempre está "palpitando" en lo profundo algún nivel de la estructura arquetípica que manifiesta sus efectos indirectamente en la conciencia personal. En cierta medida, podemos decir, que estamos permanentemente conectados o comunicados con las diferentes formas de la naturaleza: vegetal, animal, mineral y con los diferentes espacios y tiempos de la naturaleza. Estas "formas" pueden estar actuando en eco y en resonancia con nuestra conciencia, situación que puede originar algunos síntomas que al hacerse conscientes mediante la meditación, el organismo se libere del mismo al consumirse la "forma" en el proceso.

La estructura arquetípica está influenciada por la cultura, educación, medio ambiente, entorno familiar. También situaciones de estrés, conflictos internos, aburrimiento, ansiedad, depresión, frustraciones y cualquier cosa que produzca tensión nerviosa, activan efectos psicosomáticos que se traducen en predisposición a enfermar de úlceras al estómago, enfermedades al corazón, hipertensión sanguínea, molestias digestivas, asma bronquial, etc. De ahí, podemos afirmar, que algunas estructuras de la conciencia arquetípica son propensas a favorecer la aparición de enfermedades, y que otras estructuras de la conciencia arquetípica pueden traer inmunidad a las enfermedades y la tranquilidad que ofrece la salud. Cada nivel de la estructura arquetípica de la conciencia puede manifestarse como reflejo en nuestra vida personal en forma débil o llegar sus alcances hasta la profundidad de nuestra vida.

Ahora, cómo las estructuras arquetípicas del pasado remoto tienen efectos en el presente y futuro de nuestra conciencia, es posible responder que, para que esto ocurra, debemos considerar, que existe un efecto no-local entre dos elementos vinculados en algún tiempo inicial, que trasciende la comunicación espacio-temporal entre ellos. Entonces, se logra el vínculo al conectarse o interaccionar – por ejemplo- un sonido y una imagen del presente, quedando estos dos elementos comunicados, independiente del espacio o tiempo que los separe. Dado que el sonido, que lleva información que no se pierde[22], es una vibración que está vinculada no-localmente con todas las vibraciones del universo del pasado, presente y futuro, que, a su vez, está vinculada con la imagen del presente que "atrae" la posibilidad de un encuentro virtual, relacionado con el tema de la intencionalidad inicial buscada.

En resumen, la conciencia o el primer acto de conciencia fue una configuración arquetípica, que dio origen al "**Big Bang**" de la conciencia y, que continuó con el tiempo, en procesos recursivos (autopoiéticos) que fueron desplegando una historia (evolución) de la conciencia individual y colectiva. Entonces, podemos terminar haciendo una síntesis de los puntos centrales en que se tocan la física con la conciencia: un nuevo paradigma de evolución de la conciencia:

- La conciencia trasciende la materia y energía.
- La conciencia comienza desde el origen del universo.
- La conciencia está condicionada en una estructura arquetípica.
- La conciencia está inserta en una estructura disipativa.

---

[22] S. Hawking sostiene que cuando algo cae en un hoyo negro, la información que contiene no se destruye. Por otra parte, todos los átomos del universo están vinculados en su origen, el Big Bang por lo cual están comunicados más allá del tiempo, del espacio y de la forma (identidad) que adquieran en él.

- La conciencia es parte de un sistema complejo.

- La conciencia está conectada a todo el universo.

- La conciencia es un proceso autopoiético.

- La conciencia es un proceso que se crea y desaparece a cada instante.

- La conciencia tiene intención, reconocimiento, sincronización y respuesta.

- La conciencia percibe antes que se produzca la intención y respuesta.

- La conciencia es libre de nuestro "yo".

- La conciencia contiene a la memoria: clásica y/o cuántica.

- La conciencia cuántica emerge solo al perturbar la memoria clásica.

Mi búsqueda de una respuesta a nuestra evolución actual de la conciencia, comienza cuando descubro que la forma de acceso a la realidad virtual desarrollada en mis libros "El Universo en un Instante de Conciencia" y "Espacios de la Mente", tiene grandes similitudes al proceso que experimentaba el primitivo cavernícola, cuando observaba las pinturas rupestres dibujadas en las paredes de su caverna en las profundidades de la Tierra, acompañadas simultáneamente con los ritmos acústicos de los instrumentos que tocaba en la producción del trance. En su libro "El Origen de la Humanidad", el antropólogo R. Leakey, declara que hace treinta mil años aparecen simultáneamente las pinturas rupestres con la fabricación de herramientas.

Con herramientas de meditación y relajación se puede vivir una experiencia consciente de vidas pasadas o futuras, "de vidas anteriores a las humanas, incluso hasta los inicios de la evolución, vidas de animales, dinosaurios, plantas, vidas moleculares primitivas sobre la tierra, minerales, formación de la tierra y de la luna, moléculas, átomos, formación del sol, electrones, protones, formación de galaxias, partículas cuánticas, e incluso del **Big Bang** mismo". Respecto de las vidas futuras, una proyección transpersonal de la evolución nos pone en contacto con la totalidad del universo de la conciencia, de la unidad cósmica.

La experiencia del ciclo evolutivo es una experiencia muy interesante, pasando primero por el **Big Bang**, la creación de los sistemas solares, y formación de los planetas, creación de los seres vivos, los animales y todo esto, la persona lo vive siendo ese objeto, como observador-participante, no solamente como una pantalla sino que la persona pasa a ser lo que está meditando.

Todas las cosas cambian. Todas las realidades cambian en casi todos los niveles….Sin embargo, en el nivel de la mecánica cuántica tenemos que las partículas, desde hace unos 15 mil millones de años, el tiempo del **Big Bang**, no han cambiado. Como a nivel de las partículas atómicas impera el principio de incertidumbre, no es posible conocer la posición y velocidad de una partícula simultáneamente, pues se ve afectada por la observación del sujeto y, por ende, se altera la información contenida en la onda-partícula. Cada una de estas ondas-partículas contiene en su estructura el universo de la información, como un pedazo de holograma en que se despliega toda la información de la placa entera. Si pudiésemos observar esta onda-partícula, sin alterar su contenido, seguramente emergería y desplegaría de ella toda la infinita información implicada en ella. Se ve complejo, pero existe un camino: la conciencia cuántica. La conciencia tiene la particularidad de actuar en la incertidumbre y se debe alterar su estado de modo de conectarse con el mundo cuántico sin producirle un cambio a la onda-partícula permitiéndole, con ello, extraer información implicada en ella. Para poder conectar la conciencia con la onda-partícula se deben "atraer" utilizando para ello un atractor (intención) mantenida por un tiempo determinado hasta que emerja el despliegue de la realidad cuántica impreso en el espacio cuántico. Es un Movimiento de la Realidad.

La mayor y la más importante de todas las crisis es la que afecta hoy a nuestro hogar: la Tierra. Si no podemos cuidar nuestro hogar no tenemos dónde vivir y dónde ir, por lo tanto, es el fin de la civilización. Hasta ahora hemos pensado que la Tierra se cuida sola y que tenemos el derecho de destruirla y contaminarla. No hemos pensado que tiene vida y que su misión es mantener la vida en toda su extensión. Hemos conocido últimamente la preocupación de los científicos del cambio del clima del planeta pero en esto estamos todos y todos debemos hacer algo. Tomar conciencia de que estamos destruyendo toda la evolución que tardó quince mil millones de años y somos responsables de provocar en solo doscientos años, incluso diría en solo cincuenta años la mayor depredación de la historia no solo de la humanidad sino del universo desde que fue creado: el **Big Bang**[23].

Este salto evolutivo, o **Big Bang** del comienzo de la rápida evolución de la conciencia, según la hipótesis planteada en mis libros, estaría influenciada en gran medida, por la construcción de esa "máquina del tiempo" (combinación de sonido e imagen) para acceder a la realidad virtual.

---

[23] Carl Sagan, en su calendario cósmico comprime los 15 mil millones de años equivalentes a un período de un solo año. Entonces, el **Big Bang** ocurre el 1 de enero, el origen de la Vía Láctea el 1 de mayo, el origen del Sistema Solar el 9 de septiembre, la formación de la Tierra el 14 de septiembre, el origen de la vida el 25 de septiembre y el 31 de diciembre a las 22:30 aparece el hombre.

De acuerdo a las últimas investigaciones de S. Hawking, lo único que no se pierde en un agujero negro es la información, que puede escapar de su fuerza de atracción. Por otra parte, todas las partículas del Universo permanecen vinculadas desde su nacimiento (**Big Bang**) y, por lo tanto, contienen toda la información relacionada con dichas partículas: el universo entero.

(II)   SOMOS SERES SENSORIALES MORTALES

Hoy por hoy, para estudiar la realidad del universo, se acepta el efectuar una separación de la estructura del conocimiento a gran escala, a media y a pequeña escala. La mente no escapa a ello. La conciencia sensorial podemos asimilarla a que en condiciones normales tiene acceso al conocimiento de la realidad solo a media escala y en la conciencia cuántica se adquiere conocimiento directo de la realidad a pequeña y a gran escala.

La mayor parte de las personas se mueve ordinariamente en los mundos de la realidad sensorial y personal. Bajo ciertas condiciones y circunstancias la persona puede acceder a los otros mundos. Cada mundo, como cada realidad, sólo pueden comprenderse en su propio reino. Así, como el mundo sensorial no percibe los demás mundos, la realidad que presenta, por ejemplo, cada sentido, tampoco tiene acceso a la realidad de otro sentido.

El mundo de la realidad sensorial al que todos estamos acostumbrados, está delimitado por el buen funcionamiento de nuestros cinco órganos sensoriales. Siempre se le ha dado jerarquía a los sentidos, otorgándoles mayor importancia a un sentido que a otro. Ahora bien, quien no tuviera ojos, cómo podría saber la sensación que produce una hermosa puesta de sol; quien no tuviera oídos, cómo podría saber la sensación que produce escuchar el concierto de música de la sinfonía de Beethoven; quien no tuviera olfato, cómo podría saber la sensación que produce la gama de perfumes de las rosas en primavera; quien no tuviera sensación táctil, como podría saber la sensación que produce estrechar el cuerpo de una mujer amada; quien no tuviera sensación gustativa, como podría saber la sensación que produce saborear las comidas. Todos los sentidos son muy importantes y se complementan sinérgicamente[24]. El supuesto básico que sostiene este mundo, es que cada elemento de él es objetivo e independiente. Cada cosa existe por sí misma.

Una de las características del chamán, o en este caso, del guía de taller de meditación, que no hay que descartar o dejar de lado, y que puede tener

---

[24] Eduardo Punset señala que aunque los procesos de imaginar o ver son muy similares los sentimos diferenciados: "cuando imaginamos, efectivamente está activado el sistema visual, pero se desactiva la entrada de datos auditivos, somatosensoriales y visuales del ojo, y se inhiben estas áreas en el cerebro. Si no se inhiben estas áreas, lo que estamos haciendo es ver. Todos los sentidos están actuando y nos estamos preparando para actuar. Sin embargo, cuando imaginamos, hay zonas "desconectadas": no se pretende actuar y, por tanto, solo se activa parcialmente el sistema visual." *El Alma está en el cerebro*. Eduardo Punset.

importancia en el éxito de la experiencia, es que tanto como la creencia que se debe tener en el proceso y de expresar un sentimiento de absoluta seguridad en él, lo que es captado consciente o inconscientemente por los participantes y favoreciendo con ello la inmersión plena en los estados alterados de conciencia, existe además un fenómeno, frecuentemente observado de comunicación transpersonal (telepático) desde el guía hacia el participante, que se presenta durante el desarrollo de la meditación y que favorece la respuesta visionaria del meditante. De ahí que, es fundamental que el guía aprenda a desplazarse y permanecer en la funcionalidad dual de la conciencia, aún en un estado que aparentemente se perciba para el resto como solo en conciencia sensorial (ordinaria). No basta con aplicar una técnica o un procedimiento sin considerar estos factores que pueden llegar a ser fundamentales para el proceso de la meditación. En muchas ocasiones, el meditante recibe información del guía de forma transpersonal, fuera del procedimiento mismo de la inducción del trance, por lo que no debe dejarse de lado esta variable. Muchos fracasos en la inducción de estos estados pueden estar explicados por este factor. No hay que olvidar que en última instancia, sobre todo en estos estados cuánticos, estamos unidos en una unidad de conciencia. Este fenómeno puede estar emparentado, con lo que se conoce como shaktipat, sensación experimentada como una especie de atracción emocional o psíquica, donde basta una mirada, una palabra, un gesto o el toque personal del guía para producir en el participante una profunda manifestación de energía y caída en trance sin mediar para ello de otros factores.

Uno de los fenómenos que se está produciendo en la actual sociedad tecnológica y mecanicista, es que el individuo comienza a perder la capacidad de usar sus sentidos por estar sumido en un estado, cada vez, más alejado del presente. Él mira, pero no ve; escucha, pero no oye; toca, pero no siente; en una palabra, emplea sus órganos sensoriales pero no está percibiendo la realidad del presente. Pues se pierde pensando en el pasado o proyectándose en el futuro, no estando atento a lo que ocurre en el momento en frente de sí. Se encuentra en un estado alienado del presente. El presente es extraño para él, pues es dependiente de lo que ha ocurrido en el pasado o pueda ocurrir en el futuro. Pierde su libertad con esta dependencia, aunque no sea consciente de ello.

Cómo recuperar el presente perdido, es quizá uno de los problemas cruciales de nuestro tiempo. Sin embargo, para comenzar a redescubrir el presente es necesario que se comprenda que estamos en una condición que niega la verdad del presente. Ahí, se inicia el descubrimiento de que existe un camino para vivir el presente en cada instante de la vida. En el presente, desaparecen las intenciones de controlar al otro, de competencia, de agresión y, por el contrario, se comparte, coopera y acepta a los demás tal como son. La historia del hombre ha sido la historia de pérdida del presente, volviéndose cada vez más extraño para él. El futuro del hombre depende de si logra o no redescubrir el presente que ha perdido hasta hoy. Cuando lo alcance, entonces y sólo entonces podrá decirse que ha vuelto a renacer en un mundo nuevo.

Descubrir la identidad del individuo en el presente es darse cuenta de quienes somos en su forma alienada. Así, normalmente el sujeto se identifica en la función que desempeña o ha desempeñado en el pasado o lo que cree desarrollará en el futuro ("soy profesor", "soy investigador").

Redescubrir la identidad del PRESENTE, es darse cuenta de quiénes somos realmente. Yo soy el que soy en el presente y nada más. Mis actitudes de ahora son el reflejo de lo que soy. Yo no soy el que fui ni el que llegaré a ser, sino que soy por lo que hago ahora. Por mis hechos del momento, soy en el presente.

Descubrir la sumisión, entonces, significa tomar conciencia ahora mismo, del cambio que hemos experimentado durante el transcurso de nuestra vida. Cómo pasamos desde la infancia, de ser actores del proceso de transformación, a un estado adulto de manipulación y sometimiento de voluntades; desde un estado de conciencia transpersonal del niño, a un estado de conciencia instrumental de la adultez; desde un estado de presencia vivencial del momento, a un estado de ausencia temporal-espacial; desde una emoción de felicidad, a uno de tristeza; desde un estado de ser uno mismo, a otro de ser alienado; desde un estado de sinceridad y verdad, a otro de mentiras y fingimientos; desde un estado de espontaneidad, a otro rutinario y mecánico; desde un estado creativo, a otro de pasividad.

Se nos enseña que no existen dualidades de la conciencia. Veremos que en ocasiones podemos tener dos o más formas de percibir el mundo de la realidad.

Así, existen varias visiones en que se presentan diversas formas de percibir la realidad: la **sinestesia** y la **memoria**.

Sabemos que existen diversas razones para pensar que existe más de una realidad. Tenemos, por ejemplo, los fenómenos **sinestésicos**. En el capítulo "Mundos Reales" de mi libro El Universo en un Instante de Conciencia, comentaba respecto a que "en raras ocasiones se mezclan mundos distintos" o se intersectan o superponen los diferentes sentidos. Esas raras ocasiones, son consideradas relativamente normales por los neurólogos y se les conoce con el nombre de sinestesia. Se define, esta como "condición algo peculiar en la cual los sentidos se entrelazan. Por ejemplo, una persona puede ver colores cuando oyen un sonido, o puede probar realmente palabras; estímulo de un sentido, se parece o causa un estímulo inadecuado de otro".

Se dice que esta particularidad de ocurrencia de forma espontánea, es una entre 25.000 personas. Otros opinan que se da una entre 2000. Sin embargo, en estados especiales de conciencia puede ser obtenida por la mayor parte de las personas, que incluso se habla que todos tenemos esta capacidad en estado latente pero habitualmente se encuentra dormida y que puede ser despertada con alguna estimulación sensorial.

En resumen, los sinestésicos ven sonidos, otros sienten colores o saborean formas. Según Hubbard, la sinestesia ocurre porque algunas partes del cerebro que perciben los colores están muy próximas a las que procesan el habla, el lenguaje y la música. En los estudios de la sinestesia se han identificado 19 tipos de sinestesias: sonidos (verbales, musicales, generales) que evocan colores, sabores y tacto; números y letras que evocan colores; dolores, sabores y olores que evocan colores; visiones que evocan sabor y contacto; contacto que evocan sabor color y olor; etc. Stanislav Grof describe por ejemplo sensaciones sinestésicas como "el sonido de unas tijeras abriéndose y cerrándose cerca del cráneo confiere la sensación realista de que a uno le están cortando el pelo; el zumbido de un secador de pelo puede producir la sensación del aire caliente en la cabellera; al ruido de una cerilla que se enciende, le puede seguir el olor a azufre quemado; y la voz de una mujer que le susurre al oído, le permite a uno percibir su aliento". También en el mismo grupo de experiencias sinestésicas Grof señala "experiencia de cambios de temperatura, dolor físico, sensaciones táctiles, sentimientos sexuales, percepciones olfativas y gustativas, y diversas cualidades emocionales".

Entre las experiencias en talleres de meditación, que provocaron fenómenos de sinestesia tenemos los siguientes:

Después con las campanitas, al escucharlas las sentía como unas pequeñas luces brillantes;

La piedra me la imaginé de color azul al comienzo luego se puso roja oscura, pero siempre había un haz de luz al centro que brillaba.

Visualicé las flores (con su olor), la tierra, los pájaros, la brisa, el ruido del agua al correr.

Visualicé todas las imágenes que escuchaba, color, forma, hasta olor.

Sentí al tacto una sensación de tamaño, color que se mezclaba entre el negro y el blanco.

Otra diferenciación de formas de percibir la realidad se da en la **memoria**.

Desde que estamos en este planeta, usamos la memoria en todas nuestras actividades, durante todo el tiempo. Incluso cuando dormimos y soñamos. Podemos recordar lo que pasó hace un momento, lo que pasó ayer, hace una semana, un mes, un año y, en fin, lo que sucedió hace mucho tiempo. En todas estas ocasiones estamos recordando, es decir, usando la memoria. Ahora, para usar la memoria debemos previamente haber tenido una experiencia de la sensación que recordamos. En esta experiencia participaron los sentidos de la visión, audición, olfato, gusto o tacto. Toda nuestra vida ha transcurrido con esta forma de percibir la realidad: capturar un objeto con los sentidos y posteriormente recordar esa experiencia con "nuestra" memoria condicionada. Aprendemos cuando recordamos. Nos curamos cuando recordamos. Creamos cuando recordamos. Somos inteligentes cuando recordamos. Es un paradigma de la memoria como archivo personal de las experiencias sensoriales. Es una visión fotográfica de la realidad o Egovisión de la realidad. En fin, somos memoria.

Cambiar esta realidad, o forma de percibir el mundo, es un cambio de paradigma. Para comenzar pensemos, ahora, que la memoria está fuera de nuestro cuerpo. Es un campo que no tiene límites de espacio y tiempo. Es equivalente al inconsciente colectivo de Jung. Es la memoria de la Naturaleza de Sheldrake. Para acceder a este campo ilimitado de la memoria, del nuevo milenio, debemos primero cambiar nuestra forma de percibir la realidad, cambiar de paradigma. Es decir, si percibimos como lo hacemos habitualmente, nos mantenemos en contacto con la memoria condicionada ordinaria, descrita en el párrafo anterior. Sin embargo, si producimos una interferencia o perturbación sensorial visual-auditiva o táctil-auditiva u otra combinación sensorial, se accede conscientemente al campo implicado e ilimitado de la memoria no-local. Es lo que hacían nuestros antepasados y lo que hacen los niños en sus primeros años. Es un nuevo paradigma, de la memoria como archivo del universo de experiencias de la humanidad. Es una visión holográfica de la realidad u Holovisión de la realidad[25].

Otra forma de ver la diversidad, es la mirada del **Yin Yang** que nos muestra la dualidad de la realidad.

---

[25] Corresponde a la memoria akáshica de los antiguos o memoria cuántica de A. Goswami que está "escrita en el vacío…en ninguna parte".

Sabemos que cuando nos referimos a la relación **yin yang**, estamos hablando de lo femenino y masculino; día y noche; fuerte y débil; calor y frío; silencio y ruido; etc. El proceso de meditación y relajación del programa educación sin fronteras comprende ambas visiones para cada parte del sistema. Así, en la relajación, como en las diversas formas de meditar, se presentan técnicas que comprenden ambos puntos de vista.

Podemos asimilar que la función cerebral puede ser la mejor forma de describir el proceso integrativo de la visión arquetípica del yin yang, pues cada hemisferio cerebral tiene la particularidad de tener un funcionamiento complementario al del otro hemisferio. Así, el HI se especializa en el lenguaje, lectura, escritura, análisis, matemáticas y en el razonamiento lógico. El HD se especializa en las imágenes, formas, símbolos, ritmo, música, espacio y en la percepción holística.

La Biología ha permitido conocer el funcionamiento de los hemisferios cerebrales. Se ha descubierto a través de operaciones quirúrgicas que al separarlos, cada hemisferio tiene su propio lenguaje y que normalmente actúan cooperativamente ambos. También se ha investigado que el hemisferio izquierdo funciona con ondas cerebrales beta de baja longitud y alta frecuencia y, el hemisferio derecho con ondas alfa y theta de mayor amplitud y menor frecuencia. Dado que la creatividad, imaginación, percepción de modelos, salud y otros aspectos positivos del funcionamiento cerebral, están asociados al hemisferio derecho, entonces comprender el lenguaje cerebral es un medio para acceder a la amplitud de su territorio. Mediante las psicotécnicas como la meditación, ensoñación dirigida, relajación, focalización de la atención, imaginación, paradojas, prescripciones de comportamiento, rituales, diálogos interactivos, es factible acceder al lenguaje metafórico del hemisferio derecho. Existen tres formas de "viajar a la derecha" cerebral: primero, hablar el lenguaje adecuado a ese ambiente; segundo, bloquear el lenguaje del otro ambiente (HI) y tercero, obedecer o seguir una orden o prescripción. Esto es lo que se intenta conseguir con los procedimientos de las meditaciones y relajaciones. Primero se fija una intención (meta), seguido de una visualización y terminando con un bloqueo y sobrecarga del hemisferio izquierdo (música rítmica).

Durante el proceso de evolución de la conciencia, iremos descubriendo en qué forma de la expresión china yin yang, armonizamos nuestro accionar en la vida cotidiana.

El proceso que debe seguir el individuo, es descubrir el tipo de técnica que mejor se aviene a su forma de percibir y actuar en el mundo de la realidad, en su forma Yin Yang. Es así, que ejercitándose en las diversas formas de relajación y/o meditación, cada individuo descubre cuál es su técnica propia para el descubrimiento de sí mismo.

Cualquiera de estas técnicas puede ser, entonces, una puerta de entrada y acceso al campo prepersonal, arquetípico o transpersonal. Sin embargo, cada uno de nosotros llega a descubrir y terminar su búsqueda en sólo alguna de ellas. Cuando lo descubra, lo sabrá. Es como un recuerdo que ignorábamos, y llega de repente a nuestra memoria. Por ahora, deberá ensayar con todas las técnicas, pues muchas veces la que creemos que pueda ser adecuada a nosotros, en verdad no lo sea. Por ello, hagamos nuestros esfuerzos e intentos de búsqueda con la multiplicidad de las técnicas, orientadas en su forma yin yang.

Las dos visiones, señaladas en los párrafos anteriores, son complementarias. Con ellas aprendemos, sanamos, creamos, vivimos y somos. Podríamos decir, que la primera, la Egovisión, corresponde a una visión fragmentaria del hemisferio izquierdo, donde existe una conciencia de separación: identificación de sí mismo, de las cosas, personas, animales, etc. Incluso percibe a su cuerpo separado de su mente y de todo lo demás; sus pensamientos son solamente suyos; su memoria lo mantiene sujeto al pasado. Es un sistema o forma de vida imperante en nuestra actual sociedad en donde los elementos que la sostienen y le dan su "razón" de existencia son básicamente la causalidad, la competencia y apropiación de objetivos del prójimo, incentivar el egoísmo, fragmentación de la educación y cultura, adoración del poder y la riqueza, del dinero, posición social, impulsar el consumismo y mantener al individuo en un estado latente de sumisión y programación, causantes de la tensión nerviosa o estrés.

La segunda visión, la Holovisión, en cambio, corresponde a una visión holística del hemisferio derecho de nuestro cerebro. Como la primera forma de percibir la realidad es la que hemos venido desarrollando, en la mayor parte de nuestra vida, este libro está orientado, principalmente, a la segunda forma de usar la memoria, LA HOLOVISION O MEMORIA NO-LOCAL DEL NUEVO MILENIO.

(III)   SEREMOS SERES CUÁNTICOS INMORTALES

Un cambio de paradigma, es no sólo saltar a otro nivel de la información, sino a otra forma de "hacer" y "ver" la información. En una palabra, es un salto cuántico de una estructura disipativa, que es el conocimiento de la meditación (conciencia), en este caso.

Quizás el descubrimiento del significado de las figuras geométricas, que ahora conocemos como imágenes entópticas, en las cavernas del hombre primitivo, sea uno de los hallazgos más importantes de este siglo. La evolución de los humanos pudo derivar de la capacidad de utilizar herramientas para la producción de sonidos y acceder así a estados de ampliación de conciencia, como la conciencia cuántica. La capacidad de escuchar concentradamente permitió desarrollar esta otra fase de su conciencia que incidió en su comportamiento social y cultural.

En *Biología* el rol neurológico que asumen los microtúbulos[26] en la percepción cuántica al momento en que se repliega la conciencia sensorial durante el proceso de experiencias cercanas a la muerte. En estas experiencias la persona que deja de recibir estímulos sensoriales, por la crisis que está viviendo, experimenta una serie de sensaciones internas como las que describe un paciente de *Raymond Moody* en sus investigaciones de sus "cámaras de espejos". "Primero vi visiones en el espejo; bueno al principio eran formas de colores y pequeñas manchas o chispas que relucían. Vi una gran neblina que se levantaba y llenaba todo el espejo, como una gran niebla que entrase por la ventana; y después de la neblina hubo una luz brillante. Vi una luz muy a lo lejos, y escenas, pequeñas escenas breves; pero lo que atrajo mi atención fue un camino, y supe que tenía que seguir ese camino o moverme en ese sentido".

Parece ser, que para acceder a las realidades transpersonales y arquetípicas, debiéramos atravesar primero un campo de experiencias del nivel cuántico, nivel que nos recuerdan los símbolos grabados en las cavernas primitivas que significarían el proceso que experimentaba el hechicero en el inicio del trance, en la oscuridad de la caverna. De las imágenes grabadas, se ha ofrecido, recientemente, una nueva e interesante interpretación: son los signos que delatan el arte chamanístico, procedentes de una mente en estado de alucinación. En el primer estado, el sujeto ve formas geométricas, tales como retículas, zigzags, puntos, espirales y curvas. Estas imágenes, seis formas en total, son brillantes,

---

[26] Teoría de Roger Penrose y Stuart Hameroff que postulan que los microtúbulos tienen operatividad y efectos cuánticos.

incandescentes, vívidas y poderosas. En un estado más profundo, se "está con frecuencia acompañado por la sensación de atravesar un vórtice o un túnel en rotación."

Todos hemos tenido la experiencia de nacer, pero seguramente pocos son conscientes de este proceso.

Todos tenemos la experiencia de vivir, pero pocos son conscientes de la plena presencia.

Todos podemos identificarnos con otros, pero pocos trascienden verdaderamente su identidad.

Todos llegaremos a morir, pero pocos saben de la Experiencia Cercana a la Muerte (ECM).

Muchos conocen resultados de la física cuántica, pero pocos han tenido una experiencia cercana en el nivel quántico.

Todos quizás hemos oído sobre la trascendencia, pero pocos son los que la han experimentado.

La experiencia trascendente, permite revivir el proceso del nacimiento.

La experiencia trascendente, permite estar plenamente presente y trascender el tiempo y el espacio.

La experiencia trascendente, permite identificarse con ave, peces, animales, personas o cosas.

La experiencia trascendente, permite tener una ECM.

La experiencia trascendente, permite acceder a una visión cuántica directa del Universo.

Como hemos visto, estudiosos de la física cuántica, pioneros tales como Schrödinger, Heisenberg, Bohr, Pauli, Bohm, Pribram, Mitchel, Puthof, Laszlo, nos sugieren la comprensión de que el espacio invisible que existe entre los objetos forma parte esencial de la continuidad en la relación existente entre ellos y, por tanto, la mente permite crear realidades en ese espacio que lo impregna todo: el Campo Punto Cero[27] (CPC).

Habitualmente consideramos que nuestra percepción de la realidad está referida a la operación y funcionamiento normal de nuestros sentidos. Así, tenemos que la realidad se nos presenta solo como un objeto de percepción (visual, auditivo, olfativo, gustativo y táctil). Sin embargo, desde el punto de vista de la percepción compleja ésta no es más que una forma reducida de percepción de la realidad.

El comportamiento humano de la percepción, puede abarcar desde estados normales de percepción de la realidad hasta profundos estados internos de percepción compleja de la misma.

Podemos agrupar, básicamente, cinco grandes niveles de percepción compleja. El primer lugar lo ocupa el nivel de la Percepción sensorial externa (PSE). El segundo lugar lo ocupa el nivel de la Percepción imaginativa (PI).   En tercer lugar, tenemos el nivel de la Percepción virtual simple (PVS) (pantalla). En cuarto lugar el nivel de la Percepción virtual compleja (PVC) (inmersión). El quinto lugar lo ocupa el nivel de la Percepción holística (PH).

Considerando las referencias obtenidas de diversas fuentes, podemos señalar que las experiencias involucradas en estos estados "normales" y no ordinarios de conciencia, guardan estrecha relación con las estructuras de la percepción compleja manifestadas en la conciencia. Así, podríamos reestructurar la percepción como conformada por cinco capas, estructuras, o niveles de percepción diferenciados: PSE, PI, PVS, PVC, PH.

Los niveles de inteligencia conforman dos grupos representativos del funcionamiento de la percepción. Así, por ejemplo, podemos dividir un ámbito de Percepción Interpersonal que comprende el nivel PSE y de un ámbito de Percepción Intrapersonal que contempla los niveles PI, PVS, PVC y PH.

Mientras vayamos descubriendo los diversos niveles de la percepción, veremos que se reflejan en nuestra conciencia Inter e intrapersonal de nuestra existencia. Si

---

[27] Joe Dispenza, sostiene que la conciencia objetiva es el CPC y que todos estamos conectados a él brindándonos la vida (subconscientemente) a través del mesencéfalo, el cerebelo y el tronco cerebral. La conciencia subjetiva (en neocortex) es exploradora, de identidad que aprende y desarrolla comprensión en la expresión de la vida. Campo Punto Cero (CPC) de acuerdo a la física cuántica, respecto de la naturaleza fundamental de la materia, corresponde a un "mar pulsante de energía" y vibraciones microscópicas existente en el espacio entre las cosas. Es decir, todo está conectado con todo lo demás en una trama invisible.

bien, en condiciones habituales, en control consciente, estamos recibiendo el impacto de ambas estructuras (Inter. e intrapersonal) en sus grados mínimos (PSE, PI) y, por otro lado, en condiciones de sueño estamos en niveles de percepción inconscientes (PVS, PVC, PH). Sin embargo, podemos orientar conscientemente el proceso de combinación de las percepciones complejas mediante algunas técnicas de expansión de la conciencia: estructuración intrapersonal de la meditación disipativa.

Es interesante observar, que los niveles de percepción señalados, se pueden asimilar a las ondas cerebrales en las cuales operan. Así, la PSE se presenta con ondas del tipo Beta (13-26 c/s); la PI se presenta con ondas del tipo Alfa (8-13 c/s); la PVS se presenta con ondas bidimensionales Alfa-Theta; la PVC se presenta con ondas del tipo Theta (4-8 c/s); la PH se presenta con ondas Delta (0-4 c/s).

Las imágenes, emociones, sensaciones físicas y características básicas que producen las diversas estructuras de la percepción compleja son las siguientes:

La primera percepción, sensorial externa (PSE), contempla las capacidades de sensación y observación del conocimiento de la realidad.

La segunda percepción, Imaginativa (PI), debe contener un conocimiento de la realidad mediante nuestra propia imaginación, que se asemeja a la PSE pero donde están inactivas ciertas áreas cerebrales, que permiten diferenciar la realidad externa con la interna, como lo señala Eduardo Punset (ver nota anterior).

La tercera percepción, virtual simple (PVS), nos permite conocer la realidad presentada al sujeto como en una pantalla de representación de la realidad, como la experiencia de visión en 3D con gafas, o del sistema tradicional de realidad virtual con equipos. Este mecanismo, por su forma de acceso a una realidad virtual, tiene incidencia solo la participación de una realidad sensorial no integrando o desarrollando en el proceso, la imaginación, los mecanismos de la percepción, la memoria, los procesos de sincronicidad, elementos fundamentales en la ampliación de conciencia.

La cuarta percepción, virtual compleja (PVC), permite comprender la realidad en un sentido de relación directa e inmersiva de la identidad propia con la de otras personas, animales o cosas. Se manifiesta al:

- Sentir como propias las emociones ajenas.
- Identificación con la conciencia de otros.

Como he señalado, el Software de Realidad Virtual (Meditación disipativa), consiste en un modelo modular y tecnológico, que permite acceder a la realidad virtual (realidad perceptiva sin soporte objetivo) y, donde mediante un dispositivo (Hardware) y una forma o proceso tecnológico (software) se puede modelar la realidad. El dispositivo (Hardware) utilizado es el cuerpo. El proceso (Software) o forma de modelar la realidad contempla la generación de impulsos nerviosos, principalmente, visuales y acústicos que en el proceso circular de la energía nerviosa, provocan una interferencia vibratoria de ondas neurológicas conformando un holograma de interferencias, que despliega en una imagen virtual con participación de todos los canales sensoriales (vista, oído, tacto, olfato y gusto). Si se mantiene la coherencia de los impulsos neurológicos, a través de la estimulación acústica, cada imagen virtual que aparece, retroalimenta una nueva percepción y una descripción por el intérprete, transformándose así, en una historia virtual continua.

La quinta percepción, holística (PH), persigue trascender identidad-espacio-temporal. Se manifiesta en:

- Capacidad para ser actor multidimensional de todas las realidades.
- una relación con todo lo que nos rodea.
- alcanzar la percepción consciente de estar Todo en Uno y ser Uno con Todo.
- un contacto virtual con todos los seres y cosas del planeta o con otras dimensiones.
- una comprensión de tu relación con el universo.
- crear realidades en ese espacio que lo impregna todo: el Campo Punto Cero.

(IV) PARA EXPLORAR LAS EXPERIENCIAS HUMANAS

Introducción

Francisco Varela, señala en su obra[28] que la experiencia humana debiera investigarse con un método que permita comprender lo que ocurre en el proceso cognitivo. Para ello, propone emplear el método de la presencia plena/conciencia abierta (Mindfulness) de la corriente budista. Por otra parte, en su libro Conocer, F. Varela describe las etapas en que ha evolucionado el estudio de las ciencias cognitivas. En síntesis, este proceso se puede desplegar en cuatro etapas: primero, el nacimiento con la cibernética; segundo la base en la representación simbólica; tercero la emergencia y auto organización como resultado de los sistemas conexionistas complejos; y, cuarto el concepto de enacción.

La Enacción (poner en obra) según Francisco Varela, señala qué las respuestas, frente a las siguientes preguntas: ¿Qué es la cognición?, ¿Cómo funciona? y, ¿Cómo saber si la cognición funciona adecuadamente?, las respuestas, serían para la primera pregunta, que es una acción efectiva, historia del acoplamiento estructural que enactúa (hace emerger) un mundo. Para la segunda pregunta, la respuesta, sería que funciona a través de una red de elementos interconectados capaces de cambios estructurales durante una historia interrumpida. Para la última pregunta, la respuesta, es que funciona adecuadamente cuando se transforma en parte de un mundo de significación preexistente o configura uno nuevo.

Conocer la conciencia permitiría conocer el proceso (funcionamiento) de la toma de consciencia. A su vez, conocer el proceso de la conciencia nos llevaría a comprender qué es la conciencia. Esto nos permitiría construir realidades alternativas. Desde el punto de vista constructivista la realidad se construye en el proceso de la conciencia. Entonces, modelar el proceso de la conciencia ordinaria permite reproducir la construcción de la realidad.

El modelo de meditación disipativa (MD) es un proceso de construcción de una realidad subjetiva. Si asimilamos las etapas del proceso de la MD a la toma de conciencia ordinaria, la diferencia entre las realidades ordinaria y subjetiva se da en el tiempo de respuesta de las etapas del proceso de la toma de conciencia.

Sabemos, por experiencia, que en la conciencia ordinaria es instantánea la percepción de la realidad y, por lo tanto, no creemos que se construya en tan poco

---

[28] De cuerpo presente. F.varela, E. Thompson y E. Rosch.

tiempo. Sin embargo, en mediciones sensoriales (en niveles de microsegundos) se verifica que existen etapas en el proceso de la conciencia: intención, recuerdo, sincronización y respuesta. La MD utiliza estas etapas en la construcción de realidades subjetivas.

El modelo de MD permitiría investigar el proceso de la conciencia ordinaria y llegar a establecer qué es la conciencia o al menos vislumbrar un camino de investigación y descubrimientos, que trataría de resolver ¿qué es la conciencia?

El modelo de meditación disipativa Cread 90, planteado en "Cambio de sentido", es una buena alternativa a la investigación del rol de la conciencia en la construcción de la realidad (enacción).

Ahora, consideremos cómo operaría este modelo conexionista-enactivo en una sesión de meditación disipativa (cuántica). El participante percibe continuamente un estímulo sensorial (música) que produce una conexión neurológica permanente. Con anterioridad se presenta a esta estructura (sistema abierto) un estímulo sucesivo (imagen) como atractor, de forma autónoma por el participante. Durante un momento del tiempo que dura la sesión, este sistema se reorganiza "reelaborando sus conexiones" neurológicas, activándose ambas corrientes neurológicas frente a la presentación del auto-estímulo. La nueva presentación de este auto-estímulo al sistema genera un reconocimiento de él, emergiendo una configuración global representativa del modelo presentado.

Para comprobar esta hipótesis, veremos emergencia de mundos e historias virtuales, en la red de interacciones neurológicas, con la creación conexionista-enactiva, en el proceso de la meditación disipativa (cuántica).

Experiencias de un viaje conexionista-enactivo

El mes de septiembre de 2003, en un edificio de departamentos en el centro de la urbe del Gran Santiago de Chile, se junta un grupo de siete personas más un guía, para experimentar el proceso de "Evolución de la Conciencia" con ayuda de la meditación y relajación.

Durante la primera hora, el guía proporciona una síntesis o introducción de los alcances de la meditación. A continuación, durante las siguientes siete horas los participantes entran en estados alterados de conciencia y cada vez que termina la técnica del momento, deben escribir su experiencia. Al cabo de dos o tres técnicas, cada uno comienza a describir sus experiencias al resto de los participantes. Esto se hace con el fin de producir una especie de retroalimentación y estímulo para profundizar el acceso a los estados alterados. A la descripción de experiencias, se le conoce como "Narraciones o relatos de Poder". Este proceso se continúa hasta el final del taller.

De los siete participantes, las experiencias fueron del tipo siguiente:

- Una de ellas vivió la experiencia de unidad cósmica con todas las cosas.
- Otra vivió la fusión con el planeta.
- Todas se identificaron con un ave, pez y/o animal.
- Cinco viajaron a otros tiempos (época de Noé, medieval, colonia, espacial, moderna, etc.).
- Seis, se identificaron con los cavernícolas.

Experiencia de unidad cósmica con todas las cosas

"Comenzó la relajación - contracción y lo hice por siete u ocho veces; luego pensé dónde ir, y elegí la época de Jesucristo, pero le pedí a mi cuerpo que no fuera conmigo, que quería ir libre (en la semana me había sacado una mala nota en los estudios que estoy haciendo; me dieron oportunidad de mejorarla y empeoró, así es que mi estado era de shock, bloqueada; yo esperaba que los ejercicios de meditación me aliviaran) pero me pasó que en todos los ejercicios no me pude soltar de mi cuerpo ni ir lejos. Cuando fuimos animales, aves o pez, fui una tortuga, que casi no se movió. Cuando fuimos cavernícolas, pasé sentada al lado del fuego, solo miraba, sin moverme. Cuando cayó el avión en la selva, el helicóptero me llevó a un lugar donde estuve al lado del agua, sin ver a nadie ni buscar nada. Ahora sentí que quería hacer la experiencia sin el cuerpo y pensé en ir a encontrarme con Jesús por lo que esperaba ver aparecer soldados romanos en sus carros, o algún pasaje conocido de sus milagros o el de niño, o mejor si solo estábamos en algún sitio de noche con la fogata prendida los apóstoles y teniendo esas enseñanzas en directo de su boca.

Pero todo estaba oscuro y esperé, esperé y nada ocurrió; entonces pedí claridad pero nada pasó. De pronto me fijé en la música, esta iba haciéndose cada vez más fuerte; eran como murmullos, que se acercaban, yo aún en la oscuridad empecé a distinguir como voces, estas se acercaban y ya eran coros de millones de voces y cuando mi corazón se llenaba de esos coros angelicales algo en el suelo estalló en miles de reflejos luminosos, se abrió el piso y emergió un espectáculo fabuloso, estaba presenciando la resurrección de Jesucristo de los muertos.

Su figura iba a la cabeza pero no definida, sino incorporada a todos y era una masa metálica dorada, era oro sólido y líquido, todos iban allí, el reino animal, mineral, vegetal, toda la creación de color dorado, pero aunque fundidos a Él, cada uno tenía su independencia mental, aunque formando parte del todo.

Me llené del brillo esplendoroso que despedía el ser mientras subía y subía y mientras seguían subiendo Jesucristo decía: "Padre lo he logrado, el mal ha sido derrotado, subo con ellos a ti, por la eternidad", y la música marcaba cada una de sus frases y todos a una sentían tal gozo que el brillo dorado se hizo casi de fuego ardiente, no quemaba, solo aumentaban los sentimientos inefables.

Yo no podía decir nada, solo miraba y sentía algo tan grande que, como no tenía mi cuerpo, me empecé a elevar y a incorporar a todos, sentí una acogida como nunca la he sentido en esta tierra, sentí su gozo, el gozo colectivo de formar parte de una nueva creación y subimos, subimos. En eso, la relajación ha terminado; ahora empieza el ejercicio y la música cambia a otra totalmente etérea, como algodonosa, celeste, azul, blanco, verde rosa, una mezcla de todos esos colores suaves y todo cambió. Con Jesucristo a la cabeza, entramos por una puerta hacia un lugar donde había campanitas y ellas se unieron a todos y aportaron la música de la naturaleza celestial y así por seis o siete puertas, todos entramos y nos llenábamos de lo que el cielo tenía para completarnos.

Lo que pasó fue que mientras fluíamos en ese torrente cristalino como de agua, aire, lo que sentí fue de que esto es el hombre verdadero, lo que yo sentía, lo sentían todos; no es fácil de explicar, lo he hecho lo mejor que he podido, pero aun así no está completo; y pensé que cuando quise ir al pasado no pude ver nada porque ya no existía, al ir el nuevo hombre hacia el cielo todo lo terrenal se quemó al llegar al cielo cambió de forma y se llenó con lo que había allí y resultó lo más grandioso que es la fusión de una creación única y eterna; lo perfecto!! Todas las sensaciones juntas.

Aún, ahora que lo estoy escribiendo, siento miles de sensaciones que no había imaginado sentir, saber que puedes querer hablar con alguien y está allí contigo que todo es lindo, no hay mal en nada ni en nadie, ¡no existe más!¡¡no hay penas!!

Pero también supe que esta experiencia terrenal hay que vivirla tal como se presenta, porque es un privilegio experimentar al hombre de pecado para experimentar en toda su dimensión al hombre verdadero, porque ¡¡¡ese es el eterno!!! ¡¡¡ y real!!!"

Fusión con el planeta

A través de la piedra, me contacté con la Tierra; me sentí roca volcánica, y de ahí, un viaje por el magma incandescente. Escuché y sentí la pena del planeta por el inadecuado trato que tiene el hombre con nuestro planeta. Veía imágenes de tierras deforestadas, llenas de erosión, sin bosques. Sentí una profunda pena; fue una experiencia fuerte para mí.

Identificación con un ave, pez y/o animal

Vi un pájaro que volaba por campos y selvas amazónicas, todo verde, lleno de vegetación y ríos, luego me convertí en un caballo salvaje que corría y estaba con una manada por lugares más conocido como campo de la zona central; finalmente me convertí en pez que bajaba por una cascada.

Viajar a otros tiempos

Me vi como Noé construyendo el Arca y clavando clavos de madera y amarradas con cordeles.

Me encontraba en una batalla de la época medieval y morían los soldados a mí alrededor. Era un jinete parecido a un hombre.

Sentí un ruido como de helicóptero, y sentí como ruido del universo, como ataque de galaxias.

Identificación con los cavernícolas

Estaba en una cueva en la época de las cavernas. Mi ropa era solo una piel de animal. Sostenía un palo en mis manos frente a una gran fogata que iluminaba la cueva. Mi pelo estaba muy desordenado. En otra experiencia, recorrí una gran caverna, sentí y vi su gente, yo incluida en una tribu de ambiente prehistórico, donde todo tenía un orden, como cazaban, recolectaban hierbas.

Otras Experiencias

Me veo como una águila muy bella y majestuosa, con alas doradas que vuela por sobre las altas cumbres, entre las montañas, es una experiencia muy placentera, libre, majestuosa, siento el viento, el frío; vuelo y veo desde mi altura al frente un grupo de cóndores que vuelan muy bellos...fuertes. Sigo volando y comienzo a ver el paisaje cordillerano, siento la altura, después entro en vuelo a la ciudad, recorro por entre las personas, y paso por el lado de ellas incluso volé entre la casa de (....); percibí a su nana, pasé por su lado, volé por entre nosotros y luego volví a la montaña, fue como ir de visita y tocar a algunas personas, en la ciudad. Luego me miro desde lejos y veo como vuelo y es como si una cámara hiciera un zoom sobre mis patas y se ve que están aterrizando desde ese punto de visión; aterrizo y veo mis patas doradas y al ir pisando la tierra se van transformando en pies desnudos aterrizando suavemente sobre la tierra y eso provoca una profunda emoción, al caer ya completamente mis pies ya son humanos y me agacho y tomo un anillo que está sobre el suelo, es un anillo muy bello, tiene una hilera de diamantes de los colores del arco iris, lo coloco en mi dedo anular de la mano derecha, y se interrumpió mi visión cuando terminó la meditación...

Así, describía la experiencia de meditación disipativa, una de las participantes que trabaja con energía, desde hace varios años, "canalizando, conectando a las personas con su divinidad, sanando las emociones, vidas pasadas, cuerpos físicos o emocionales, con el propósito de crecimiento espiritual. Ella puede leer el campo energético y comunicarse con distintas dimensiones y energías de luz de alta frecuencia, que se expresan en versos y metáforas". Después continuaba su relato.

Comienzo viendo al frente una puerta de madera de bambú o algo parecido que tiene un sello que la cierra es un símbolo muy bonito y se abre y entro por ahí; luego voy sintiendo unos colores y texturas al ir entrando a ese espacio, había un color turquesa y podía sentir la textura del lugar era muy especial la sensación, al ir avanzando se sentían unas oleadas de energía, muy agradable; luego veo bajo mis pies que se aparece una especie de dos vigas de madera por las cuales comienzo a caminar sobre ellas, y voy mirando entre el espacio de las vigas unos restos humanos, tumbas abiertas que voy mirando desde arriba a través de estas vigas, y es como un recorrido por muchas vidas a través de estás tumbas abiertas; luego veo otros portales con sellos que se abren y entro a través de estos, y cambia el paisaje, todo se vuelve luz, con unos bellos colores de luz azules, dorados, cristalinos, y me subo a una especie de nave con otras personas y viajamos por el espacio volando; se siente la inmensidad y la sensación de vuelo en el espacio, nos rodean muchas luces como guías de este viaje, luego siento que llegamos a una especie de plataforma de luz, y me bajo y unos seres de luz, colocan en mis manos una figura geométrica de luz en tres dimensiones, realmente como un holograma, mejor dicho, y yo debía insertarlo en una esfera grande de luz azul cristalina, luego me pasaron otra y volví a hacer lo mismo en la esfera mayor, tuve que colocar cinco figuras geométricas en esta esfera, y luego la esfera como que explotó en luz hacia el universo; fue muy bello muy emocionante.

Había comenzado a llover ese sábado 12 de julio, día indicado para reunirnos un grupo de 8 personas para compartir una combinación de instrumentos de desarrollo físico, mental y espiritual. Cada uno de nosotros aportaría sus habilidades: tres de los integrantes son canalizadores, dos son practicantes de reiki y masajes terapéuticos, una quiropráctica, mi señora y yo completábamos el grupo. Comenzamos parte de la jornada con momentos de lectura y conversación para luego, irnos a almorzar. Posteriormente, nos integramos a una sesión de meditación en la que yo era el protagonista, como instructor-guía del proceso meditativo. Con el propósito de que los participantes vivieran la experiencia de unicidad de la naturaleza, expresada en las formas de vida de los vertebrados (animales, peces o aves) y, por otra parte, la expresión de emociones que se dan preferentemente en una experiencia inusual e inesperada en otro tiempo, realizamos dos técnicas de alteración de conciencia; la primera, de "transformación personal" y después un "viaje por el tiempo".

Entre las "experiencias de transformación" que fueron obtenidas por varios de los participantes figuran los vuelos de águilas, como la descrita anteriormente. En cambio, las experiencias de "viajes por el tiempo" fueron bastante disímiles. Es así que hubo experiencias de "viajes" a Egipto, a Lemuria[29] a México (tiempo de los aztecas) y otras épocas de la historia.

Como conclusión de las experiencias en meditación disipativa (cuántica), podemos llegar a la comprensión de que nos demos cuenta que somos creadores de nuestra experiencia a través de "Ver" y Hacer" la realidad. Es decir, somos observadores-participantes del cambio. Es lo que hoy se comienza a conocer como proceso de enacción (F. Varela).

---

[29] Lemuria es el nombre de la última parte del Gran continente que existió en el Pacífico Mu. La verdadera destrucción de Mu y su subsiguiente hundimiento empiezan en los 30,000 AC. Esta acción continuó por muchos miles de años hasta que la última porción del antiguo Mu, conocido como Lemuria fue también sumergida en una serie de nuevos desastres, los cuales terminaron entre 10,000 y 12,000 AC.

REFERENCIAS

Cornwel, J. (1997). La imaginación de la naturaleza. Stgo. de Chile: Ed. Universitaria.

Dispenza, J. (2010). Desarrolle su cerebro. Buenos Aires: Kier

Garnier, J. P. (2014). Entrevistas 2010 – 2012 y 2015.

Goswami, A. (2008). La física del alma. Barcelona España. Ediciones Obelisco, S.L.

Grof, S. (1985). Psicología transpersonal. Barcelona: Kairós.

Hawking, W. S. (2002). Historia del tiempo. Barcelona: Editorial Crítica,S.L.

Leakey, R. (2000). El Origen de la Humanidad. Madrid: Editorial Debate S.A.

Moody, R., Jr. (1997). Más sobre vida después de la vida. Madrid: Edaf.

Peña, O. (2004). El Universo en un instante de conciencia. Stgo. de Chile: Lom Ediciones Ltda.

- (2005). El Universo en una caverna. Santiago de Chile: Mago Editores.
- (2006). Cambio de sentido. Santiago de Chile: Mago Editores.
- (2008). Para salvar la Tierra. Santiago de Chile: Mago Editores.
- (2015). Espacios de la mente. Amazon: Edición CreateSpace.
- (2015). Conciencia. Amazon. Edición CreateSpace.
- (2015). Viajes en el tiempo. Edición CreateSpace.
- (2015). La exploración. Edición CreateSpace.

Punset, E. (2012). El alma está en el cerebro. Barcelona: Ediciones Destino S. A.

Sagan, Carl. (2009). Barcelona; Editorial Crítica S. L.

Varela, F., Thompson, E. y Rosch, E. (2005). De cuerpo presente. Barcelona: Gedisa.

III. FENÓMENOS PARANORMALES

FENOMENOS PARANORMALES.

La entrada al mundo interior, puede iniciarse bajo diversas circunstancias. En general pueden darse estados alterados de conciencia, de forma espontánea o intencional.

Otro alcance, que debemos tener presente, es el de que existen ciertos factores o actitudes que favorecen o inhiben el proceso de transformación de la conciencia. Tenemos por una parte factores fisiológicos, como dietas, ejercicios introspectivos y actividades cotidianas y, por otra parte, factores psicológicos, como el acceso o no a lecturas introspectivas, bellezas naturales, expresiones artísticas, rituales, aislamiento y otras actividades complejas.

Si bien, tener experiencias de estos procesos puede quizás significar que comenzamos a ir paulatinamente hacia el interior de nosotros mismos, haciéndonos cada vez más conscientes del inconsciente, se sabe y reconoce, que uno de los medios más adecuados para tener una evolución consciente de la conciencia, es seguir un aprendizaje estructurado, en alguna de las formas de meditación.

Una experiencia ocurrida, a una persona conocida, hace unos meses, fue su visión de otra persona real, para ella, sin estar presente al momento de percibir este fenómeno. Se trató de una proyección de la imagen de la otra persona en el lugar donde permanecía la "vidente", sabiendo y comprobándolo después, que la otra persona no se encontraba en ese lugar.

En cierta ocasión tuve un sueño en el que aparecía un avión, el cual presentía que tenía importancia, pero sin comprender en ese momento ese mensaje. Días después, nos contactamos con un familiar que había permanecido fuera del país, relatándonos los serios problemas con un avión, al querer regresar urgentemente al país, desde una distancia de más de 50.000 kilómetros en el preciso momento en que transcurría el sueño.

En otro suceso se presenta un carácter de sincronicidad. Deseaba fervientemente ubicar a alguien que poseyera cierto objetivo específico, sin comunicar a nadie sobre ello. Algunos días más tarde, otro familiar me comunica que debe viajar por primera vez a efectuar un trabajo a un lugar cercano de la región. De regreso, además de contar sus actividades realizadas allá, comenta en forma casual que había alguien que tenía el "objetivo" que deseaba profundamente encontrar.

En cierta ocasión, recordaba un libro que deseaba adquirir pero que no estaba disponible a la venta. Había abandonado la búsqueda por las librerías, cuando un día al regresar a casa en bus, éste tuvo un desperfecto que hizo necesario detenerse. Todos los pasajeros bajamos y caminamos hasta algún paradero cercano. A unos pocos pasos había una librería y en su vitrina estaba el libro que tanto había buscado.

Estas y otras experiencias trascienden las realidades normales en el campo de las relaciones humanas. Como señala Carl Rogers:

Al parecer, la conciencia individual forma parte de una que todos compartimos. Cada uno de nosotros participa de los demás y de toda la creación.

Respecto de la telepatía, clarividencia y precognición, podemos verlas como fenómenos de trascendencia de identidad, del espacio y del tiempo respectivamente.

Trascendencia de identidad (telepatía): Puede originarse como un fenómeno de comunicación transpersonal con personas, aves, animales, peces o insectos.

La identificación con aves, peces y animales es una experiencia muy enriquecedora por la desaparición de los límites de la trascendencia de la conciencia. La identificación con un animal nos hace ver y sentir la importancia de la cercanía de nuestra conciencia con la de otras especies. Esta experiencia, es similar al tercer estadio del trance del chamán, la identificación con un humano-animal o theriántropo.

Es así que en el campo de la meditación disipativa, podemos introducirnos dentro del cuerpo de un animal y sentir las percepciones que el animal está viviendo:

Primero sentí al lado mío, como parte mía un perro. Salí, de mi casa, corriendo sin saber cómo ya estaba en un sitio en el cual había mucha vegetación y agua; caminamos por la orilla del río y de pronto me sentí volando, era un ave y miraba mientras volaba muchos bellos paisajes, bosques entre cerros y agua (ríos). De pronto sentí la música como que venía del mar y me vi con otras aves juntas en la orilla del mar. Luego emprendí el vuelo nuevamente por sobre aquellos árboles de un verde maravilloso y sobre un agua muy cristalina.

Las siguientes experiencias describen estas actitudes:

Veía con los ojos el nivel de la superficie del agua y me di cuenta que el caimán que flotaba en el agua era yo.

Me encontraba en la selva con mucho temor. De pronto, se me fue el miedo. Me había convertido en tigre.

Venía volando como un pájaro en el mar. Divisé unas ballenas y me convertí en ellas.

Primero me convertí en caballo. Después empecé a volar como un Pegaso hacia el sol.

Sufrí una transformación; de águila me convertí en delfín y después en mariposa.

Me veía caminando y comienzan a caer estacas del cielo. Como esto me daba miedo, observo un pequeño chanchito de tierra y me convierto en él. Me siento pequeño, con un caparazón y me cuesta moverme. De pronto escucho un gemido de alguien y me convierto en un tigre en la selva para ir en su ayuda.

Como águila me vi volando desde un cerro y abajo veía bosques y ríos totalmente desconocidos.

Vi un tigre; no partí de ningún lugar sino que inmediatamente me vi en un lugar con pasto alto, había viento, pero agradable; siempre permanecí en el lugar sola, jugué, acaricié y luego el tigre se transformó en una manada de ciervos que se disolvían.

Visualicé las mismas imágenes de las épocas históricas que los otros participantes tenían.

Trascendencia del espacio (clarividencia): Puede originarse como un fenómeno de comunicación transpersonal, más allá del alcance de los sentidos:

En el proceso autonómico, podemos introducirnos en un trozo de metal y percibir qué es lo que nosotros somos capaces de recoger en este caminar por el interior del cuerpo de metal. Todas estas son expansiones de la conciencia porque, el trozo de metal es algo que está inerte que no tiene para nosotros ningún otro significado que se le pueda aplicar en el campo tal vez de la industria, sin embargo, el proceso nos hace introducir en el trozo y nos hace experimentar que es lo que hay en el interior.

Trasladarnos a diversos lugares en forma instantánea, es una de las pocas experiencias que demuestra la facilidad de trascender nuestra percepción limitada por la visión de nuestro entorno inmediato. Es muy grato experimentar estos viajes a diversos lugares del planeta:

Fue una sensación muy agradable y más aún ver con qué facilidad viajaba y cambiaba de paisajes, agua, luz, vegetación, gente. Muy grata.

Viajo a hermosas playas de aguas quietas y de hermoso color que bañan arenas blancas y suaves.

Me resultó grato el viaje. Sentí que viajaba en tren por sobre un gran puente; abajo corría un gran río; después nos internábamos por el bosque. Viajé a distintos lugares con la música que escuchaba.

Vi que el libro que acariciaba en mis manos contenía números y figuras geométricas.

Vi un caballo y otros animales mientras sostenía el libro en mis manos.

Visualicé épocas históricas sosteniendo y tocando el libro.

Con el libro que tocaba, vi funciones del cuerpo humano.

Trascendencia del tiempo (precognición): Es una expansión de la conciencia por el no-tiempo. Es decir, el sujeto puede estar, ahora, en todos los tiempos (presente, pasado y futuro).[30]

Se manifiesta como un viaje a otras épocas, con todas las características de un recuerdo de esa experiencia, como una "regresión" a vidas pasadas. Se percibe la época en todo su esplendor, en el ambiente, vestuario, personajes, costumbres y como si estuviéramos representando una escena de una película histórica.

La técnica permite sentirnos estar presentes en otras épocas, conocer sus costumbres, sus vestuarios, y sus formas de vida. Podemos viajar a tiempos lejanos siendo observadores de las escenas que transcurren frente a nuestra visión, o tal vez, nos sintamos ser también participantes de la acción que se desarrolla en ese tiempo.

Debemos comprender, que esta facultad, de viajar a otros tiempos, está siempre presente para poder acceder a ella en condiciones adecuadas y, que puede o no, significar que refleje o estemos rememorando una vida pasada de nuestra existencia. Lo principal, es que podemos obtener beneficios positivos de esta experiencia.

Algunas experiencias de estas técnicas se muestran a continuación.

Vi un teatro con cortinas de terciopelo roja y butacas rojas, donde estaban representando una obra con personajes estilo rey Luis XVI con vestimentas muy lujosas. De ahí, me trasladé a esa época en un palacio donde predominaba el dorado en su decoración con salones muy lujosos.

Estaba en una cueva en la época de las cavernas. Mi ropa era solo una piel de animal. Sostenía un palo en mis manos frente a una gran fogata que iluminaba la cueva. Mi pelo estaba muy desordenado.

---

[30]En condiciones normales, "no podemos concebir la esencia del tiempo como algo compacto, uno y todo, en eterno reposo e infinito, sino en circunstancias sumamente insólitas, y por cortos y relampagueantes instantes. Se les llama instantes místicos. Son atemporales y más reales que la realidad. En situaciones de extrema laxitud o de plenitud colmada y también en momentos de gran peligro puede conseguirse esta vivencia del presente eterno." (¿Es real la realidad? P. Watzlawick).

Me encontraba en una batalla de la época medieval y morían los soldados a mí alrededor. Era un jinete parecido a un hombre.

Estuve primero en un castillo y bajaba escaleras para saludar a los súbditos. Después me trasladé a la época de Cristo y lo seguía para escuchar sus prédicas.

Comencé estando en Egipto y de pronto estaba en la época de Cristo y vi a Jesucristo en la cruz. Viví el calvario y lloré y sufrí este momento.

Estuve en Grecia, en la época de Platón. También anduve en mi infancia.

Luego vi en una mesa un mapa con una corona de rey encima y esta comenzó a deformarse hasta convertirse en una nave vikinga que iba a la guerra. Me vi como un hombre con vestimenta de esa época hasta que finalizó la meditación.

Pude visualizar un jinete que se sacó la máscara de su casco, un jinete medieval al cual no reconocí.

Se me pasó en forma fija la idea de monjes sin rostro en un ambiente oscuro, medieval.

IV. FENÓMENOS AÉREOS NO IDENTIFICADOS

FENÓMENOS AÉREOS NO IDENTIFICADOS (FANI).

Existe un fenómeno que emerge en situaciones de aislamiento y alteración de conciencia, que históricamente se le ha asignado el nombre de Ovni (objeto volador no identificado). Corresponden, generalmente, a tres tipos de operaciones: *emergencias, desplazamientos y desaparición de luces.* No haremos un relato de la historia de estos fenómenos ni de la investigación efectuada por organismos de diferentes fuentes, sino que intentaremos dar una interpretación de cuáles serían las causas de estos tipos de operaciones, que estarían en consonancia con los planteamientos de Jung, de que estos fenómenos serían visiones arquetípicas originadas en el inconsciente colectivo.

Viajar en un avión como piloto, y de repente aparezca un fenómeno aéreo no identificado (FANI) puede ser una experiencia traumática. Este fenómeno de comunicación tiene registros históricos en nuestra época moderna (siglo XX) desde más o menos 60 años y ya es reconocida en el concierto mundial por casi todas las fuerzas aéreas del planeta, pues se han dado experiencias descritas en casi todos los países. Se han llevado registros de cientos o miles de estos fenómenos cuyas fuentes han derivado de investigaciones en algunos centros de estudio del fenómeno. Tenemos referencias del proyecto *Libro Azul* en EUA y recientemente en nuestro país, dos investigadores, Ramón Briones y Juan Castillo, en su obra Ufología Aeronáutica, describen y analizan veintitrés casos de FANI. Las experiencias de los observadores de FANI tienen características semejantes que se presentan durante la percepción consciente del mismo. Estas experiencias, primero, le afectan a sus cuerpos y emociones y contemplan ciertas características de comunicación que favorecen la emergencia del fenómeno, como veremos más adelante.

Los pilotos, comunican que la emergencia de estos FANI están representados por apariciones súbitas de luces, desplazamientos y curvas, múltiples luces, figuras geométricas como rectángulos, etc.

Un punto que hay que considerar es que estas imágenes pueden aparecer de dos formas, mediante un trance voluntario o de forma espontánea, como la descripción que nos hace **Hank Wesselman**, "Lo más importante era que había descubierto la presencia de una especie de puerta interior dentro de mí, una puerta que se habría periódicamente, permitiéndome vislumbrar niveles de realidad y experiencias que no hubiera creído posibles. Por lo general, al abrirse esa puerta tenía alucinaciones visuales: veía puntos luminosos, líneas laberínticas, zigzags, vértices y cuadrículas, que algunos investigadores de lo cognoscitivo han llamado "fosfenos". Casi siempre se oía un sonido formidable, continuado y sordo, acompañado de abrumadoras sensaciones físicas de fuerza o poder, que me dejaban paralizado durante toda la experiencia, y su intensidad hubiera sido aterradora de no ser por su exquisita naturaleza".

Las experiencias de comunicación con FANI transforma a la percepción y comportamiento de las personas involucradas, antes, durante y posterior a la experiencia. Se requiere investigar en profundidad este fenómeno, tanto por los propios pilotos, físicos, psicólogos, sociólogos, biólogos, médicos, etc. La investigación multidisciplinaria contribuye a aumentar la percepción y tener un abanico de posibles respuestas, el porqué del fenómeno.

Ahora, después de muchos años sin respuesta del FANI, tenemos la capacidad de reproducir las circunstancias que permiten la emergencia de un fenómeno similar en un laboratorio experiencial. La comprensión de los procesos mentales complejos de la percepción nos lleva a plantear una metodología de acceso a la realidad del FANI mediante un proceso de comunicación intencional antes que un proceso espontáneo del fenómeno, como ocurre en una experiencia de un piloto que tiene un encuentro con un FANI. Es posible, actualmente, reproducir la emergencia de estos fenómenos. Más aún, es posible anticipar las condiciones que favorecen la emergencia de los FANI.

La experiencia de luces, es una de las experiencias de mayor frecuencia y de más fácil acceso en el proceso de la meditación. En muchas ocasiones estas sensaciones se ven mezcladas con otras de distinta naturaleza. Antes de comenzar a profundizar la meditación, generalmente se perciben primero estas sensaciones como una etapa que debemos cruzar para adentrarnos en la profundidad de la conciencia. Se asimila esta etapa a la visión entóptica, de los chamanes del paleolítico.

Emergencia de luces: Es la característica principal que sustenta la presencia del "objeto" no identificado.

Desplazamiento de luces: deslizamiento y virajes veloces e instantáneos por el espacio aéreo.

Desaparición de luces: Breve duración del fenómeno con una repentina desaparición.

Los tres tipos de operaciones presentes en una eventual presencia de un fenómeno aéreo no identificado tienen alguna de las características de los procesos de la meditación cuántica:

- aislamiento sensorial.
- alta concentración.
- intencionalidad consciente y/o inconsciente.
- cansancio o agotamiento.
- estimulación sensorial.
- interacciones y/o perturbaciones sensoriales.
- autoorganización de procesos mentales (sistema complejo).
- emergencia de sistemas arquetípicos (luces).
- procesos recursivos inconscientes.

Ahora, investigar el cómo pueden manifestarse comunicaciones con estos fenómenos aéreos no identificados nos lleva a proponer cuatro formas de hipótesis en la manifestación de ellos.

1ª Hipótesis: Máquinas que vienen de otros planetas.

Dada las enormes distancias a desplazarse, hacia la Tierra, de alguna sociedad inteligente existente en el universo, no es posible que algún tipo de máquina pueda venir de estos remotos lugares por las razones expuestas a continuación. Además, debiera haber, después de más de 60 años que se tienen noticias registradas por las fuentes modernas, pruebas sustanciosas, como elementos físicos (objetos) concretos disponibles en las investigaciones pertinentes. Si vinieran de otros planetas y/o de otros sistemas a cientos o miles de años luz, ya habríamos contactado físicamente con ellos y tendríamos pruebas irrefutables de estos fenómenos. Sin embargo, esto no es así, como veremos a continuación.

La imaginación del hombre lo ha llevado a pensar que, en algún futuro lejano, pudiera construir una máquina del tiempo que viajara más allá de la velocidad de la luz. Según la teoría de la relatividad, la velocidad de la luz es energía (y/o partículas elementales) en movimiento. Mirado desde esta perspectiva, pareciera que esta máquina sólo es una fantasía que jamás se logre alcanzar. Ningún cuerpo puede alcanzar la velocidad de la luz pues se transforma en energía de acuerdo a Einstein ($E=mc^2$). Por lo tanto, la hipótesis de visitas de Ovnis de otros planetas no es una solución aceptable de explicación de los FANI.

2ª Hipótesis: Emergencia intencional de FANI

Según David Lewis- Williams, los chamanes del paleolítico entraban en estados de trance dentro de las cavernas con ayuda de la obscuridad de la cueva y los sonidos rítmicos, produciéndoles un estado alterado que los hacía pasar por tres estadios: en primer lugar, el chamán ve formas geométricas, como puntos, zig-zags, espirales, curvas, retículas, imágenes brillantes conocidas como imágenes entópticas producidas por la estructura neurológica del cerebro. En segundo lugar, estas imágenes se transforman en objetos dependiendo de la intención (cultura e intereses) del chamán. Por último, se atraviesa un túnel, círculos girando (vórtices) para llegar a una transformación humano-animal (theriántropos). A continuación el chamán fija (pinta) las imágenes en la roca, que es la membrana que divide el mundo real con el mundo espiritual.

Hoy, tenemos los medios y la tecnología de la mente que permite, en meditación con música, trascender la identidad hacia aves, peces, animales, vegetales, minerales y humanidad en general; trascender el espacio, trasladándonos hacia otros lugares y, trascender el tiempo, viajando a otras épocas (pasadas o futuras). Quizás la experiencia más cercana a un viaje por el tiempo y el espacio sea la del viaje en estados alterados de conciencia. La conciencia se expande y trasciende el espacio-tiempo además de la identidad. Esta experiencia ya se puede llevar a cabo en talleres dirigidos de meditación. Uno de los participantes que por primera vez efectuaba este proceso, en un instante vivió la siguiente experiencia:

Salí expulsado por una enorme energía luminosa. Fui proyectado hacia el cosmos, crucé tres soles y visualicé un color azul profundo.

Para él fue una experiencia real. Otra experiencia fue la siguiente:

Me pasan muchas imágenes; era como ir a la velocidad de la luz"; "Recuerdo haber visto el anillo de Saturno muy cerca de mí, cuando viajaba sobre un planeta.

Algunas experiencias intencionales en meditación relacionadas con experiencias de FANI son las siguientes:

Al final después de hacer la relajación progresiva me ubiqué en una playa larga, con arena blanca, con aguas color turquesa y con una agradable brisa marina; además veía unos **destellos de luces**, realmente muy agradables.

Al comienzo veo una serie de **luces** que me llevan a la entrada de algo; es como un "nacer"; luego la sensación es como la de ir descubriendo cosas paso a paso.

Vi también, o mejor dicho, me sentí arrastrada hacia unos remolinos con **mucha luz, preciosos y de colores** pasteles. Me sentí en esos momentos llena de paz.

Me costó evadirme. Al hacerlo me pareció estar frente a una "**entrada de luz**" grande, sin límites pero muy clara y hermosa. Después viajé por muchos lugares indefinidos.

Colores, una gran **bola de fuego** que giraba en el cielo; de repente vi árboles, flores, animales y al final un gran incendio arrasando todo.

Vi solo **colores**, y fueron dos, se repite el **color gris**; primero fue **gris con verde** así como nubes pequeñas; después fue **gris con naranja**; después **gris con azul**, un segundo después **gris con amarillo** en todos los tonos; al final fue **gris con celeste**; demasiado hermoso todo el proceso.

También vi cosas llenas de **color azul brillante** y luminoso. Estaba muy relajado.

Veo imágenes a **color** que aparecen y se van con la misma **velocidad**.

Luego me sumergí en un **colorido** que venía de alguna parte, de **colores celeste y blanco** que se mezclaban entre sí.

Esta hipótesis, aparentemente, no contempla aquellas experiencias percibidas a través de instrumental técnico (radares) que están libres de alteraciones de conciencia. Sin embargo, veremos en la cuarta hipótesis que son complementarias con las alteraciones de la conciencia señaladas en la 2ª y 3ª hipótesis.

3ª Hipótesis: Emergencia espontánea de FANI

Hay bastantes indicios, de que en los finales de este siglo XX y comienzos del XXI, se está produciendo un acelerado proceso de evolución inconsciente de la conciencia.

Prestar atención a la manifestación de actos inconscientes, no es más que hacer presente el inconsciente. Es un camino para llegar al inconsciente. Como normalmente no somos conscientes del inconsciente, existe acceso al inconsciente a través de experiencias espontáneas de la realidad, que difieren de lo normal.

La entrada al mundo interior puede iniciarse bajo diversas circunstancias. En general, pueden darse estados alterados de conciencia, de forma espontánea, por ejemplo, en las crisis chamánicas, emergencias de FANI[31] y de modo dirigido (2ª hipótesis), a través de un proceso de conocimiento directo de aprendizaje en las

---

[31] Bravo R y Castillo J. en *Ufología aeronáutica*, señalan la necesidad de cambiar la comprensión de los FANI y efectuar un estudio más acucioso para abordar esta temática.

técnicas de meditación. Si bien, tener experiencias de estos procesos puede, quizás, significar que comenzamos a ir paulatinamente hacia el interior de nosotros mismos, haciéndonos cada vez más conscientes del inconsciente, se sabe y reconoce, que uno de los medios más adecuados para tener una evolución consciente de la conciencia, es seguir un aprendizaje estructurado, en alguna de las formas de meditación.

Cuando uno se involucra en un proceso de aprendizaje sistemático, en alguno de los tipos de meditación, percibe que de una u otra forma, en nuestras actividades cotidianas hemos estado realmente "meditando sin saberlo". De forma inconsciente, seguramente se ha participado de alguna forma de meditación. De ahí, pareciera que no fuera importante participar conscientemente en un proceso meditacional. Sin embargo, si se desea acelerar la evolución de la conciencia, es imprescindible embarcarse en algún proceso de aprendizaje sistemático de las diversas formas de meditación.

Antes de iniciarnos en las técnicas de meditación y conocer los mapas y caminos que conducen al territorio interior de la conciencia, veremos las experiencias de **Crisis de Transformación** como una forma espontánea de evolución inconsciente de la conciencia, y, en segundo lugar, la referencia de un **Proceso de Transformación**, o evolución consciente de la conciencia, durante el desarrollo en la investigación de la propia conciencia en experiencias de meditación y relajación.

Las crisis de transformación pueden ser el resultado de una enfermedad, accidente u operación, del cansancio y falta de sueño, del parto o del aborto, de una experiencia emocional o sexual, cambios en una relación afectiva, pérdida del trabajo o bienes, etc. En cambio, el proceso de transformación puede comenzar con la meditación y prácticas espirituales como la oración y contemplación.

La emergencia de FANI puede asimilarse a las experiencias espontáneas, no provocadas, descritas por Raymond Moody sobre la emergencia espontánea de fenómenos paranormales al estar aislado frente a una bola de cristal, un espejo, vidrio o superficie reflectante, como sería estar en una cabina de un avión.

Como una forma de asimilar estos fenómenos a las experiencias en meditación cuántica se describen, a continuación, algunas de las vivencias espontáneas de participantes en ellas:

Un conscripto de un destacamento militar que se encontraba en campaña en el desierto, nos relató lo siguiente: "Estábamos descansando bajo la noche estrellada cuando de pronto todos vimos una luz brillante sobre uno de los cerros. Después de un momento, esa luminosidad se trasladó a otro lugar y en un instante desapareció. Estoy plenamente seguro de que tuve una experiencia real de **encuentro con los OVNIS**.

Esa noche venía muy cansado manejando después del trabajo, y de repente me **encuentro en medio de una ciudad muy hermosa de luces** y colores. Me veía transitar por una pista rodeada de árboles. Después no supe cómo llegué a mi casa, pues perdí la noción del trayecto; creo que me quedé dormido y esas imágenes fueron muy reales.

Se trata de un automovilista cansado que viaja por la noche por un lugar silencioso, puede presentar momentos de vacío de la mente de los cuales no está consciente de su desplazamiento por la pista. Cuando "despierta" no comprende cómo condujo en la inconsciencia. También en un estado semidormido, podemos percibir imágenes tan "reales", que interactúan para el sujeto en su medio ambiente creyéndose estar despierto. De ahí que, si se consulta al sujeto si el fenómeno percibido es real o imaginario, estará plenamente seguro de que estaba totalmente despierto y atento para reconocer que era real, no comprendiendo que precisamente ese estado especial de profunda atención repentina, le provoca la estimulación inconsciente.

Existen diversas experiencias en soledad que favorecen la aparición de estados alterados de conciencia como los descritos anteriormente: navegar en solitario, caminar por los bosques, escalar montañas, buceos en medio de corales, entrada en cavernas, astronautas en los vuelos espaciales, etc.

Otro caso, de experiencias transpersonal, conocido fue el de una pequeña niña, que estando despierta decía que "veía a un ángel malo". Supe que en su casa, hace mucho tiempo, habían muerto dos personas y, a veces, sucedían cosas extrañas, como por ejemplo, "se encendían los equipos de radio", "se mueven objetos"... O el caso más reciente, que se refiere a un joven que cuando niño veía el aura sin saber que era un fenómeno paranormal. Con el tiempo, llegó a perder esa facultad. Una persona recibió, en un sueño, un mensaje de su padre fallecido, que señalaba un lugar donde se encontraba un documento perdido. En cuanto a una de las recientes percepciones no ordinarias, la experimentó una persona al tener una visión a través de las paredes, experiencia similar a la descrita por D.Lewis William, respecto de las figuras en las cavernas de los primitivos.

Uno de los alcances de estos fenómenos, es lo que se conoce como comunicación silenciosa entre realidades distintas. La mayoría de la gente no comprende que pueda existir otra realidad en esta realidad. Gracias a una mayor comprensión de la nueva física cuántica, podemos afirmar que ambas realidades son complementarias. Recordemos la teoría de la luz onda-partícula. La luz, para ciertos efectos se comporta como onda y para otras como partícula, y ambas coexisten. La conciencia, podríamos asimilarla a que en condiciones normales actúa como onda y en estados alterados como partícula.

El desarrollo de la conciencia lleva a establecer otras formas no ordinarias de comunicación que trascienden las fronteras de la comunicación normal.[32]

La **Psicología** establece la identificación de **estados de conciencia específicos**, en donde cada uno de ellos, es un mundo distinto con su propio lenguaje que incide en la percepción, pensamiento y comportamiento del individuo, lo que contribuye a definir distintas realidades. Si bien la cultura y educación juegan un papel importante en el establecimiento de un determinado nivel de conciencia, es factible experimentar otras formas de conciencia distintas a las que hemos estado habituados.

La comunicación silenciosa, se ha descubierto en experimentos de diálogos entre personas que producen en el nivel microscópico, ciertos movimientos sincronizados en forma inconsciente que permanecen acoplados con las palabras emitidas y escuchadas. De ahí que la comunicación silenciosa, sería "una danza en la que todos los involucrados realizan movimientos complicados y compartidos a lo largo de numerosas dimensiones sutiles" (William S. Condon). En general la sincronización se mantiene con el interés o atención adecuada y, si por alguna razón se desvía esta, una pausa de silencio permite volver y reanudar la sincronización anteriormente perdida. Ahora bien, la sincronicidad que se obtiene en el diálogo, puede obtenerse también en la emisión de un sonido rítmico. Entonces, al escuchar un sonido el oyente estaría simultánea y sincronizadamente generando micro-movimientos, de igual frecuencia a la del sonido emitido y que supuestamente al acercarse las fases de ambos ritmos producirían un holograma de interferencias de frecuencias que permitirían el acceso a la realidad transpersonal a la cual fijemos nuestra atención e intención previa. Los estados alterados de conciencia, conseguidos por los chamanes, a través del sonido rítmico de un tambor o la música siguen este patrón de comportamiento. El chamán fija una intención de su "viaje", limita o reduce su percepción en un aislamiento sensorial y visualizando un objeto, que le sirve de acompañante en el viaje, comienza el proceso de trance al escuchar el sonido rítmico del tambor.

Todas estas condiciones conscientes e inconscientes de la comunicación nos predisponen a percibir los FANI como una realidad objetiva espontánea.

---

[32] Por ejemplo, en estados ampliados de conciencia se puede percibir las sensaciones internas de un animal, o sentirse partícipe de las emociones de un grupo; comprender directamente el lenguaje de los animales, en una palabra trascender el tiempo, espacio e identidad, para el intercambio de la comunicación.

4ª Hipótesis: Interacción multidimensional intencional-espontánea de FANI

Existe una relación estrecha entre los FANI y la física cuántica. Para comprender esta hipótesis debemos, primero, introducirnos en las teorías de la física moderna y de las fronteras de la ciencia. Empezando con la teoría de Einstein, sobre la complementariedad de la materia y energía, ningún cuerpo puede alcanzar la velocidad de la luz pues se transforma en energía de acuerdo a $E=mc^2$, lo cual hace imposible el desplazamiento, a la velocidad de la luz, de un objeto desde distancias siderales (cientos o miles de años luz).

La física cuántica, sostiene que toda la materia es un sistema complejo de interacciones de energía y que el objeto, en última instancia, es la emergencia de un colapso de una función de onda producida por la observación. Los físicos, señalan que existe la *materia oscura* (invisible) que sostiene al universo y comprende más del 90% de la materia y energía del universo. Por su parte, Hugh Everett plantea la coexistencia de *universos paralelos* inaccesibles. Esto ha llevado a plantear la existencia de mundos o realidades paralelas (invisibles) en iguales momentos del tiempo y que los *agujeros negros* serían el "puente" entre los universos (Einstein-Rosen) que no se tocan, separados por membranas energéticas. La *curvatura del espacio-tiempo*, en ocasiones, como un fenómeno temporal, pone en contacto a estas membranas, que pueden perforarse como un túnel que "aloja el objeto que entra en ella" y que se cierra inmediatamente después que un objeto las atraviesa (*efecto túnel*):

Es como unir la física con el campo de la conciencia. De otra forma, uno no se explica por ejemplo, cómo en el campo de la meditación o en el campo de la relajación, podamos meternos dentro del cuerpo de un animal y sentir las percepciones que el animal está viviendo. Cómo por ejemplo, en otro campo, introducirnos en un trozo de metal y percibir qué es lo que nosotros somos capaces de recoger en este caminar por el interior del cuerpo de metal. Todas estas son expansiones de la conciencia porque el trozo de metal es algo que está inerte que no tiene para nosotros ningún otro significado que se le pueda aplicar en el campo tal vez de la industria, sin embargo, se nos hace introducir en el trozo de metal y se nos hace experimentar que es lo que hay en su interior.

Sólo el desplazamiento de la energía, desde una membrana interior hacia una exterior, es posible cuando se produce una curvatura del espacio y, dado que los cuerpos de la realidad física o membrana exterior, en condiciones normales, no pueden acceder a la realidad no física o membrana interna (materia oscura), creo que la experiencia de acceder a las membranas internas (otros universos) a través de los hoyos negros y/o agujeros de gusano, es una experiencia que se tiene en el campo cuántico de energía, a pequeña escala y, por lo tanto, la energía de la conciencia (fotón) tiene la capacidad de viajar por estos túneles del tiempo, no, así, el cuerpo físico, aunque todas las sensaciones las experimentemos en nuestro cuerpo a gran escala. Se trata de una experiencia trascendente de la realidad no ordinaria en estados alterados de conciencia obtenidos ya sea mediante técnicas de meditación cuántica o en ECM[33].

Cuando se tiene la experiencia de comunicación intencional o espontánea de un FANI es porque se produjo una curvatura del espacio y un colapso de la función de onda en un estado alterado de conciencia. Es una interferencia de dos sistemas (membranas) independientes, que bajo ciertas circunstancias producen la emergencia de contacto de estos dos universos: el mundo de la realidad física (membrana externa) con el mundo de la realidad oscura (membrana interna). Es una interacción multidimensional intencional-espontánea de un choque de energía mental-física. Se asemeja al fenómeno de la sinestesia como interacción de sentidos de distinta naturaleza. Se define, esta como "condición algo peculiar en la cual los sentidos se entrelazan. Por ejemplo, una persona puede ver colores cuando oyen un sonido, o puede probar realmente palabras; estímulo de un sentido, se parece o causa un estímulo inadecuado de otro". En resumen, los sinestésicos ven sonidos, otros sienten colores o saborean formas[34].

Por otra parte, veamos el Campo Punto Cero, CPC[35] y su interacción con la conciencia. Para comprender ¿qué es el CPC? señalaremos las características que encierra este concepto de la física cuántica vislumbrada y/o investigada por estudiosos pioneros, tales como, Schrödinger, Heisenberg, Bohr, Pauli, Bohm, Pribram, Mitchel, Puthof, etc. De sus investigaciones se fue reuniendo información sobre el CPC, de la cual se pueden rescatar los siguientes aspectos:

- Los seres humanos son paquetes de energía que intercambia información con el CPC.

---

[33] Experiencias cercanas a la muerte.

[34] Según Hubbard, la sinestesia ocurre porque algunas partes del cerebro que perciben los colores están muy próximas a las que procesan el habla, el lenguaje y la música.

[35] Campo Punto Cero (CPC), de acuerdo a la física cuántica, respecto de la naturaleza fundamental de la materia, corresponde a un "mar pulsante de energía" y vibraciones microscópicas existente en el espacio entre las cosas. Es decir, todo está conectado con todo lo demás en una trama invisible. Estudiosos de la física cuántica, pioneros tales como Schrödinger, Heisenberg, Bohr, Pauli, Bohm, Pribram, Mitchel, Puthof, Laszlo, nos sugieren la comprensión de que el espacio invisible que existe entre los objetos forma parte esencial de la continuidad en la relación existente entre ellos y, por tanto, la mente permite crear realidades en ese espacio que lo impregna todo: el Campo Punto Cero. El Campo, En busca de la fuerza secreta que mueve el universo. Lynne Mctaggart.

- Los seres humanos alteran ("crean") las partículas al observarlas o medirlas en el CPC.

- La percepción se produce por interacciones con el CPC. La realidad percibida se manifiesta en el instante en que se produzca el colapso de onda entre las partículas cuánticas.

- La intención, la necesidad y la atención, juegan un papel fundamental para la conexión con el CPC. La inhibición del hemisferio izquierdo (verbal) facilita el contacto con el CPC.

- El CPC es el campo de todas las posibilidades y no está limitado por el tiempo y el espacio.

- Las enormes capacidades curativas del CPC están al alcance de todos, pues todos se conectan inconscientemente, o pueden contactarse conscientemente con el CPC.

- La existencia del CPC nos dice que nunca estamos solos. Estamos todos conectados unos con otros y la separación es aparente, si consideramos el CPC.

El espacio existente entre las cosas o CPC, nos permite ver los objetos a una distancia (espacio-meta) de nosotros. Sólo vemos el origen (nosotros) y la meta (el objeto). De lo que ocurra entre nosotros y el objeto, somos inconscientes. Sin embargo, este espacio, desde el punto de vista cuántico, está lleno (no está vacío) de energía que no es visible, porque sus efectos se anulan y equilibran mutuamente. Como señala **Mark Cominos:**[36]

Al deducir que cada punto de energía tiene energía infinita que está convergiendo hacia este punto desde todas las direcciones y debido a que esta energía infinita está proviniendo simultáneamente de todas direcciones, entonces hay un momento de cancelación, se cancelan mutuamente y es por eso que esta cantidad de energía en el espacio es invisible.

La materia emerge cuando no hay equilibrio entre las infinitas manifestaciones de energía, que impiden la cancelación de ellas permitiendo, con ello, la visibilidad y manifestación de la materia. Podemos ver con nuestros sentidos físicos, las diferencias de energía, lo que hace la manifestación de materia. Así, la materia forma parte de la energía del Campo Punto Cero y esto nos sugiere que estamos conectados a una fuente infinita de energía y, como señala M. Cominos:

Podemos ver toda la materia como cristalizaciones del vacío. **Nuestros cuerpos son entonces complejos de asimetría en el vacío que están sintonizados con este campo de potencial infinito.** La energía no es más que apenas la superficie de un inmenso océano de espiritualidad viva. Entonces, en términos de nuestro desarrollo espiritual lo más

---

[36] **Mark Cominos,** físico, matemático y místico, que ha centrado sus estudios en la nueva ciencia del tiempo, la relación que existe entre la conciencia y la materia-energía, sostiene, que de acuerdo con la **Física de la Energía Punto Cero**, toda materia no es más que una modificación del vacío.

importante es que nosotros debemos accesar y conectar a este campo de potencialidad pura en el espacio.

Es fundamental que creamos en este potencial de energía, pues de esto depende la construcción de nuestra realidad. Nuestras creencias tienen el poder de limitarnos al acceso a estos campos infinitos de energía (fotones de energía). La **intención, atención y necesidad** pueden dirigir estos fotones de vacío lo suficientemente, como para controlar estos fotones y activen e influyan en la materia.

Es una ilusión y limitación de nuestros sentidos percibir la apariencia de objetos separados. Pero si intentamos abrir nuestras capacidades, comenzaremos a sentir más allá de los objetos y personas separadas, sino como formando parte de ellos. Comenzaríamos a experimentar la unicidad de todo el Universo. Y esto se consigue con la capacidad de acceso a la energía del Campo Punto Cero, un gran almacén de memoria (akáshica).

Walter Schempp sostiene, en su teoría de la memoria cuántica, que la memoria a corto y a largo plazo no reside en nuestro cerebro, sino que está almacenada en el Campo Punto Cero. Pribram y Laszlo argumentan, a su vez, que el cerebro sólo es el mecanismo de recuperación y lectura del gran medio de almacenamiento de información (CPC). Los recuerdos no serían más que agrupaciones estructuradas de las ondas de información.[37] Entonces, el cerebro recuperaría información del mismo modo como procesa los mecanismos de la percepción ordinaria, mediante la transformación holográfica de patrones de interferencias de ondas.

De acuerdo a las investigaciones de Pribram, los procesos de interferencias o colisiones de ondas neurológicas ocurrirían en los espacios entre las dendritas de las neuronas, donde se establecen las sinapsis y emergerían las imágenes cerebrales holográficas. Así, la información contenida en las interferencias de ondas sensoriales se convierte en imágenes holográficas virtuales. Esto es lo que llevó a Pribram a afirmar que:

La percepción se produce a un nivel mucho más fundamental de la materia: el mundo básico de las partículas cuánticas. No vemos los objetos *per se,* sólo su información cuántica, y a partir de ella construimos nuestra imagen del mundo. Percibir el mundo es sintonizar con el Campo Punto Cero.

Ahora, todos estos planteamientos, expresados en esta cuarta hipótesis (de explicación de comunicación con los FANI), las intuía cuando escribí *El universo en un instante de conciencia*, pues allí señalaba:

---

[37] Esto explicaría, tanto los procesos asociativos que concentran las imágenes, sonidos, olores, como los recuerdos instantáneos, no secuenciales.

- Utilizar la mente mediante la conciencia cuántica, permite ampliar nuestra capacidad de percibir la realidad. De ahí que, en estados especiales de conciencia ampliada, se percibe que "lo sabemos todo" y que estamos unidos a la totalidad del cosmos. Así, por ejemplo, podemos identificarnos con el reino animal, vegetal, la Tierra o el cosmos en su conjunto. También podemos viajar en el tiempo hacia nuestros orígenes o incluso hasta la formación de la Tierra en experiencias del ciclo evolutivo.

- Soy un fotón, que me desplazo por el universo del tiempo y el espacio. Me puedo identificar con cualquier cosa viva o "muerta" de este universo. Es decir, puedo trascender tanto mi identidad como el espacio-tiempo. Puedo transformarme en onda o volver a ser nuevamente partícula, dependiendo de mi intención.

- Sin embargo, ya existe un camino. La hipótesis de este libro, es que ya existe una máquina del tiempo y que hasta el momento la hemos ignorado. Se trata de que nosotros, nuestro cuerpo, es la máquina del tiempo, y nuestra conciencia cuántica, (fotón) es el viajero del tiempo. Ahora, llegamos a la comprensión de que la única forma de viajar más allá de la velocidad de la luz es a través de la energía de conciencia.

- Creo que la experiencia de acceder a los hoyos negros, es una experiencia que se tiene en el campo cuántico de energía a pequeña escala y, por lo tanto, la energía de la conciencia (fotón) tiene la capacidad de viajar por este túnel del tiempo, no así el cuerpo físico aunque todas las sensaciones las experimentemos en nuestro cuerpo a gran escala.

- Con el avance de la ciencia y el reconocimiento de las nuevas formas de vida y aplicaciones de la tecnología de la conciencia dual, estamos cada vez más cerca del cambio de paradigma de la conciencia como materia (sensorial) a la conciencia como energía (cuántica).

- Toda la información del pasado, presente y futuro está contenida en nuestra estructura cerebral y, de hecho, nunca estamos desconectados de los demás. Entonces, todos los recursos ya los tenemos y sólo debemos buscar una forma para extraerlos de nuestro interior. Es más bien, un cambio en la percepción y enfoque de la atención, en el otro estado de la conciencia, cuántico, que históricamente hemos dejado en el olvido.

John Lilly sostenía la existencia de otros modos de comunicación, ante los que el lenguaje humano devendría en obsoleto, porque las palabras humanas son incapaces de expresar a cabalidad: experiencias y emociones. Según Lilly, una civilización extraterrestre superior, emplearía estas formas totalizadoras de comunicación. Este tipo de experiencias indujo a Lilly a profundizar en el conocimiento de los **estados de conciencia**. A este fin diseñó cámaras de aislamiento sensorial, para flotar horas y horas. En los *tanques*, el cerebro se liberaba completamente de estas tareas, quedando libre para ocuparse de cosas más trascendentes. El cerebro derecho, el verbal, el racional quedaba de lado para dar paso al izquierdo, artístico, imaginativo. Por otra parte, Goswami señala que la conciencia puede tener acceso a una comunicación o memoria no-local; es decir, existe una "comunicación instantánea que se realiza sin intercambio de señales a través del espacio-tiempo". Asimismo, según plantea Jung, estos fenómenos serían visiones arquetípicas originadas en el inconsciente colectivo.

Entonces, hoy llegamos a la idea central de que nuestra conciencia, dada su condición de estado alterado de conciencia (intencional o espontáneo), permite el acceso a la comunicación o percepción de FANI. Como señalaba W. Buhlman en *Aventuras fuera del cuerpo*:

En el siglo XXI el estudio de la interacción de la tecnología física y la conciencia humana será una ciencia en sí misma. Sólo la conciencia puede observar y registrar las numerosas complejidades del espacio-tiempo y las realidades creadas por la mente.

V. EL PROBLEMA DE LA CONCIENCIA

Nota del autor

Durante once años, desde 2004 al 2015, he escrito un conjunto de libros orientados al problema de la conciencia. Debido a ello, es necesario decir que me fue imposible no reiterar, en éste y en otros libros, los mismos temas que involucra una investigación del proceso de la conciencia, para contemplar una visión cuántica, compleja y holística de la misma, pues son visiones que se entrecruzan, permanentemente, durante el funcionamiento de ella. Además, para no alargar la extensión del libro, se muestran en muchas ocasiones, una especie de collages o fractales de temas, que no guardan relación con los temas contiguos. Entonces, ruego disculpar esta situación que pueda significar una molestia, la lectura del libro.

PRESENTACIÓN

Un nuevo paradigma para la evolución humana [38]

Tengo gran placer de contribuir al lanzamiento del libro de mi amigo Omar. Por sobre todo, Omar es un investigador que ha hecho una poderosa síntesis de las ciencias humanas y la física, refiriéndose también al chamanismo como una inspiración en lo que actualmente muchos científicos están buscando esa relación entre el hombre y el universo y que en el chamanismo esto se da desde tiempos antiguos, muy antiguos. En realidad la línea de investigación del profesor Omar, constituye toda una preocupación de los pensadores de nuestro tiempo, de los científicos de nuestro tiempo, tanto de la física como de los estudiosos de la conciencia. Al principio tratar de relacionar los fenómenos de la física y de la física contemporánea con la mente humana pareciera un propósito atrevido. No obstante, hay toda una pléyade de científicos que siguen esta línea y que incluso están citados en el libro. Voy a nombrar, rápidamente, para poner en contexto, las reflexiones de Omar. Ken Wilber, que tiene un libro sobre holografía, El Paradigma Holográfico; Ilya Prigogine, premio Nobel en física, que ha abierto la investigación en alta medida del **pensamiento complejo**, el estudio del caos y de las zonas disipativas de que tú hablas; Christian de Duve, también premio Nobel, que escribió un libro maravilloso, que se llama El Polvo Cósmico. Él propone que la vida es un imperativo cósmico, esto significa que la vida no es producto del azar, sino que una condición previa del universo; Leo Valverde, que ha escrito ese libro magnífico que se llama Biocosmos: El universo Vivo; Maturana, con el concepto de autopoiesis y Varela, con la profundización del tema de autonomía en los seres vivos; Edgar Morín, con la Religión de los Saberes; Fritjof Capra, con la Tea de la Vida; Carl Poper, con el Universo Abierto; Murray Gell-Mann, el Quark y el Jaguar. También premio Nobel. Vino a Chile y tuve la oportunidad de conversar con él; es una persona que está muy cerca de la poesía siendo un premio Nobel en física. Mencionó a varios poetas importantísimos, está casado con una mujer poetisa y cuando yo le pregunté qué significa la palabra quark, acaso sería una sigla y me dijo, "estaba con mi esposa en la playa y las gaviotas decían "quark", "quark" entonces yo dije este es el nombre de la partícula." Muchos otros filósofos, están investigando en esta convergencia entre las ciencias rigurosamente matemáticas y el problema de la conciencia, que tal vez es el problema más enigmático de la psicología moderna. El sueño de los pensadores

---

[38] Presentación de "El Universo en una Caverna" en la Feria Internacional del Libro, Santiago, octubre 2005, efectuada por el señor Rolando Toro, psicólogo y antropólogo, creador de la Biodanza.

contemporáneos en ciencias, en una gran medida, se dirige a ver cuál es la conexión más íntima entre el fenómeno humano, el fenómeno de los seres vivos y la evolución del universo. Al principio era difícil de hacer esta conexión. Chopra, por ejemplo, ha propuesto, que también tú lo has nombrado, que siendo el ser humano y los seres vivos un fenómeno **cuántico** y siendo el universo, que puede ser interpretado desde el punto de vista de la **dinámica de los cuantos**, existe un vínculo energético indisoluble entre la conciencia humana y la evolución del universo. Entonces esto está muy cerca de la mística y efectivamente a muchos físicos se les produce una inquietud, incluso una violencia cuando sienten que se tienen que aproximar a la mística. Podríamos hacer una larga lista de físicos, astrónomos, cosmólogos, biólogos, psiquiatras, psicólogos, que investigan hasta cierto nivel los fenómenos objetivos y de pronto llegan a una barrera en que es ya necesario suponer que hay una estructura de matrices eternas que permiten la construcción de los seres vivos. Entonces, considero que Omar Peña Grau, está a la vanguardia en nuestro país de esta investigación, de esta búsqueda, y representa en gran medida la elite de los pensadores dentro de este campo. Él ha estado interesado en la **teoría de la complejidad**, en la **visión holística** del universo y en los estudios de la conciencia. La conferencia que dio Murray Gell-Mann acá en Chile, cuando vino, se trataba, justamente, de los sistemas complejos adaptativos aplicados a distintos campos, algo que tu propones también, de que esta nueva visión de relaciones entre los seres humanos y el universo pueda aplicarse en la psicología, en la educación, en las ciencias sociales. Sus ideas sobre percepción ampliada, le han permitido llegar a este inmenso tema que es la expansión de la conciencia. Los cambios de niveles en la conciencia han sido intensamente estudiados. Hay una bibliografía inmensa en este momento y que se profundizaron con el uso del ácido lisérgico. Desgraciadamente, las investigaciones sobre la conciencia han tenido un revés, debido a la prohibición del uso del ácido lisérgico que no tiene nada que ver con las drogas y con las fiestecitas pueriles de personas que andan buscando emociones. Me decía, el doctor Hoffman, con quien he tenido el honor de conversar largamente y que vive en Suiza, en el límite con Francia, me decía, que sería el más grande avance para la educación y para los estudios de la conciencia el uso cuidadoso del ácido lisérgico pero no de una manera frívola, si no dentro de una concepción cuidadosísima, que tendría que ser guiada por especialistas que conocieran el tema. Ahora, el profesor Omar, ha encontrado una metodología para ponerse en contacto con fenómenos psicológicos muy profundos y para la expansión de la conciencia. En esta metodología está la meditación, la relajación-contracción, que constituye una pulsación, la música, la visualización y la comunicación silenciosa. En realidad estos temas no hay tiempo para desarrollarlos, pero están muy bien expuestos en el libro. Con este conjunto de instrumentos, él logra cambios en el estado de conciencia de gran intensidad. En esta metodología se inicia "un viaje hacia lo desconocido de nosotros mismos." Se trata de un abordaje de la conciencia en un modelo de la percepción. Ya, Aldous Huxley, en sus libros magníficos, La Isla, A las puertas de la Percepción, Cielo e Infierno, muestra que el antecedente más importante para alcanzar el estado de expansión de conciencia, es aumentar la percepción, es decir, la persona que aumenta la percepción, prácticamente esta de lleno en la expansión de la conciencia, porque la expansión de conciencia consiste en percibir lo esencial, lo esencial de un rostro, lo esencial de un persona que camina, de un niño que juega, de un árbol que danza con la brisa en que ya se percibe la fuerza interior de la vida en el árbol y no solo la "figurigna". En el conocimiento de los seres humanos la expansión de la conciencia permite ver el alma, por decirlo así, de la persona y no su figura. Entonces, este viaje del libro, va desde el estudio de la conciencia hasta la física de la unidad cósmica, desde la cenestesia corporal, porque en esta percepción participa todo el cuerpo, no solo la mente, hasta la meditación. El estudio de las alteraciones de conciencia conduce a cambios profundos de la personalidad y permite aplicaciones en terapia, educación y ciencias sociales. Esta es una propuesta de un **nuevo paradigma para la evolución humana.** Parabienes, por lo tanto, para mi amigo Omar.

Rolando Toro
Psicólogo y antropólogo, creador de la Biodanza

INTRODUCCIÓN:

¿Qué es la conciencia?

Conocer la conciencia permitiría conocer el proceso (funcionamiento) de la toma de conciencia. A su vez, conocer el proceso de la conciencia nos llevaría a comprender qué es la conciencia. Esto nos permitiría construir realidades alternativas. Desde el punto de vista constructivista la realidad se construye en el proceso de la conciencia. Entonces, modelar el proceso de la conciencia ordinaria permite reproducir la construcción de la realidad.

El hombre no ha descubierto aun lo que le permite descubrir. Como sostiene el Dalai Lama, "todo el tiempo utiliza su conciencia y no sabe qué es ni cómo funciona". Si consideramos, a la luz de la investigación de un instante de conciencia (Varela), que la percepción de una realidad constituye un proceso y contiene etapas, a pesar que lo sentimos y creemos instantáneo, y si logramos reproducir o modelar ese proceso, se podría construir una realidad alternativa.

Sabemos que la conciencia puede considerarse como un sistema abierto (por interacción con el medio) y esta es una particularidad de las estructuras disipativas. También, está permanentemente expuesta a fluctuaciones, por los "quiebres" o crisis, que debe consumir (disipar) para mantener la coherencia y equilibrio del sistema. Entonces, diseñar un modelo de estructura disipativa con participación de las etapas del proceso de un instante de conciencia, permitiría reproducir la conciencia ordinaria de la realidad.

¿Qué ocurre en un instante de conciencia? De acuerdo a las últimas investigaciones, sucede un proceso en cuatro etapas. Por ejemplo, para tomar un lápiz para escribir. Primero enfocamos la atención a una intención de escribir; luego, reconocemos (recordamos o imaginamos) la forma de un lápiz; enseguida, sincronizamos nuestra mente-cuerpo para tomar el lápiz; por último, respondemos tomando el lápiz y termina ese instante de conciencia para comenzar otro, como es el escribir, olvidando el anterior. Así, ocurren infinidad de instantes de conciencia, que se van coordinando en una historia personal. Durante el proceso de la toma de conciencia ordinaria permanecen ocultas las etapas de reconocimiento y sincronización mente-cuerpo. De lo único que somos conscientes, son la intención y respuesta inmediata.

El desarrollo de este libro, contempla los alcances de la **visión cuántica, compleja, holística** del universo, con la conciencia, en el sentido de que en un instante del tiempo, en nuestra conciencia, subsisten al menos dos tipos de conciencia, es decir, estamos percibiendo una conciencia sensorial y, en niveles de microsegundos, no percibimos la conciencia cuántica que está operando y anticipándose, a su vez, casi en el mismo tiempo (medio segundo antes de hacernos conscientes).

Para llevar a cabo este análisis recorreremos el conjunto de mi obra[39] donde se tocan aspectos de la conciencia relacionados con la **visión cuántica, compleja, holística**. Por último haremos la comparación con una de las ideas similares, como la expuesta por Jean Pierre Garnier con su teoría del desdoblamiento del tiempo.

La sustentación de este modelo de la conciencia, en una **visión cuántica, compleja, holística** de la realidad, se describe en gran parte de los siguientes libros, que componen el conjunto de mi obra:

El Universo en un Instante de Conciencia (2004)

- El despliegue del tema de este libro, permite darnos una visión y comprensión de lo que encierra la estructura de la conciencia en un modelo de la percepción de la realidad. Gran parte de nuestras experiencias conscientes permanecen ocultas en nuestro interior. Sin embargo, todos poseemos un gran potencial de la conciencia esperando salir a la luz.

El Universo en una Caverna (2005)

- Una visión y comprensión del estudio de la evolución de la conciencia en un modelo de percepción holográfica de la realidad. Parte de nuestras experiencias son el eco de experiencias ya experimentadas por nuestros ancestros. Sin embargo, pensamos y preferimos pensar que recientemente hemos descubierto como "ver" y "hacer" las cosas, al llegar a nuestros días.

---

[39] Mi obra contempla la publicación de diez libros y treinta y un monografías relacionadas con la visión transpersonal-compleja o cuántica.

Cambio de Sentido (2006)

- El libro presenta una propuesta destinada a promover la investigación para la creación de una Psicología de la Complejidad más cercana a los conceptos de la naturaleza del universo, derivada del desarrollo de la nueva teoría matemática aplicable a los sistemas vivos, denominada "Teoría de la complejidad". En palabras de Rolando Toro "una metodología para ponerse en contacto con fenómenos psicológicos muy profundos y para la expansión de la conciencia… esta nueva visión de relaciones entre los seres humanos y el universo puede aplicarse en la psicología, en la educación, en las ciencias sociales. Esta es una propuesta de un nuevo paradigma para la evolución humana".

Para Salvar la Tierra (2008)

- Para salvar la Tierra nos lleva hasta las últimas consecuencias, lo que puede significar nuestra propia extinción, por el abandono de nuestra responsabilidad ecológica para con la Tierra. Es un libro que nos invita ir "hacia una forma de vida ecológica", una necesidad urgente de transformación de la conciencia para cambiar al mundo.

Espacios de la mente (2015)

- Espacios de la Mente es una obra que le permitirá descubrir esa Gran realidad intuitiva que está escondida, entre la sombra y claridad de la conciencia: la Memoria Cuántica, No-local. Entre sus otros cerebros e inteligencias, se abrirá para usted un mundo de realidades virtuales cambiantes: Viajaremos maravillados por la evolución de la conciencia a través de vivir la experiencia del ciclo evolutivo en los niveles transpersonales y de la Mente. ¿Qué siente el águila? ¿Cómo vive el primitivo en su caverna? O, más aún, ¿cómo fue la creación del Universo y los planetas? Este libro, es una síntesis de un modelo de evolución de nuestra conciencia y de los medios para alcanzar la Memoria Cuántica, No-local en el nivel de la Mente: un nuevo paradigma de la Evolución de la Conciencia.

El caminante (2015)

- Viajar por el camino de la vida, significa acercarnos a los problemas de nuestro diario vivir, a la percepción del mundo de la realidad, a nuestra forma de vida, a las relaciones con los demás. De ahí que, los "cuentos" del caminante no se parecen nada a aquellas fábulas y relatos del mundo imaginario, más bien son historias "inventadas" de lo que nos ocurre o puede ocurrir diariamente en la cotidianidad de nuestras vidas, identificándonos con la vida del caminante.

La exploración (2015)

- Sabemos, por experiencia, que en la conciencia ordinaria es instantánea la percepción de la realidad y, por lo tanto, no creemos que se construya en tan poco tiempo. Sin embargo, en mediciones sensoriales (en niveles de microsegundos) se verifica que existen etapas en el proceso de la conciencia: intención, recuerdo, sincronización y respuesta. Conocer la conciencia permitiría conocer el proceso (funcionamiento) de la toma de consciencia. A su vez, conocer el proceso de la conciencia nos llevaría a comprender qué es la conciencia. Esto nos permitiría construir realidades alternativas. Desde el punto de vista constructivista la realidad se construye en el proceso de la conciencia. Entonces, modelar el proceso de la conciencia ordinaria permite reproducir la construcción de la realidad.

El despertar a la transformación (2015)

- Hay que reconocer que la mejor forma de experimentar las ventajas de vivir el proceso de cambio se da en nuestra diaria existencia. No necesitamos esperar asistir a un grupo de encuentro para manifestar un cambio de actitud. Sólo en nuestro comportamiento habitual tenemos la oportunidad de expresar nuestra aceptación del cambio. Así, tenemos que responsabilizarnos de nosotros mismos y encontrarle un sentido a lo que hacemos o recibimos de los demás: en las instrucciones, en las lecturas, en las obligaciones y tareas, en nuestras reflexiones, en las interacciones de opiniones, etc. De ahí, podemos decir, que no existe ni existirá una cátedra de la vida y en ninguna escuela es posible que se enseñe a vivir de una determinada manera, sino que el aprendizaje de la vida se aprende en la "universidad" de la propia vida".

El lenguaje ecológico del Ser (2015)

- La orientación de este libro, es llevarnos hacia el lenguaje ecológico del Ser, un lenguaje lleno de poesía, metáforas, pensamientos y cuentos que nos elevan a otras realidades, que no son de este mundo sino que están insertas en las fronteras de la comprensión, del pensamiento y de la acción creativa: La conciencia ecológica del Ser.

Breve historia del alma de Stonehenge

- Se pretende presentar la hipótesis, no solamente de que el mundo de la complejidad es parte de la naturaleza, sino que el "hombre primitivo", nuestro ancestro de hace 30.000 años, ya utilizaba conscientemente la práctica del pensamiento complejo y este proceso contribuyó a acelerar el proceso evolutivo (o involutivo) de nuestra especie. El monumento de Stonehenge, de fines del neolítico, puede representar un mensaje del cambio de conciencia participativa que el moderno ser humano ha perdido en la historia y que debe volver a recobrar el alma perdida en el proceso evolutivo o involutivo.

Como señalábamos, ahora veremos los aspectos de las **visiones cuánticas, de complejidad y holísticas de la conciencia**, que se contemplan en el conjunto de mi obra. Pero antes, veamos qué entendemos por Conciencia Cuántica.

Modelo: Conciencia Cuántica-Compleja-Holística.

Es un modelo de percepción de la realidad. Contempla las etapas del proceso de la percepción ordinaria: intención, reconocimiento, sincronización y respuesta. En el fondo, lo que se hace, es modelar la realidad habitual en que siempre se ven sólo dos etapas, la primera y la última y en que no veo lo oculto de las etapas intermedias. Entonces, lo que hace el modelo, es desplegar esas etapas a través de combinación de sonido, imagen, posición corporal y otros elementos.

Se trata de abrir un espacio de la mente a través de interacciones neurológicas mediante interferencias de estímulos y de Atención Sensorial Bimodal (ASB) o multimodal. El resultado de este proceso es la generación de un sistema autopoiético, es decir, la producción de un producto, que genera a su vez una producción autoorganizativa de forma continua y recursiva. Es una inmersión en un campo ilimitado de tiempo y espacio que permite experimentar un estado de desidentificación del ego y de identificación con todas las realidades en todos los niveles, físicos, mentales, emocionales, espirituales. Así, en esos estados se puede lograr experiencias como trascender la identidad hacia aves, peces, animales, vegetales, minerales y humanidad en general, trascender el espacio trasladándonos hacia otros lugares y trascender el tiempo, viajando a otras épocas. Además, podemos acceder al conocimiento directo de la relación de los objetos con las personas (psicometría) y, obtener información clarividente y telepática. Podemos aprender directamente en tres dimensiones, a color y en movimiento, con todas las sensaciones que produce la inmersión virtual, identificarnos con el comportamiento de un ave, pez, animal, vegetal o mineral; experimentar visiones del mundo del origen de las ideas y de creación de las "formas platónicas"; Viajar a otros lugares conocidos o desconocidos de otros tiempos; se puede aumentar la eficiencia y productividad del trabajo hasta límites increíbles, mejorando sustancialmente la concentración, elaborando nuevas ideas, estructuras y modelos sólo empleando algunas técnicas que permiten extraer información del inconsciente para aprender, comprender y crear nueva información con el mínimo de esfuerzo por parte del individuo.

La conciencia tiene la particularidad de actuar en la incertidumbre y se debe alterar su estado de modo de conectarse con el **mundo cuántico** sin producirle un cambio a la onda-partícula permitiéndole, con ello, extraer información implicada en ella. Para poder conectar la conciencia con la onda-partícula se deben "atraer" utilizando para ello un atractor (intención) mantenida por un tiempo determinado hasta que emerja el despliegue de la realidad **cuántica**, impreso en el espacio **cuántico**. Es un *Movimiento de la Realidad*[40]

Dado que la evolución y desarrollo de la conciencia está orientada precisamente a ir hacia el encuentro con lo transpersonal/**complejo**, es importante saber que efectivamente existen caminos, métodos y procedimientos que permiten facilitar el salto a esta realidad trascendente. Se sabe que lo transpersonal/**complejo** no está lejano de nosotros, sino que se encuentra dentro de nosotros mismos en todo momento y en todos nosotros. Sólo necesitamos de una forma de entrar a este mundo no ordinario.

La percepción **holística** persigue trascender identidad-espacio-temporal. Mediante el proceso vivencial de desarrollo de la conciencia y de comprensión de la naturaleza humana, a través de un programa de educación **holística**, podemos lograr la formación de una estructura personal y social de conciencia ecológica. El proceso (Software) o forma de modelar la realidad contempla la generación de impulsos nerviosos visuales y acústicos, que en el proceso circular de la energía nerviosa, provocan una interferencia vibratoria de ondas neurológicas conformando un **holograma** de interferencias, que despliega en una imagen virtual, con participación de todos los canales sensoriales (vista, oído, tacto, olfato y gusto). Si se mantiene la coherencia de los impulsos neurológicos a través de, por ejemplo, la estimulación acústica, cada imagen virtual que aparece,

---

[40] Según David Bohm, la naturaleza de la realidad participa del holomovimiento, un inacabable proceso de cambio, que hace que las estructuras estables no son más que abstracciones. Todo el mundo fluye constantemente.

retroalimenta una nueva percepción y una descripción por el intérprete, transformándose así, en una historia virtual continua, en esa realidad[41].

Como señalábamos, ahora veremos los aspectos que se relacionan con la visión cuántica, compleja y holística, que se contemplan en el conjunto de mi obra.

---

[41] Según el profesor Margenau, de la Universidad de Yale, existen *procesos virtuales* en breves instantes de tiempo que encierran sistemas complejos de incertidumbre, con características propias de comportamiento cuántico (El misterio de las coincidencias, de Eduardo Zancolli).

(I)   RELACIONES CON LA VISIÓN CUÁNTICA

De: El Universo en un instante de conciencia:

Paradigmas de la conciencia y meditación, como estructuras disipativas

Thomas Kuhn introdujo en su obra "Estructura de las revoluciones científicas" el término Paradigmas, que explica la forma en que se estructura un sistema del conocimiento. Para los fines de esta nota, hablaremos de cambios de paradigma de la meditación (conciencia), como un sistema abierto, asimilado a una estructura disipativa, en aquellos hitos del proceso de la meditación (conciencia), en que se produce un cambio estructural de este cuerpo del conocimiento. No se hará una profundización de las formas tradicionales de meditar (ser conscientes), como un despliegue de los sistemas paradigmáticos, sino más bien se hará un énfasis en el cambio, en el sentido de mostrar las fluctuaciones que significan un cambio de paradigma de las formas de meditar (ser conscientes) en el proceso de la meditación (conciencia). Todo lo demás, comprende "hacer más de lo mismo". Un cambio de paradigma, es no sólo saltar a otro nivel de la información, sino a otra forma de "hacer" y "ver" la información. En una palabra, es un **salto cuántico** de una estructura disipativa, que es, en este caso, el conocimiento de la meditación (conciencia).

La estructura del átomo y holografía en la conciencia

Otra forma de ver la estructura de la conciencia, es asimilarla a la **estructura del átomo**. La materia está compuesta por átomos que históricamente, antes de Einstein, se suponía no podían dividirse ni destruirse. Con el advenimiento de la energía atómica, se liberó la enorme cantidad de energía que contenía el átomo. Al desintegrarse el átomo, se producía la explosión atómica, con la liberación poderosa de energía. Llevar a cabo un proceso similar en la estructura de la conciencia, trae aparejada la comprensión de que en el universo, los principios que lo rigen pueden aplicarse a diversos niveles de escala del conocimiento. Ahora, si suponemos que la materia compuesta por moléculas es equivalente a una experiencia de conciencia compuesta por varios coordinados instantes de conciencia, **un átomo sería equivalente a un solo instante de conciencia.** Entonces, la descomposición (desintegración) del instante de conciencia en sus partes componentes, de acuerdo a los principios de la naturaleza, debiera liberar una energía encerrada y oculta en el interior del instante de conciencia (átomo).

Durante el desarrollo de una experiencia de descomposición del instante de conciencia (similar a la desintegración del átomo) se liberan enormes cantidades de información (energía) que se regula en el proceso de la meditación disipativa con el control de la etapa de sincronización. Para conservar esa enorme cantidad de información en un pequeño espacio-tiempo solo es posible, con los conocimientos actuales, estar concentradas en un sistema holográfico, es decir, que en una pequeña porción del cerebro, se distribuya toda la información necesaria del nivel biográfico, perinatal y transpersonal de conciencia. Las estructuras disipativas como la Meditación Disipativa MD operan en el **nivel cuántico** que facilita la producción del proceso holográfico. El acceso a la memoria holográfica se facilita en cada instante de conciencia con la transformación de la intención en una imagen visualizada, que genera un patrón de búsqueda en la etapa de sincronización de las neuronas cerebrales (con la ayuda de la música), generando la estimulación neurológica que produce una corriente energética coherente y sincronizada en que se despliega la percepción virtual de la realidad buscada.

Capacidad de la mente

Se dice que no usamos más allá de un cinco por ciento de nuestra capacidad de la mente. Incluso algunos sugieren que un tres por ciento sería generoso.

Hoy por hoy, para estudiar la realidad del universo, se acepta el efectuar una separación de la estructura del conocimiento a gran escala, a media y a pequeña escala. La mente no escapa a ello. La conciencia sensorial podemos asimilarla a que en condiciones normales tiene acceso al conocimiento de la realidad solo a media escala y en la **conciencia cuántica** se adquiere conocimiento directo de la realidad a pequeña y a gran escala.

Podemos decir, que el conocimiento de la realidad a pequeña escala está relacionado con el descubrimiento de varios aspectos de la ciencia:

Primero, en *Física cuántica*, ya mencionado, se puede describir la generación y el recorrido de un fotón en la emisión estimulada de radiación de energía como la siguiente historia metafórica de un fotón: Soy un fotón, que me desplazo por el universo del tiempo y el espacio. Me puedo identificar con cualquier cosa viva o "muerta" de este universo. Es decir, puedo trascender tanto mi identidad como el espacio-tiempo. Puedo transformarme en onda o volver a ser nuevamente partícula, dependiendo de mi intención.

Segundo, en *Antropología*, los descubrimientos de figuras geométricas, denominadas imágenes entópticas (del interior de la visión), dibujadas en las cavernas de los primitivos habitantes del planeta, como señala **Richard Leakey**, han sido consideradas primero, como simple "arte" o "simples garabatos ociosos, graffiti, actividad lúdica: decoración espontánea realizada por cazadores con mucho tiempo a disposición, como lo describe Bahn", considerando las imágenes enigmáticas, signos geométricos sin significado obvio. Incluyen puntos, cuadrículas, uves, curvas, zigzags, espirales y rectángulos; en segundo lugar tales imágenes han sido consideradas "poco significativas para el proceso de autoexploración y autocomprensión, señalando, además, **Stanislav Grof**, que parecen representar la barrera que uno debe cruzar, antes de emprender el viaje hacia su propia psique inconsciente, considerándolas como que parecen reflejar la arquitectura interna de la retina y otras partes del sistema óptico". Es significativo que se le ha dado tan poca importancia a este fenómeno (una página de 500), siendo que este proceso **neurocuántico**, sería la fuente (instrumento) de acceso al inconsciente transpersonal. Así lo señala *David Lewis-Williams*, quien "ha ofrecido recientemente una nueva e interesante interpretación: son los signos que delatan el arte chamanístico, dice, procedentes de una mente en estado de alucinación. En el primer estado, el sujeto ve formas geométricas tales como retículas, zigzags, puntos, espirales y curvas. Estas imágenes, seis formas en total, son brillantes, incandescentes, vívidas y poderosas. En un estado más profundo, se "está con frecuencia acompañado por la sensación de atravesar un vértice o un túnel en rotación". Quizás el descubrimiento del significado de las figuras geométricas, que ahora conocemos como imágenes entópticas, en las cavernas del hombre primitivo, sea uno de los hallazgos más importantes de este siglo. La evolución de los humanos pudo derivar de la capacidad de utilizar herramientas para la producción de sonidos y acceder así a estados de ampliación de conciencia, como la conciencia cuántica. La capacidad de escuchar concentradamente permitió desarrollar esta otra fase de su conciencia que incidió en su comportamiento social y cultural.

Un último análisis comparativo del significado de estas imágenes plasmadas en las cavernas, es que creo podrían representar la totalidad del proceso en el que se encuentra el individuo al crear las condiciones adecuadas para que se produzca el fenómeno alucinatorio. Primero, una lectura de las imágenes nos revelaría que los puntos cambiantes de menor cantidad a mayor cantidad, son una representación de la inversión de población a un nivel energético superior; segundo, los puntos y líneas ordenados en paralelo, representan una sustancia en condiciones iniciales de los átomos en un nivel energético equilibrado; tercero, las líneas uves y en zigzags, representarían las ondas de energía transformadas de incoherentes a coherentes; cuarto, los círculos concéntricos, serían el resultado de la emisión energética (**cuántica**) hacia el centro del sistema; quinto, la cuadrícula representa la reproducción de interferencia de ondas (hologramas) que contienen la información; sexto, los rectángulos representan el sistema **cuántico** de radiación energética y se compone de los siguientes elementos que están compuestos en tres sectores, divididos por una pared oscura y una blanca (espejos paralelos resonadores), por fuera del segmento interno existen líneas continuas (estimulador externo) y una sola línea (emisión cuántica) continua que atraviesa la pared blanca (espejo transparente); por último, redes de líneas sobre animales (antílope de eland) cuyos cráneos con orificio (para soplar) permiten la emisión de sonidos. Las líneas serían una representación de la imagen contenida en las cuadrículas (hologramas) que emergen al tocar ese instrumento de viento y que permiten al individuo en trance, "leer o ver" las interferencias sonoras encerradas en las cuadrículas.

Tercero, en *Biología* el rol neurológico que asumen los microtúbulos en la percepción cuántica al momento en que se repliega la conciencia sensorial durante el proceso de experiencias cercanas a la muerte. En estas experiencias la persona que deja de recibir estímulos sensoriales, por la crisis que está viviendo, experimenta una serie de sensaciones internas como las que describe un paciente de *Raymond Moody* en sus investigaciones de sus "cámaras de espejos". "Primero vi visiones en el espejo; bueno al principio eran formas de colores y pequeñas manchas o chispas que relucían. Vi una gran neblina que se levantaba y llenaba todo el espejo, como una gran niebla que entrase por la ventana; y después de la neblina hubo una luz brillante. Vi una luz muy a lo lejos, y escenas, pequeñas escenas breves; pero lo que atrajo mi atención fue un camino, y supe que tenía que seguir ese camino o moverme en ese sentido".

Cuarto, en *Psicología* el resultado de aplicación de estímulos rítmicos en la producción de estados alterados de conciencia y la identificación de estados de conciencia específicos, en donde cada uno de ellos, es un mundo distinto con su propio lenguaje que incide en la percepción, pensamiento y comportamiento del individuo, lo que contribuye a definir distintas realidades.

La imaginación del hombre lo ha llevado a pensar que, en algún futuro lejano, pudiera construir una máquina del tiempo que viajara más allá que la velocidad de la luz. Según la teoría de la relatividad, la velocidad de la luz es energía (y/o partículas elementales) en movimiento. Mirado desde esta perspectiva, pareciera que esta máquina solo es una fantasía que jamás se logre alcanzar. Ningún cuerpo puede alcanzar la velocidad de la luz pues se transforma en energía de acuerdo a Einstein ($E = mc^2$). Sin embargo, ya existe un camino. La hipótesis de este libro, es que ya existe una máquina del tiempo y que hasta el momento la hemos ignorado. Se trata de que nosotros, nuestro cuerpo, es la máquina del tiempo, y nuestra **conciencia cuántica** (**fotón**) es el viajero del tiempo. Ahora llegamos a la comprensión de que la única forma de viajar más allá de la velocidad de la luz es a través de la energía de conciencia. Hoy tenemos los medios y la tecnología de la mente que permite, en meditación con música, trascender la identidad hacia aves, peces, animales, vegetales, minerales y humanidad en general; trascender el espacio, trasladándonos hacia otros lugares, y trascender el tiempo, viajando a otras épocas. Además podemos acceder al conocimiento directo de la relación de los objetos con las personas (psicometría) y obtener información clarividente y telepática. Quizás la experiencia más cercana a un viaje por el tiempo y espacio sea la del viaje en estados alterados de conciencia. La conciencia se expande y trasciende el espacio-tiempo además de la identidad. Esta experiencia ya se puede llevar a cabo en talleres de meditación. Uno de los participantes que por primera vez efectuaba este proceso, en un instante vivió la siguiente experiencia: "Salí expulsado por una enorme energía luminosa. Fui proyectado hacia el cosmos, crucé tres soles y visualicé un color azul profundo". Para él fue una experiencia real. Creo que la experiencia de acceder a los hoyos negros es una experiencia que se tiene en el campo **cuántico** de energía a pequeña escala y, por lo tanto, la energía de la conciencia (**fotón**) tiene la capacidad de viajar por este túnel del tiempo, no así el cuerpo físico aunque todas las sensaciones las experimentemos en nuestro cuerpo a gran escala. Se trata de una experiencia trascendente de la realidad no ordinaria.

El desdoblamiento o "trascendencia del cuerpo" es una sensación producida a veces en forma espontánea. Pero es posible experimentar el proceso de trascendencia de identidad, del espacio y del tiempo mediante técnicas de alteración de la conciencia como son la hipnosis, la meditación y relajación. Durante los talleres de meditación y relajación que he efectuado en años anteriores, se han producido a veces estos efectos sin haberlos buscado. Para algunas técnicas, como visualización libre la persona puede experimentar la sensación de una metamorfosis de identidades (aves, animales, peces, vegetales, minerales y energía); en otras técnicas se obtiene la experiencia de trascender el espacio y el tiempo "viajando" en **conciencia cuántica** a otros lugares y a otras épocas. La persona puede experimentarlo como observador o como observador-participante. En este último caso ella "siente ser" la identidad asumida. Se obtiene conocimiento directo de estas experiencias (lugares, costumbres, comportamiento).

El proceso de llegar a SER UNO, creo significa ser "Uno sin un segundo", es decir, el observador y el observado son solamente Uno. Se es observador-participante. El sujeto y el objeto se confunden. Creo que en la meditación se puede obtener esta experiencia.

Creo que la meditación podríamos definirla como "estar en medio de la acción". Es decir, ser observante y participante a la vez. El observador se transforma en el objeto observado. Se extingue la distinción entre objeto y sujeto. Uno se transforma en el objeto observado. Así, por último, podemos decir que meditación es el "proceso de transformación del sujeto en objeto". Este fenómeno puede verse claramente en los estados meditativos de transformación de identidad y viajes a otros tiempos (como una regresión).

Cuando se empieza a experimentar en estos campos de la conciencia transpersonal, pienso que uno accede a un campo en el cual no está limitado por las variables tiempo-espacio-identidad, similar al planteamiento teórico de los campos morfogenéticos de **Rupert Sheldrake**.

Sería como un "recuerdo" de experiencias de la humanidad (pasado, presente o futuro). De ahí que pienso que uno se identifica con la experiencia de cualquier otro individuo o especie en cualquier tiempo o espacio, como lo han experimentado algunas personas en talleres de meditación que he dirigido personalmente. En estados alterados de conciencia se puede viajar a los confines del universo en un instante. Incluso viajar a través del tiempo. Esto es demostrable con técnicas de meditación u otra forma de producir estados no ordinarios de conciencia (hipnosis, relajación, etc.).

Utilizar la mente mediante la conciencia cuántica, permite ampliar nuestra capacidad de percibir la realidad. De ahí que, en estados especiales de conciencia ampliada, se percibe "que lo sabemos todo" y que estamos unidos a la totalidad del cosmos. Así, por ejemplo, podemos identificarnos con el reino animal, vegetal, la Tierra o el cosmos en su conjunto. También podemos viajar en el tiempo hacia nuestros orígenes o incluso hasta la formación de la Tierra en experiencias del ciclo evolutivo. Como la visión mística de *W. Blake*:

"Ver el Mundo en un grano de arena,

y el Cielo en una flor silvestre,

retener el Infinito en la palma de la mano,

y la Eternidad en una hora".

Esta visión de la realidad del mundo de la energía cuántica, pareciera ser la que percibe Uri Geller en su mensaje siguiente.

"Sí, pero conozco la verdad

reside en las profundidades internas de uno

la verdad de la sabiduría mística para lo cual todo

esplendor no es más que enmascaramiento

la sabiduría para gobernar, alcanzar y cumplir

lo inverosímil

la insoportable obligación que cae sobre uno

sin previo aviso o advertencia

la sabiduría que le concederá a uno poder, valor

y grandeza

para contemplar y desarrollar el acto más impresio-

nante, tremendo, atroz, positivo y estruendoso

que modificará todos los conocimientos existentes en

la Tierra e incluso algunos más".

Mundos reales

Habitualmente la sabiduría popular emplea términos que sugieren la existencia de diversos mundos: en qué mundo andas; son cosas de otro mundo; regresa a este mundo, etc. En condiciones "normales", el individuo establece la existencia de dos mundos: mundo real e irreal (o imaginario). Sin embargo, un análisis profundo de este ámbito de la realidad sugiere, en estricto rigor, la existencia de más de un mundo de la realidad. Para los fines del estudio de la conciencia, diremos que puede probarse empíricamente la existencia de al menos seis mundos: el mundo de la realidad sensorial, el mundo de la realidad personal, el mundo de la realidad prepersonal, el mundo de la realidad cuántica, el mundo de la realidad transpersonal y el mundo de la realidad arquetípica. La mayor parte de las personas se mueve ordinariamente en los mundos de la realidad sensorial y personal. Bajo ciertas condiciones y circunstancias la persona puede acceder a los otros mundos. Cada mundo, como cada realidad, sólo pueden comprenderse en su propio reino. Así, como el mundo sensorial no percibe los demás mundos, la realidad que presenta, por ejemplo, cada sentido, tampoco tiene acceso a la realidad de otro sentido.

Mundo de la Realidad Cuántica

Parece ser, que para acceder a las realidades transpersonales y arquetípicas, debiéramos atravesar primero un campo de experiencias del nivel cuántico, nivel que nos recuerdan los símbolos grabados en las cavernas primitivas que significarían el proceso que experimentaba el hechicero en el inicio del trance, en la oscuridad de la caverna.

Funcionalidad dual de la conciencia

Una de las características de la conciencia es su funcionalidad dual, dependiendo del espacio en que se encuentre. Al igual que los diferentes estados de la materia tienen propiedades particulares, la conciencia en cada uno de los dos espacios, sensorial (ordinario) y cuántico (complejo) tiene sus propias propiedades. Quizás esta característica de la conciencia, sea uno de los principales elementos que tenga incidencia en el proceso de desarrollo y evolución de la conciencia.

En conciencia sensorial (ordinaria), presenta las propiedades de adosarse a un envase (cuerpo) con características propias de la materia, de inmovilidad, de identidad o pertenencia, de ubicuidad, de temporalidad. En cambio, la conciencia cuántica de estados alterados (no ordinarios), adopta propiedades de deslizamiento de su sensación de envase (cuerpo) con características aproximadas a la energía, de movilidad, de trascendencia de la identidad, del espacio y del tiempo. Una característica importante de la conciencia en ambos espacios sensorial y cuántico (ordinario y complejo) es que la fijación de la atención, permite discriminar la propiedad específica en que nos encontremos. Así por ejemplo, si nos encontramos en conciencia sensorial (ordinaria), podemos prestar el foco de atención en un momento a sentir la conciencia en nuestro cuerpo, o a nuestra ubicación espacial y temporal, tomando esta experiencia como real en este campo. En espacios cuánticos (complejos), podemos prestar atención al cambio de identidad o trascendencia del espacio y del tiempo y también considerarla real en este otro campo transpersonal. En ambos casos es una experiencia virtual de observador-participante.

Obtener el equilibrio de los dos espacios de la conciencia (sensorial y cuántico), permite un desarrollo y evolución de la conciencia saludable, que puede tener enormes repercusiones en el funcionamiento de la humanidad. Mantenerse en un solo espacio "es incompatible con un comportamiento adecuado y con la supervivencia en el mundo cotidiano". La integración de ambas formas de percibir la realidad, contribuye a una "salud mental genuina". De ahí que, desplazar la orientación, de un espacio al otro, contribuye a un desarrollo sano y eficiente del funcionamiento de la conciencia. Sin embargo, este no es el paradigma que prevalece en nuestra cultura hasta ahora. La cultura occidental, ha tenido por eje en su paradigma de funcionamiento de la conciencia de un solo espacio (sensorial), con claro predominio en este contexto, de la materia sobre la energía. La educación, salud, trabajo y comunicación, están orientadas con el paradigma de la conciencia como materia. Sin embargo, hay indicios y esperanzas que esto vaya cambiando en las próximas décadas. Con el avance de la ciencia y el reconocimiento de las nuevas formas de vida y aplicaciones de la tecnología de la conciencia dual, estamos cada vez más cerca del cambio de paradigma de la conciencia como materia (sensorial) a la conciencia como energía (cuántica).

Una de las características del chamán, o en este caso, del guía de taller de meditación, que no hay que descartar o dejar de lado, y que puede tener importancia en el éxito de la experiencia, es que tanto como la creencia que se debe tener en el proceso y de expresar un sentimiento de absoluta seguridad en él, lo que es captado consciente o inconscientemente por los participantes y favoreciendo con ello la inmersión plena en los estados alterados de conciencia, existe además un fenómeno, frecuentemente observado de comunicación transpersonal (telepático) desde el guía hacia el participante, que se presenta durante el desarrollo de la meditación y que favorece la respuesta visionaria del meditante. De ahí que, es fundamental que el guía aprenda a desplazarse y permanecer en la funcionalidad dual de la conciencia, aún en un estado que aparentemente se perciba para el resto como solo en conciencia sensorial (ordinaria). No basta con aplicar una técnica o un procedimiento sin considerar estos factores que pueden llegar a ser fundamentales para el proceso de la meditación. En muchas ocasiones, el meditante recibe información del guía de forma transpersonal, fuera del procedimiento mismo de la inducción del trance, por lo que no debe dejarse de lado esta variable. Muchos fracasos en la inducción de estos estados pueden estar explicados por este factor. No hay que olvidar que en última instancia, sobre todo en estos estados cuánticos, estamos unidos en una unidad de conciencia. Este fenómeno puede estar emparentado, con lo que se conoce como shaktipat, sensación experimentada como una especie de atracción emocional o psíquica, donde basta una mirada, una palabra, un gesto o el toque personal del guía para producir en el participante una profunda manifestación de energía y caída en trance sin mediar para ello de otros factores.

Uno de los aspectos que contempla la visión de la dualidad de la conciencia, se refiere a la forma de percibir del cerebro. Se puede primero percibir con los cinco sentidos en conciencia sensorial (ordinaria) y segundo, se puede percibir con la estructura cerebral cuántica (holonómica). Se sabe que el cerebro puede actuar de dos formas para recordar: tener localizado la función de la memoria en un lugar del cerebro o también, tener disperso en todo el cerebro la función de la memoria (como un holograma). De ahí que podemos decir, que somos individuos (con sus sentidos) y también somos seres holoides (con estructura cerebral holonómica). Esto significa que toda la información (recuerdos) del universo se encuentra en nuestro cerebro y que en condiciones especiales (estados alterados) podemos acceder a esta información. Así, toda la información del pasado, presente y futuro está contenida en nuestra estructura cerebral y de hecho nunca estamos desconectados de los demás. Entonces, todos los recursos ya los tenemos y solo debemos buscar una forma para extraerlos de nuestro interior. Esto es lo que persigue la funcionalidad integral de la conciencia a través de la meditación cuántica.

Es sumamente importante, que desde ya se inicie el proceso de cambio, de adaptarse a la funcionalidad integral de la conciencia, en todos los ámbitos de la cultura y educación, en su más amplio sentido. Si esto es así, traerá profundos cambios en la forma de percibir y actuar en el mundo del mañana.

Llevar a cabo este salto, no requiere de grandes cambios tecnológicos en el sentido de incorporar maquinaria y equipos. Sólo se requiere de un cambio en el modo de pensar y de hacer las cosas. Es más bien un cambio en la percepción y enfoque de la atención en el otro espacio de la conciencia, cuántico, que históricamente hemos dejado en el olvido. Es volver a recordar lo que somos y llegaremos a ser.

De: El Universo en una Caverna

Muchos conocen resultados de la física cuántica, pero pocos han tenido una experiencia cercana en el nivel quántico.

También, esta tecnología Neurocuántica puede ser aplicada en superaprendizaje virtual y en biorresonancia mórfica para la salud.

"Para experimentar un viaje evolutivo, más que un proceso intelectual se requiere de un mayor aprendizaje vivencial. Con herramientas de meditación y relajación se puede vivir una experiencia consciente de vidas pasadas o futuras, "de vidas anteriores a las humanas, incluso hasta los inicios de la evolución, vidas de animales, dinosaurios, plantas, vidas moleculares primitivas sobre la tierra, minerales, formación de la tierra y de la luna, moléculas, átomos, formación del sol, electrones, protones, formación de galaxias, partículas cuánticas, e incluso del Big Bang mismo". Respecto de las vidas futuras, una proyección transpersonal de la evolución nos pone en contacto con la totalidad del universo de la conciencia, de la unidad cósmica".

En el desarrollo del proceso de las experiencias en **meditación cuántica** realizadas en los talleres, se dan frecuentemente vivencias de **comunicación silenciosa**, que trascienden las formas tradicionales de intercambio de información entre las personas. Así, una persona en estado alterado de conciencia percibió que alguien pasaba sobre su cuerpo cuando el guía visualizó mentalmente esa acción. En otra ocasión, algo que ocurre a menudo, un participante de un grupo de meditación visualizó las mismas imágenes de los otros participantes. La **comunicación silenciosa** obtenida en la técnica de psicometría efectuada en los talleres, es otra forma de adquirir información respecto de la historia de un objeto. También, en la técnica de visión dérmica, obtenemos información por el tacto aplicado a la percepción de un texto.

Las técnicas de relajación, **meditación cuántica** y visualización producen cambios positivos que reducen el estrés y ayudan a restablecer la **comunicación silenciosa** e información (conciencia) intercelular, recobrándose así el equilibrio homoestático perdido. Se han obtenido remisiones y curaciones del cáncer utilizando este tipo de técnicas, entre las que se destaca las empleadas por el doctor Simonton y las técnicas de Curación quántica de Deepak Chopra.

Uno de los grandes alcances de la meditación cuántica y de la comunicación silenciosa es la Experiencia del Ciclo Evolutivo (EXCE) o también llamada Experiencia Cercana de la Evolución, que permite experimentar el proceso evolutivo de la conciencia y el cerebro, al establecer comunicación silenciosa con los orígenes del Cosmos y la creación de las estrellas y planetas; la conciencia de formación de los minerales, vegetales y animales; la vivencia de nuestros ancestrales cavernícolas; el avance hacia la conciencia comunitaria moderna; las sensaciones y emociones de nuestros días; la expansión y trascendencia de la conciencia y la experiencia espiritual.

La mayoría de la gente no comprende que pueda existir otra realidad en esta realidad. Gracias a una mayor comprensión de la nueva física cuántica, podemos afirmar que ambas realidades son complementarias. Recordemos la teoría de la luz onda-partícula. La luz para ciertos efectos se comporta como onda y para otras como partícula y ambas coexisten. La conciencia, podríamos asimilarla a que en condiciones normales actúa como partícula y en estados alterados como onda.

De: Cambio de sentido

En la física, por ejemplo, tenemos que la materia se va transformando en energía, a medida que pasamos desde la macro a la micro-física. Tenemos en primer lugar un objeto (materia) que se descompone en moléculas, compuestas por átomos, partículas como electrones y protones hasta llegar al quark[42], que puede tomar como mínimo seis sabores[43] y cada uno tener a su vez uno de tres colores, que unidos forman una confinación sin color constituyéndose así en protones o neutrones. Entonces en este nivel de la mecánica cuántica, ya nos encontramos en un mundo complejo de indeterminaciones y de energía que está influenciada por cuatro categorías de fuerzas o patrones que afectan el comportamiento de las partículas: fuerza gravitatoria, fuerza electromagnética, fuerza nuclear débil y la fuerza de interacción nuclear fuerte. Podemos concluir entonces, que la materia en lo profundo es energía pura que se mueve en un mundo complejo de la realidad.

Así también, la psicología en un nivel macro podemos asociarla a la materia cuando estamos en el campo de la observación de los sentidos (observadores de la materia). A medida que nos sumergimos en los niveles profundos de la realidad de la "materia" de la psiquis, como los recuerdos biográficos, perinatales, transpersonales, arquetípicos y cuánticos (o de la complejidad), vemos que estamos adentrándonos en el campo de la energía, pues los procesos de interacción del sistema neurológico, producido en la relación mente-cuerpo, funciona en el campo de los niveles cuánticos de energía y esto es, ni más ni menos, decir que se está muy cercano al campo de la física. Es un encuentro entre la física y la psicología en un nivel o campo de energía de la conciencia.

---

[42] Partículas más pequeñas que los protones y neutrones descubiertas por Murray Gell-Mann.
[43] Variedades de quarks que simbólicamente se denominan en "sabores" y "colores".

Conciencia del proceso[44]: La Conciencia participa en todo el proceso. Es el alma de la experiencia, que se desplaza en las diversas realidades manifestadas como "Testigo". Detrás de las sensaciones emergentes en la realidad ordinaria, realidad transpersonal y realidad compleja (cuántica), se encuentra el Testigo observador-participante.

Los dispositivos cuánticos, como el *láser* y maser son generadores y amplificadores de luz coherente que se producen en fenómenos ondulantes y vibratorios. El sistema nervioso, contiene en su parte interior unos microtúbulos, que aparentemente presentan particularidades cuánticas ondulatorias, y bajo ciertas circunstancias, adoptarían las propiedades de ser generadores cuánticos de luz coherente. Así, una visión espiritual, es factible generarla con una **Tecnología Cuántica** como si fuera un "laser" de impulsos neurológicos o Generador Neurocuántico (GNC) o también, un Amplificador Neurocuántico (ANC). Es probable, que los chamanes utilizaran esta tecnología de la física quántica a través del estimulador sonoro de los tambores.

Según Ostapchenko, "para que un sistema de átomos (o de moléculas) se convierta en fuente de radiación óptica coherente (Generadores Quántico Ópticos) es indispensable por lo menos:

1. disponer de una sustancia en la que se pueda crear una superpoblación en el nivel energético superior (en otras palabras, un medio capaz de ponerse en estado de temperatura negativa);
2. disponer de una fuente de energía con la que se puedan excitar los átomos y sostener el exceso de partículas en el nivel energético superior;
3. crear las condiciones para que todas las partículas excitadas se trasladen sincrónicamente al nivel energético inferior. (Eso se consigue con un aparato especial: el resonador óptico, formado por dos espejos reflectantes, transparente uno y semitransparente otro, paralelos entre sí y colocados en los extremos del medio)"

Si no se cumple la tercera condición, la luz sólo se amplificará: así funcionan los Amplificadores Cuánticos de Radiación.

---

[44] Corresponde a lo señalado por F. Varela respecto de la Enacción, como el proceso de la conciencia de una "puesta en obra de un mundo y una mente a partir de una historia de acciones que un ser realiza en el mundo".

Los ejercicios de viajes en el tiempo (regresión) permiten acceder a los niveles profundos de la memoria celular, descubriendo recuerdos que tuvieron lugar antes de nacer.

Según David Lewis-Williams, los chamanes del paleolítico entraban en estados de trance dentro de las cavernas con ayuda de la oscuridad de la cueva y los sonidos rítmicos, produciéndoles un estado alterado que los hacía pasar por tres estadios: en primer lugar, el chamán ve formas geométricas, como puntos, zig-zags, espirales, curvas, retículas, imágenes brillantes conocidas como imágenes entópticas producidas por la estructura neurológica del cerebro. En segundo lugar, estas imágenes se transforman en objetos dependiendo de la intención (cultura e intereses) del chamán. Por último, se atraviesa un túnel, círculos girando (vórtices) para llegar a una transformación humano-animal (theriántropos). A continuación el chamán fija (pinta) las imágenes en la roca, que es la membrana que divide el mundo real con el mundo espiritual.

La salud, obtenida por medio de la "Terapia Holomórfica" o "Terapia de los Cambios de Forma" y las "terapias energéticas" como las "Terapias Cuánticas" de Deepak Chopra, serán, entonces vistas como el resultado de un proceso de evolución de la conciencia. Comenzará a percibirse a la salud, enfermedad, accidentes y otras manifestaciones positivas y negativas hacia el ser humano, como medios e instrumentos que permiten y facilitan la evolución de la conciencia. Efectos inconscientes y conscientes, pueden ser así, dos formas diferentes de ir paulatina o aceleradamente hacia el crecimiento interior del individuo. Entonces, nuestra conciencia siempre estaría potencialmente evolucionando, ya sea en una crisis involuntaria, o en un proceso consciente de transformación personal.

Históricamente se han buscado infinidad de procedimientos para medir la eficiencia y hacer comparaciones de uno mismo y entre las diversas personas, pero no se ha enfrentado a fondo el sentido de lo que es realmente la eficiencia. Utilizar el máximo de las potencialidades del cerebro, sería una definición más precisa de eficiencia. Y eso es precisamente lo que sostenemos, cuando precisamos que si una persona efectúa un trabajo de meditación cuántica, en todas sus acciones estará participando con el mayor potencial de la mente en lo que esté haciendo en ese momento. Hay que reconocer que estadísticamente una de las características básicas de la meditación es incrementar la eficiencia y creatividad. La investigación de la meditación ha reconocido que es una poderosa técnica para incrementar la eficiencia y creatividad de las personas, además de otros beneficios orientados al crecimiento espiritual de los individuos.

Con la investigación y descubrimientos de los estados de conciencia y proceso de transformación personal, hoy, podemos tener un control de los estados alterados de conciencia. En condiciones normales el individuo trabaja en un bajo nivel de eficiencia. Se ha descubierto que el proceso que se experimenta en la meditación tiene dos efectos importantes para el desarrollo futuro de la humanidad. Sin ir más lejos, podemos afirmar que aquellas empresas que integren en sus programas de capacitación un adecuado espacio para la meditación cuántica, se convertirán en "empresas líderes y maestras" de la eficiencia.

De ahí que, no es importante intentar la medición de la eficiencia, pues es una batalla perdida. Lo realmente importante, es proponer a las empresas a que se integren en principio a un programa de meditación cuántica, de tal modo que se encuentren con la eficiencia y con posterioridad puedan proporcionar al personal un camino de trascendencia.

Otra cosa es cuando nos referimos a la eficiencia en los negocios, debemos considerar este término en su más amplio sentido. Negocio incluye, además del propio negocio empresarial, a la educación, salud, etc. En otras palabras al negocio de la vida entera. Así, todos estos principios pueden aplicarse a la multiplicidad de actividades que realicen las personas. Entonces, cuando decimos que la meditación contribuye a la eficiencia en los negocios, estamos también comprendiendo que la meditación cuántica favorece la eficiencia en todas las actividades de la vida.

También existe una mala comprensión de lo que es meditación cuántica. Se piensa que es un acto de reflexión y produce un efecto pasivo, quizás al percibir a la persona en el momento de la meditación en un estado de inmovilidad y focalización intensiva en un objeto de atención. Sin embargo, efectos posteriores a la meditación producen una transformación de la percepción que anticipa un mejoramiento de la eficiencia. No existen distracciones en lo que se está haciendo. Se está plenamente presente en la tarea desarrollada. En una palabra se vive y experimenta el momento de la mejor forma. Es decir, se es eficiente.

La conciencia celular, sería entonces una forma de acelerar el proceso al complementar y regular el equilibrio psicosomático de la salud, obtenida tradicionalmente con los procedimientos aplicados en el ejercicio de la asistencia sanitaria. De esta forma, se nos responsabiliza en la mantención de nuestra enfermedad o regularización de la salud.

La realidad virtual tradicional, se define como "una tipología de la realidad simulada en que el actor observador-participante a través de instrumental visual, táctil y sonoro, con ayuda de un ordenador, percibe esa realidad e interviene en ella". Ahora bien, la realidad podríamos descomponerla en varios campos: Realidad sensorial, personal biográfica, perinatal, arquetípica y transpersonal-cuántica. Si consideramos el mundo de la realidad sensorial y personal como el mundo de la realidad cotidiana, los otros campos de realidad pertenecerían entonces al mundo de la realidad virtual y solo podemos acceder a ellos bajo ciertas condiciones psicológicas. De ahí, podríamos decir que Psicología Transpersonal-compleja es el acceso a la realidad virtual mediante cambios psicológicos de comportamiento.

De: Para salvar la Tierra

Todas las cosas cambian. Todas las realidades cambian en casi todos los niveles….Sin embargo, en el nivel de la mecánica cuántica tenemos que las partículas, desde hace unos 15 mil millones de años, el tiempo del Big Bang, no han cambiado. Como a nivel de las partículas atómicas impera el principio de incertidumbre, no es posible conocer la posición y velocidad de una partícula simultáneamente, pues se ve afectada por la observación del sujeto y, por ende, se altera la información contenida en la onda-partícula. Cada una de estas ondas-partículas contiene en su estructura el universo de la información, como un pedazo de holograma en que se despliega toda la información de la placa entera. Si pudiésemos observar esta onda-partícula, sin alterar su contenido, seguramente emergería y desplegaría de ella toda la infinita información implicada en ella[45]. Pero existe un camino: la conciencia cuántica.

De: Espacios de la Mente

Espacios de la mente, contiene la visión estructural necesaria para la trascendencia de todas las *inteligencias múltiples* (IM), mediante el proceso de inmersión en la **Inteligencia Compleja-Cuántica** (IC) (o nivel de la Mente de Wilber), que permite el acceso a estados de conciencia complejos que contribuyan a la superación de las IM y de la Inteligencia Artificial (IA) de forma permanente. A

---

[45] De acuerdo a las últimas investigaciones de S. Hawking, lo único que no se pierde en un agujero negro es la información, que puede escapar de su fuerza de atracción. Por otra parte, todas las partículas del Universo permanecen vinculadas desde su nacimiento (Big Bang) y, por lo tanto, contienen toda la información relacionada con dichas partículas: el universo entero.

su vez, existe un proceso de apertura a la práctica de IC mediante la *Meditación Disipativa* (MD).

Esta será, entonces, la aventura de nuestro viaje integral por el camino de evolución de la conciencia: primero adoptando una visión integral del cambio de conciencia, y luego embarcarnos en una práctica de inteligencia transpersonal (IT) y de acceso a la Inteligencia Cuántica (IC). La inteligencia transpersonal solo emerge cuando se establece una combinación adecuada de las inteligencias múltiples. El proceso autonómico, desarrollado en mi obra, permite efectuar las combinaciones de las IM para la posibilidad de emergencia de la IT y apertura a la IC. Es así, que se inicia el proceso estableciendo primero un diálogo (inteligencia interpersonal) a través del lenguaje y orientación lógica del proceso (inteligencias lingüística y lógico-matemática). A continuación, el participante comienza una meditación disipativa (inteligencia intrapersonal) mediante una combinación e interacción psicofisiológica (inteligencias espacial, musical y cinético-corporal).

De todo este proceso emerge la visión transpersonal. Entonces, podemos decir que, LA COMBINACION COMPLEJA DE LAS INTELIGENCIAS MULTIPLES HACE POSIBLE LA EMERGENCIA DE LA INTELIGENCIA TRANSPERSONAL Y ACCESO DIRECTO A LA MEMORIA NO-LOCAL (INTELIGENCIA CUÁNTICA).

Ahora, en el desarrollo de los capítulos comenzaremos con experiencias personales y le seguirán las formas cómo se accede a esas realidades con la tecnología requerida para ello. Al final, descubriremos que podemos desplazar nuestra conciencia a través de los espacios de la mente y, así, acceder a las diversas realidades del mundo cuántico. Como señala Serge King:

Cambiar de conjunto mental o desplazarse entre los diversos mundos plenamente consciente es un proceso sutil y delicado. Lo único que habrá cambiado habrá sido la percepción, modificada a voluntad para variar la experiencia. Lo único necesario para cambiar lo que uno se propone consiste en modificar los supuestos relacionados con dicho objetivo.

Mundo de la Realidad Compleja (Cuántica-Cósmica).

Para encontrarnos frente a un estudio científico de lo complejo, debemos estar, en primera opción, frente a un **sistema**, es decir, un conjunto asociado de elementos diversos que forman un conglomerado de elementos, con características y particularidades de estructura y de funcionamientos específicos y globales. Tenemos así, un sistema planetario, sistema muscular, sistema motor, sistema neurológico, etc.

De inmediato, nos asalta la pregunta de qué tipo es el sistema que estamos tratando. Entonces, podemos diferenciar **sistemas cerrados y sistemas abiertos**. El segundo principio de la termodinámica, señala que en los sistemas aislados o cerrados los sistemas tienden al equilibrio o entropía máxima. Sin embargo, sabemos que la evolución va en sentido contrario a este principio. Los sistemas abiertos tienen la propiedad de **alejarse del equilibrio** y, esto, les permite la probabilidad de evolucionar hacia nuevos cambios de estructuras. Cuando estamos frente a un sistema abierto se forma una **estructura disipativa,** que en su desorden inicial en que se encuentra el sistema, se logra llegar a un orden superior si se mantiene al sistema lejos del equilibrio. El proceso que contribuye a mantener este "desequilibrio", es el resultado de una **auto-organización** interna del sistema, que se mantiene en forma permanentemente **recursiva.**[46] Para ello, es necesario que el producto generado en el proceso forme parte de la producción, que, a su vez, genera un producto continuo y permanente, como producción-producto-producción...

La característica fundamental de los sistemas complejos es que, por medio de la conexión de múltiples elementos simples o **módulos,** con la consiguiente interacción de algunos de ellos (propiedad **dialógica**) se logra producir la emergencia de un sistema global, que encierra el concepto de la propiedad **hologramática**, es decir, el todo está en la parte y la parte está en el todo.

Dada la particularidad de los sistemas complejos, de ser altamente indeterminados sus resultados, se hace necesario, para reducir esta incertidumbre, establecer una **estrategia** que aminore, en alguna medida, el azar y para ello, establecemos **modelos (atractores)** que mantienen relativamente dentro de un margen de probabilidad los resultados esperados, por la intencionalidad inicial buscada.

Una vez comprendida la existencia de otros mundos y realidades, es necesario involucrarse en un proceso de descubrimiento personal de estas realidades. Para ello, es imprescindible primero, conocer los mapas que contemplan la estructura de la conciencia que nos señalan los mundos "reales" que visitaremos en nuestra búsqueda interior. Posteriormente, iniciaremos el camino adoptando una actitud y

---

[46] La estructura disipativa del proceso consciente, contempla una dinámica de perturbaciones en su secuencia de pensamiento, imagen, reconocimiento, sensación y emoción. En el proceso autonómico se crea un producto (pensamiento) que genera, en el proceso de la producción de la consciencia, otro producto (emoción) que, a su vez, genera otro producto (pensamiento) que vuelve a generar una imagen, reconocimiento y sensación que genera una emoción y así, se repite, permanentemente, el proceso y cambio de estructura en forma recursiva. La dinámica del proceso de perturbación produce nuevos elementos y atractores inestables, que generan una nueva estructura del sistema y continuidad al proceso consciente siguiente.

forma de vida (intencionalidad) que facilita el encuentro de cada una de estas realidades. Finalizaremos nuestra búsqueda, experimentando con los instrumentos que nos introducen a las realidades cambiantes del ser.

Existe la idea, que mientras más separados nos encontremos de los demás, es decir, seamos sujetos frente a objetos, y recibamos menos influencia del entorno, seremos más autónomos. Esta falacia, no deja de ser más irreal, pues está enfocada en un sistema cerrado. Para ser verdaderamente autónomos, en un sistema abierto, debemos potencialmente trascender la identidad-espacio-tiempo. Esto es lo que se logra durante el proceso autonómico desarrollado en las prácticas de *meditación disipativa*.

Posteriormente, veremos cómo a través de espacios o brechas de la Mente podemos acceder a las diversas realidades. El modelo para ingresar a los diversos campos de realidad, en sí, es similar al señalado en esta introducción (actividades presentes en la emergencia de la realidad, condiciones para "hacer" la realidad, elementos del proceso de ver/hacer la realidad, modelos y módulos del proceso autonómico). Entonces, en los siguientes capítulos, desarrollaremos estos elementos como parte integrantes en la construcción de los mundos reales.

Desde el punto de vista cuántico, la realidad observada y separada del objeto, emerge a la conciencia, por el colapso de la función de onda[47].

Desde el punto de vista cuántico, la probabilidad de multiplicidad de realidades del observador-participante, emerge a la conciencia, si no hay colapso de la función de onda.

Se entiende por **Espacios de la mente** a la brecha o apertura que existe o divide una forma de percibir la realidad consciente y el extenso mundo de la realidad oculta del inconsciente colectivo (Jung), Mente (Wilber) o Memoria no-local (Goswami). Es decir, cada vez que estamos percibiendo o haciendo algo, hay una actividad consciente y una enorme actividad inconsciente (oculta) separados por un espacio por el que fluye la Mente. Ambos campos (conciencia e inconsciencia)

---

[47] De acuerdo a la teoría de Amit Goswami, "la conciencia es la sustancia básica del universo y existe tanto como la energía. Cuando está en juego una decisión, cuando se realiza una observación, *la función de onda colapsa* en la conciencia y surge materia, de modo análogo a lo que sucede en la teoría estandar de la dualidad onda/partícula. Su aportación es que hay un solo observador y que es una conciencia universal, no dividida. Afirma que los cerebros han producido un mecanismo especial para "captar" la conciencia, de modo que cuando la conciencia interactúa con procesos cerebrales la onda de probabilidad colapsa, por una parte, produciendo el objeto externo y, por otra, la experiencia subjetiva del objeto."

están conectados de una forma cuántica, arquetípica. Lo que sucede en un campo afecta al otro.

El punto de quiebre o crucial, según F. Capra, es la intersección entre dos sentidos, en el cual se abre un espacio en el límite de la interacción de ambos encuentros resonantes de ondas-partículas. En ese instante puede ocurrir una posible emergencia de un mundo que opera en otras dimensiones espacio-temporales. Es un Cambio de Sentido. Entre la vigilia y el sueño, un estado hipnagógico, hay puntos de encuentro de dos realidades distintas donde puede emerger una realidad onírica llena de promesas y nuevas formas de ver el mundo real. Así lo señala Fred Travis, cuando "sugiere que la vigilia, el dormir y el sueño REM emergen de una pura conciencia, un vacío silencioso. Allí donde cada estado se encuentra con el siguiente hay una pequeña brecha, en la que todos, muy brevemente, experimentan conciencia trascendental. Cuando vamos del dormir al soñar, o del sueño al despertar, se producen estas pequeñas brechas o puntos de unión".

Estudiosos de la física cuántica, pioneros tales como Schrödinger, Heisenberg, Bohr, Pauli, Bohm, Pribram, Mitchel, Puthof, Laszlo, nos sugieren la comprensión de que el espacio invisible que existe entre los objetos forma parte esencial de la continuidad en la relación existente entre ellos y, por tanto, la mente permite crear realidades en ese espacio que lo impregna todo: el Campo Punto Cero[48] (CPC).

Mi hipótesis radica en que la complejidad, como las estructuras disipativas, puede aplicarse en el *mundo mental* y, creo que forma parte importante en nuestra evolución. Es posible, que las estructuras disipativas y desarrollo de la complejidad, no hayan sido empleadas, conscientemente, en la oscuridad del tiempo pasado en los ámbitos y prácticas del mundo físico, pero, seguramente, se utilizó en el mundo mental, que derivó a lo social, como es la educación y comunicación.

Para comprender el significado del modelo matemático del proceso de creación la conciencia autonómica es necesario, primero, desplegar la visión cuántica del proceso de creación. Niels Bohr señala, en *Visión cuántica* de Jacques Rueff:
En física cuántica, el sistema es una especie de organismo en cuya unidad las unidades elementales constituyentes se encuentran casi absorbidas. Para llegar a

---

[48] Joe Dispenza, sostiene que la conciencia objetiva es el CPC y que todos estamos conectados a él brindándonos la vida (subconscientemente) a través del mesencéfalo, el cerebelo y el tronco cerebral. La conciencia subjetiva (en neocortex) es exploradora, de identidad que aprende y desarrolla comprensión en la expresión de la vida.

individualizar una unidad física que pertenece a un sistema, es preciso arrancar esta unidad del sistema, romper el vínculo que la une al organismo total. Entonces se concibe en qué sentido los conceptos de unidad individual y de sistema son complementarios, ya que la partícula es inobservable cuando está vinculada al sistema y el sistema queda roto cuando se identifica la partícula.

La comunicación silenciosa, obtenida en la meditación cuántica, tiene o puede tener gran importancia en el equilibrio de la salud, en general. Un ejercicio de conciencia en sintonía transpersonal, permite obtener o enviar información, en forma psíquica, a una persona, grupo de personas, a un órgano del cuerpo, a un tejido o una célula. Así, por ejemplo, al igual que una persona se libera o reduce los problemas, estableciendo una relación de comunicación con otras personas; a otro nivel, la mente tiene un efecto psicosomático sobre nuestro cuerpo; por último, a un nivel celular, en condiciones normales también el organismo establece una comunicación de las células con sus vecinas, de tal modo, que ellas permanentemente regulan su posición relativa de crecimiento, comparando sus características y dimensiones de sí misma con su entorno y con el resto del organismo. Es decir, las células tienen conciencia de sí mismas y de las demás, en el campo de la conciencia celular.

De acuerdo a los planteamientos de Howard Gardner, la verdadera educación y Escuela del futuro debiera contemplar "siete inteligencias", que el individuo debe adquirir en su desarrollo y enseñanza. Sin embargo, considerando que de acuerdo al principio hologramático, de los sistemas complejos, "el todo está contenido en sus partes y cada parte contiene al todo", entonces, así como deben existir inteligencias múltiples (IM) que contengan a una inteligencia universal, entonces, una sola inteligencia, la Inteligencia Compleja-Cuántica (IC) debiera contener UNA COMBINACION de todas las IM. Creo, que vivir la experiencia del proceso autonómico (en el sentido de "Unicidad" o experiencia de trascendencia) integra todas las IM propuestos por Gardner. Durante el desarrollo de la experiencia de *Espacios de la mente*, el individuo va tomando conciencia de las diversas "inteligencias" sin que vaya persiguiendo esos objetivos, sino que por añadidura, siente que está aprendiéndolos.

¿Por qué no parecemos ser conscientes de estar creando nuestra propia realidad a cada instante?

R: Casi nunca estamos en el estado de conciencia desde el cual podamos elegir libremente, como sería, cuando somos creativos, o experimentamos una profunda compasión por otros, o también cuando nos inspiramos moralmente o estamos en contacto con la naturaleza. Nuestras experiencias ordinarias están dominadas por nuestros egos, sumamente personales y condicionados, en los cuales la libertad cuántica cede el paso al condicionamiento, debido a la memoria de las experiencias del pasado. Los neurofisiólogos descubrieron que existe una demora temporal de medio segundo entre el instante en que un sujeto recibe un estímulo y su informe verbal de la experiencia. Ese medio segundo, es el tiempo que utilizamos para procesar el estímulo en la memoria. Como consecuencia de esto, las experiencias se convierten en preconscientes cuando nos identificamos con nuestra memoria, con nuestro ego. Cada vez que nos liberamos del ego, tenemos la posibilidad de la libertad.

¿Cómo puedo liberarme del ego?

R: Se requiere trascender el ego hacia el yo libre (cuántico), cuando hay un movimiento de la conciencia de **<u>atención sin esfuerzo</u>** (desidentificación) entre el sujeto y los objetos. En ese estado, es posible liberar y expandir la conciencia pues la **<u>intención de elegir</u>** se encuentra lejos de una respuesta de la memoria. En la nueva respuesta, se trasciende la identidad ordinaria identificándose ahora con el yo expandido.

Ahora, en *Espacios de la Mente*, se concluye que para trascender el ego se debe interferir el reconocimiento de la memoria clásica para poder alcanzar el **reconocimiento de la memoria cuántica**.

¿Qué tipos de conciencia existen?

La percepción de cualquier estímulo externo (visual, auditivo, táctil, etc.) es dual, pues contiene simultáneamente tanto una estimulación corporal (ojo, oído, piel, etc.) como una señal de una función no corporal (visión, audición, tacto, etc.). "En un principio, no existía el tacto, o la vista, o el oído, o el movimiento por sí mismos. En lugar de eso había una sensación del cuerpo a medida que éste tocaba, veía, oía o se movía." (El error de Descartes. A. Damasio)

- La conciencia contiene a la memoria: clásica o cuántica.

- La conciencia cuántica emerge solo al perturbar la memoria clásica.

Podemos concluir, ahora, que el proceso de la meditación compleja-cuántica o proceso autonómico, reseñado en este libro permite ser testigo de la creación de la realidad, de la libertad del ego y de la apertura a la esencia del Ser.

(II) RELACIONES CON LA VISIÓN COMPLEJA

De: El Universo en un instante de conciencia:

Espacio Arquetípico de las Formas Cósmicas (Cosmos) (Formas Complejas):

Trascendencia de la dicotomía sujeto-objeto.

Trascendencia del espacio y tiempo.

Presencias de personajes espirituales.

Visión de unidad con la humanidad, el cosmos y el universo.

De: El Universo en una Caverna

El Instituto de Sistemas Complejos de Valparaíso (ISCV) organizó, en enero 2005, un programa de divulgación científica, donde un grupo de destacados científicos dialogaron sobre los Sistemas Complejos. En la ocasión se dijo, "se espera trabajar en los diversos aspectos de los sistemas complejos, entre los que se incluyen: neurociencia, ecología, redes regulatorias, redes sociales, economía, ciencias de la computación y física".

El desarrollo de este libro pretende presentar la hipótesis no solamente de que el mundo de la complejidad es parte de la naturaleza, sino que el "hombre primitivo", nuestro ancestro de hace 30.000 años, ya utilizaba conscientemente la práctica del pensamiento complejo y este proceso contribuyó a acelerar el proceso evolutivo de nuestra especie.

Otro alcance que debemos tener presente, es el de que existen ciertos factores o actitudes que favorecen o inhiben el proceso de transformación de la conciencia. Tenemos por una parte factores fisiológicos, como dietas, ejercicios introspectivos y actividades cotidianas y por otra parte factores psicológicos, como el acceso o no a lecturas introspectivas, bellezas naturales, expresiones artísticas, rituales, aislamiento y otras actividades complejas.

El premio Nobel de química 1977 Ilya Prigogine, lo obtuvo por sus investigaciones de los Sistemas abiertos lejos del equilibrio o lo que se conoce como estructuras disipativas en el mundo físico. Similarmente, Edgard Morín, antropólogo y filósofo francés se ha destacado por sus investigaciones de los sistemas complejos, básicamente en el mundo social, económico, educativo, político y filosófico.

El desarrollo de este libro, contempla una recreación en forma imaginaria de lo que sucedería en la mente de los "primitivos" al experimentar una técnica de meditación moderna, que de por sí, sería similar o idéntica a la utilizada por ellos mismos en su propio tiempo y hábitat ancestral. De ahí que comenzaremos primero con la breve descripción de los conceptos y principios del pensamiento complejo, para continuar con las propias experiencias relatadas por los "primitivos modernos".

La aplicación de los programas de meditación en las áreas de educación y comunicación, es una forma en que se puede traducir el modelo del Proceso Autonómico y Complejidad.

COMPLEJIDAD EN LA REALIDAD VIRTUAL Y PROCESO AUTONOMICO.

La lectura de mi libro EL UNIVERSO EN UN INSTANTE DE CONCIENCIA debiera haber comenzado con este capítulo para comprender mayormente el desarrollo de su temática. Los conceptos vertidos en ese libro y sus significados permanecieron probablemente ocultos para quienes carecen del conocimiento de los sistemas complejos aplicados a los Sistemas Virtuales, Inteligencia Artificial, funcionamiento de la Mente y Proceso Autonómico. Sin embargo, si empezáramos por desplegar los conceptos, ahora se nos haría más fácil comprender su utilización en aquel libro, al efectuar una segunda lectura de él.

Para ahondar conocimientos de los sistemas complejos en la Inteligencia Artificial y en el Funcionamiento de la Mente, existen excelentes libros como LOS HACEDORES DE CEREBROS de David H. Freedman para el primer tema y el libro EL PASADO DE LA MENTE de Michael S. Gazzaniga para el segundo.

Sistemas Abiertos
Los sistemas complejos (o estructuras disipativas) se dan en los sistemas abiertos o vivientes que están lejanos del equilibrio.

"la conciencia puede considerarse como un sistema abierto (por interacción con el medio) y esta es una particularidad de las estructuras disipativas".

Principios

Los sistemas complejos comprenden tres principios: dialógico, recursivo organizativo y hologramático.

En resumen los tres principios del pensamiento complejo (dialógico, recursivo y hologramático) son las características fundamentales del proceso autonómico. Hay que considerar además un elemento de incertidumbre o azar en la reorganización del sistema. Por ello, podríamos designar al segundo principio como recursividad-azar-organizativa.

CONCEPTOS DEL PENSAMIENTO COMPLEJO E INTELIGENCIA ARTIFICIAL EN EXPERIENCIAS DE MEDITACION

Aleatorio o Azar

Incertidumbre, imprevisibilidad o multiplicidad de soluciones o miradas frente a un problema o intencionalidad.

Atractor extraño

Generador del desequilibrio a los sistemas abiertos para mantener una estructura disipativa. Puede ser un estímulo externo que se mantiene durante el proceso.

Entropía y Segunda Ley de la Termodinámica

Principio que señala que en los sistemas aislados o cerrados los sistemas tienden al equilibrio o entropía máxima.

Estructura disipativa

Estructura de los sistemas abiertos que permanecen en un estado lejano al equilibrio y pueden pasar desde un estado de desorden o caos a uno de orden superior.

Estructura Neuroholográfica

Despliegue de una realidad virtual creada por interferencias de ondas neurológicas generadas por medio de una estructura disipativa y mantenida por la estimulación sensorial externa al sistema.

Evolución y Negaentropía

Estado de construcción que se produce en los sistemas abiertos o estructuras disipativas que va en sentido contrario al segundo principio de la termodinámica.

Puntos de Bifurcación

Puntos de elección alejados del equilibrio de las estructuras disipativas que muestran muchas soluciones a elegir al azar.

Realidad Virtual

Visión de una realidad generada por algún medio que hace sentirnos como observadores-participantes de la acción representada en nuestra mente.

Realidad Transpersonal

Visión de una realidad que trasciende los límites del espacio-tiempo-identidad.

Realidad Cuántica

Observación de fenómenos en el nivel de los cuantos de la luz.

Realidad Perinatal

Experiencia de aspectos cercanos o en torno al nacimiento.

Tiempo de Intencionalidad

Mantener un tiempo una intención al inicio de la experiencia.

Tiempo de Reconocimiento

Mantener un tiempo un recuerdo o imagen de la intención.

Tiempo de Sincronización

Mantener un tiempo la imagen de la intención sincronizada con la estimulación externa.

Tiempo de Recursividad Organizativa

Generación continua de una auto-organización de imágenes virtuales.

AUTOPOIESIS EN LA MEDITACION DISIPATIVA

En mi libro, El Universo en un Instante de Conciencia, planteaba que el modelamiento de la Conciencia como estructura de un evento instantáneo, lejos del equilibrio, es un proceso que tiene todas las características de un modelo de producción de una estructura disipativa. Así, señalaba, que "el modelo contempla las etapas del proceso de un instante de conciencia". Ahora, si consideramos que la organización de los sistemas vivos (autopoiesis) es un proceso que genera nuevas estructuras del sistema por interacción de elementos simples, entonces, podemos asimilar que la estructura del proceso de la meditación disipativa cumple las propiedades de formar un sistema autopoiésico. La interacción de impulsos neurológicos rítmicos, de imágenes y sonidos, produce cambios y transformaciones espontáneas de estructura del sistema nervioso que generan y regeneran un sistema autopoiésico en la circularidad del proceso recursivo de la historia personal reconstruida.

La autopoiesis, término acuñado por H. Maturana, define la organización autónoma de los organismos vivos. La ciencia y el mundo, le deben mucho a H. Maturana y F. Varela por la contribución a "el desarrollo futuro de este modelo, tiene múltiples aplicaciones en todas las actividades humanas. Puede representarse como el descubrimiento del ADN de la información del siglo XXI. La descomposición del proceso de la comunicación en sus partes visibles y ocultas". Para profundizar y ampliar el conocimiento de este fascinante modelo, basta recurrir a la amplia bibliografía de estos autores. Es también reconocido el pensamiento de estos científicos, como "Escuela o Teoría de Santiago" (F. Capra). Este último autor, destaca el aporte de estos científicos chilenos para la formulación de una "ciencia de la conciencia". Capra sostiene que "La utilización de la teoría de la complejidad y el análisis sistemático de la experiencia consciente en primera persona serán cruciales en la formulación de una adecuada ciencia de la conciencia". Para abordar el enfoque en primera persona, entre otras formas o métodos, señala que la meditación es adecuada para profundizar las experiencias subjetivas de la mente.

Las experiencias de este proceso tienen como su principal objetivo alcanzar un nivel más alto de conciencia, una **experiencia espiritual,** el samadhi o unión con lo Divino. Como veremos, una de las meditaciones es un emocionante recorrido por la **conciencia de evolución,** desde los orígenes del Cosmos hasta la aparición del hombre y su posterior desarrollo hacia el encuentro con lo divino. El proceso comienza con la conciencia de la creación de los planetas y estrellas del Universo. Le siguen la conciencia de formación de los minerales, vegetales y animales. Luego llegamos a la conciencia primitiva, de preservación de la vida del hombre de las cavernas. Continuamos con el espíritu de conservación de la especie, en la toma de conciencia ecológica. Desde aquí, entramos a la conciencia multi-emocional de los mamíferos. Hasta este momento hemos avanzado por el mundo de las formas. Ahora, saltamos hacia el mundo de la conciencia del vacío de las formas, obteniendo en este punto la apertura de los centros energéticos para ser llenados por la conciencia divina. Al efectuar este recorrido evolutivo de la conciencia, permitimos desbloquear los siete centros espirituales (chakras). El proceso en esencia es curativo y puede que se manifiesten sensaciones de energía y emociones que pueden llegar al éxtasis.

De: Cambio de sentido

Durante todo el año 2001, en Santiago de Chile se realizaron conferencias, entrevistas y ensayos realizados por destacados científicos y pensadores chilenos y extranjeros invitados por el Instituto de Ingenieros de Chile para realizar el programa "Nuevos Paradigmas a Comienzos del Tercer Milenio" con el propósito de "bosquejar los fundamentos paradigmáticos del paisaje intelectual del siglo XXI, como son los conceptos de **evolución** y **complejidad**".

El desarrollo de este libro pretende presentar la hipótesis y pruebas, no solamente de que el mundo de la evolución y complejidad es parte de la naturaleza, sino que la "mente del ser humano del tercer milenio", es decir nosotros, ahora en este momento, ya podemos **conscientemente** utilizar la práctica del pensamiento complejo y este proceso contribuirá a acelerar el proceso evolutivo de nuestra especie. En última instancia, es una propuesta destinada a promover la investigación, para la creación de una **Psicología de la Complejidad**.[49]

En los últimos años se ha venido asentando la idea de que nada es suficientemente conocido, como para decir, que es la verdad auténticamente revelada. La ciencia está reconociendo que la realidad es relativa a diversos niveles del conocimiento. Define tres campos de enfoque de la mirada científica, un nivel micro, meso y macro visión de los fenómenos y que están profundamente relacionados. En estas tres realidades están presentes las propiedades de auto-organización de los sistemas complejos.

La hipótesis de este libro es que estamos al borde de un cambio trascendental del "ser humano del tercer milenio" y entonces tenemos, en este momento, el desafío de llevar a la práctica el pensamiento complejo que permita no solo acelerar el proceso evolutivo de nuestra especie, sino que ayude a tomar una estrategia frente a la rápida evolución. Así que ésta, es una propuesta de **Estrategias de Evolución**.

---

[49] El nombre "de la complejidad" que acá emerge y se le asigna a la psicología, como "Quinta fuerza", después del conductismo, psicoanálisis, psicología humanista, y transpersonal, más cercana a los conceptos de la naturaleza viva del universo, deriva del desarrollo de la nueva teoría matemática aplicable a los sistemas vivos, denominada "teoría de la complejidad", o como prefieren los científicos llamarla, "dinámica no lineal". De ahí, el nombre de Psicología de la Complejidad" o "Psicología Dinámica" propuestos en esta línea de investigación. Las investigaciones de la teoría de la autopoiesis, que participa en los sistemas complejos, según F. Capra, se ha orientado básicamente "hasta el momento a sistemas autopoiésicos mínimos: células simples, simulaciones por ordenador y las recientemente descubiertas estructuras químicas autopoiésicas". Es interesante conocer, que una Psicología de la Complejidad, como la propuesta, iría mucho más allá de esas investigaciones.

Aunque este libro está orientado básicamente al tema de la complejidad en los estados no ordinarios de conciencia, conviene anticipar, que Evolución es un concepto que debemos considerar en su más amplio sentido. Incluye, además del propio proceso de desarrollo evolutivo de la vida, a la evolución en la educación, salud, trabajo, etc. En otras palabras, en el proceso de la vida entera. Entonces, cuando decimos que el pensamiento complejo contribuye a la evolución, estamos también comprendiendo que la complejidad interviene en todas las actividades de la vida. Como señala Edgar Morín, "El desafío de la complejidad es el de pensar complejamente, como metodología de acción cotidiana, cualquiera sea el campo en el que desempeñemos nuestro quehacer".

Si bien CAMBIO DE SENTIDO[50], es una compilación de los otros libros del autor, nos permite centralizar en una visión y comprensión de lo que encierra el estudio de la estructura de la conciencia en un modelo de la percepción compleja de la realidad. Ahora el tema del presente libro, es cómo acceder al conocimiento, pensamiento y actuación complejos en nuestras distintas actividades y experiencias conscientes. De ahí que, ante todo, el principal propósito del libro CAMBIO DE SENTIDO, es desplegar la metodología y procedimientos para enfrentarse con Estrategias a los desafíos que le presente su propia evolución. CAMBIO DE SENTIDO tiene por finalidad entonces, presentar la tecnología de evolución de la conciencia, en los próximos comienzos de nuestro Nuevo Salto Evolutivo.

Como decía, dado que esta es una compilación del modelo de la complejidad, presentados en mis otros libros, he vuelto a tratar los mismos temas, que es necesario incluir en este libro. Con esto se persigue darle una integración y enfoque global frente al desafío que ahora se nos impone.

---

[50] "Cambio de Sentido" no se refiere a una técnica de enfoque de atención desarrollada por Eugene Gendlin: un "dejarse ir deliberado". Sin embargo, guarda estrecha relación con ella, porque es un proceso mental de cambio de percepción o estado de conciencia en un punto de inestabilidad, de la emergencia de una estructura disipativa, en última instancia, de la formación y despliegue de un sistema complejo. El verdadero propósito, de darle ese título al libro, es porque está enfocado a las estrategias que debe operarse en nuestra cultura cuando se produzca un cambio a un sistema de pensamiento complejo de la vida, producto de un salto cuantitativo y cualitativo de la evolución. Es también el cambio de sentido de la percepción, descrita por Marshal McLuhan, del uso simultáneo de las funciones de los hemisferios izquierdo y derecho del cerebro, cuyo "modelo tendría que tener en cuenta la aposición de figura y fondo (los hemisferios derecho e izquierdo trabajando juntos y en forma independiente cada vez que fuera necesario) en lugar de una secuencia abstracta o un movimiento aislado del fondo".

Sin embargo, el cambio de estructura de la mente-cuerpo-espíritu, como operan en los sistemas hipercomplejos, puede ser instantáneo y, como resultado de esto, no estar preparados para ello. Creo también, que los problemas que se presenten serán complejos y, por ello, requerirán soluciones complejas, como señala Edgar Morín, "el pensamiento simple resuelve los problemas simples. El pensamiento complejo no resuelve, en sí mismo, los problemas, pero constituye una ayuda para la estrategia que puede resolverlos".

Por lo tanto, debemos introducirnos en comprender los sistemas complejos, cómo operan, cómo se controlan, qué desafíos tenemos, y cuáles son las mejores medidas a desarrollar en una estrategia de evolución.

Hay que tener claro, que ahora no estamos preparados para enfrentar un desafío de esta naturaleza. Se requiere de un gran acervo de conocimientos y acciones cooperativos, para poder desarrollar una estrategia de manejo conjunto de los sistemas complejos, que pudiesen derivar de un **Cambio de Sentido**[51] en la Evolución.

La Biblia, es uno de los libros más recomendados, completos (holísticos) para la enseñanza de una forma de vida sana, física, mental y espiritual, que ha anticipado la evolución de la humanidad con la formación de una estructura del comportamiento complejo. El lenguaje intencional y los mensajes simbólico-emocionales, guardan estrecha relación con los elementos Inter-retroactuantes que participan en la experiencia espiritual en un sistema complejo.

Del Apocalipsis, diremos que es una visión que se adecua a nuestros tiempos como ningún otro de la historia humana. Los mensajes que contempla tienen profunda significación con la comprensión de los sistemas complejos. La emergencia de elementos globales, no predecibles, por la interacción de elementos simples, nos hace pensar que este mensaje del Apocalipsis es tremendamente valedero en su consistencia bajo los nuevos conocimientos de la ciencia. El mensaje, contempla muchos elementos de los sistemas complejos (incertidumbre, sistema abierto, intenciones, interacciones, multiplicidades, bifurcaciones, atractores, conciencia-testigo, lenguaje verbal-simbólico, caos-orden, clausura,

---

[51] *Cambio de Sentido*, como un cambio de paradigma, puede enfocarse, desde el punto de vista de la complejidad, como una alteración en la percepción de la realidad habitual. Es decir, contempla la comprensión de cualquier sistema, de acuerdo a una nueva forma de organizar, ver y hacer la realidad, que le de sentido al proceso evolutivo de ese sistema. En última instancia, es una *estrategia de evolución*. Por otra parte, *Cambio de Sentido* conecta a dos conceptos que denotan contradicción. *Cambio* evoca lo impredecible, la alteración y la disipación. A su vez *Sentido*, denota un aspecto predecible, de orden y de cierta estructura. Entonces podemos decir, que la unión de estos dos términos nos representan nada menos que una estructura disipativa.

autopoiesis, etc.) que podemos asimilar a los conceptos desplegados en la profecía: mensajes (verbales), trono (sistema), entrada (intención), sellos (clausura), muchedumbre (multiplicidades), trompetas (atractor), testigos (conciencia), cantos y verbo (lenguajes verbal-simbólico).

Uno de los rasgos distintivos de la actual sociedad occidental, es que la gran mayoría de los individuos, generalmente y durante toda su vida, no experimenten o no acceden directamente a ningún tipo de experiencia de la conciencia transpersonal/compleja, sino que sólo a través de referencias algunos adquieren conocimiento de este aspecto trascendental para su vida.

 Normalmente el individuo tiene tan sólo una visión parcial de lo que es efectivamente un encuentro con la realidad transpersonal/compleja. De ahí que, la transformación personal que puede experimentar sea superficial. Si realmente llegase a experimentar espontáneamente un encuentro con lo transpersonal/complejo, este sólo hecho bastaría para producirle un cambio permanente en su estructura mental y en sus actitudes y comportamiento personal y social.

De ahí nace este proyecto, que es una búsqueda de la realidad auténtica del Ser en los comienzos del siglo XXI de modo de producir un cambio personal y social en beneficio de la humanidad.

Entonces, se reconoce la necesidad de establecer nuevos procedimientos y enfoques que permitan comprender, desarrollar y utilizar una CIENCIA DE LA VIDA con el objeto de que el hombre despierte a la plenitud de su ser.

Estrategias de Evolución.

No nos detendremos en saber o estimar, qué emergería en un proceso de cambio de la evolución. No encuentro nada, en ninguna parte, cómo enfrentarnos con este tremendo desafío que significa encontrarnos con algo imprevisible e inesperado. A pesar que sabemos que en un sistema complejo, lo normal es vivir con estados indeterminados e imprevisibles, por lo emergente, en alguna medida el azar podemos manejarlo con cierto rango de probabilidades. A través de la utilización de sistemas de atráctores y fuentes[52], como modelos de un sistema emergente,

---

[52] **Atractor y Fuente:** Modelos emergentes (atráctores) que mantienen la percepción dentro de ciertos rangos de experiencia, estructurados alrededor de una intención general y una referencia de configuración temática más que de significado de la misma. Con el propósito de mantener el proceso autonómico en cierta medida controlado y no escape a la incertidumbre de una experiencia

podemos establecer **Estrategias de Evolución,** que permitan disminuir el grado de variabilidad desplegado. Para ello debemos realizar ciertas condiciones.

Primero, debemos aprender a **conocer la complejidad.**
Segundo, debemos pensar y **comprender la complejidad.**
Tercero, debemos **actuar en la complejidad.**

La era de la comunicación estaría llegando a su fin, pues establece fronteras opuestas de realidades, por ejemplo, entre el cuerpo y la mente (visión médica); entre lo objetivo y subjetivo (visión psicológica). Es decir, es el término de la visión cartesiana de separación del sujeto y objeto que ha tenido repercusiones en todas las actividades como son la educación, salud, trabajo, comunicaciones y de la propia ciencia. Así, Morin, "vaticina que nuestra especie se aproxima a una mutación sin precedente de sus herramientas de conocimiento" y para los cambios que se avecinan, "propone un nuevo paradigma, el de la complejidad."

HACIA UNA PSICOLOGIA DE LA COMPLEJIDAD

Fundamentación Teórico-práctica:

El desarrollo del conocimiento de una Ciencia de la Conciencia, nos permite adentrarnos en ámbitos de la experiencia de la realidad, que guarda estrecha relación con la comprensión de los fenómenos de la naturaleza humana y de la física del Universo. Sin embargo, llevar los conceptos de las ciencias físicas hacia una psicología de experiencia consciente, no ha sido hasta ahora una operación muy fácil y fructífera en establecer esta conexión.

Intentar hacer esta conexión hoy es una de las aventuras más interesantes de nuestro tiempo. Ahora estamos en posición ventajosa para relacionar los diversos conceptos que participan en un sistema complejo. Para ello debemos enfrentar este desafío estableciendo varios pasos.

Ahora veamos los pasos hacia una psicología de la complejidad.

El primer paso, es que la experiencia consciente puede ser investigada. Esta experiencia debe abordarse en una situación normal y ordinaria. En esta circunstancia inicial nos damos cuenta que debe existir elementos ocultos a

---

indeterminada, se establece un Generador del desequilibrio (fuente) a los sistemas abiertos para mantener una estructura disipativa. Puede ser un estímulo externo que se mantiene durante el proceso.

nuestra conciencia ordinaria durante el desarrollo de una experiencia consciente, cualquiera sea ella. Lo que está presente a nuestra conciencia es una minúscula parte respecto de lo que acontece en forma "invisible". Sabemos lo que vemos y hacemos en una experiencia consciente tan solo de una parte mínima del proceso total. Debemos investigar la naturaleza oculta del resto del proceso de la experiencia consciente. En este punto, se puede partir de las investigaciones realizadas por Francisco Varela, de la existencia de etapas en un instante de la experiencia, que definen los módulos de participación del proceso (intención, reconocimiento, sincronización, respuesta)[53]. Las experiencias subjetivas en primera persona efectuadas en meditación disipativa (modelo Cread 90) permite replicar el modelo de cuatro etapas, dejando así expuestas, como testigo, el total del proceso de la experiencia consciente.

El segundo paso, corresponde al conocimiento de procesos emergentes durante la experiencia consciente. La conexión de elementos simples deriva en la aparición de sistemas complejos. Debemos conocer los elementos simples que tenemos que conectar para que se produzca la emergencia en el proceso. Entonces se busca por una parte, un "objeto de reconocimiento" para que emerja un "reconocimiento del objeto" o por otra parte, un "objeto de sensación" para que emerja una sensación del objeto". Para que se produzcan estas emergencias, el objeto de reconocimiento o sensación, debe tener este una forma física o mental, más que tener un significado simbólico.

El tercer paso, consiste en conocer las propiedades que operan y definen un sistema complejo. Se han definido tres principios (dialógico, hologramático y recursividad) que están operando en un sistema complejo. Un sistema abierto, predispuesto a un acoplamiento estructural con elementos internos y del medio, genera un sistema que opera y funciona en forma recursiva y autónoma.

El último paso, consiste en comprobar que la aplicación del modelo tiene los resultados esperados. La experiencia consciente, en primera persona, contribuye a desarrollar el modelo y ser testigo del proceso de "ver" y "hacer" la realidad.

Se requiere de este modelo de aprendizaje, dado que el adulto, a diferencia del niño, no accede fácilmente al conocimiento intuitivo, pues durante gran parte de su vida ha experimentado una inhibición del funcionamiento hemisférico cerebral

---

[53] También es notable la similitud del proceso autonómico con el modelo que presenta Walter Freeman (K-set Model) basado en las aplicaciones de los conceptos del caos en la dinámica cerebral, una teoría de la dinámica espaciotemporal holística, cuyos conceptos centrales son la intencionalidad, emergencia, interacciones, autoorganización, percepción, atractores, significado, etc. (Dinámica de la Cognición de A. Ibáñez).

derecho, orientando todo su accionar en función del hemisferio izquierdo, asiento del intelecto, razón, del análisis descriptivo, de la definición, etc. De ahí el adulto a fuerza de la costumbre, necesariamente debe primero tener una comprensión intelectual del proceso transpersonal-complejo, a diferencia del niño que puede inmediatamente sumirse en el ámbito transpersonal-complejo, cualidad que van perdiendo a medida que se convierten en pensadores analíticos. De ello resulta que el adulto necesita de una limpieza mental y disciplina de aprendizaje que lo capacite para acceder al campo transpersonal-complejo. De ahí que, el proceso de evolución de la conciencia para un adulto, requiere de una etapa de comprensión intelectual, dada por las exposiciones y referencias del modelo de cambio personal y de una etapa experimental dada en las meditaciones y diálogos, además de una ejercitación del lenguaje interhemisférico cerebral.

El niño, se siente unido al mundo y conversa con las cosas y animales. El adulto, por el peso de su cultura y educación, se ha aislado de la naturaleza transformando así su percepción de la realidad transpersonal-compleja del niño en una percepción personal del adulto.

Mundo de la Realidad Compleja (Cuántica-Cósmica).

Un sistema tradicional de realidad virtual contiene elementos de visión, casco, imagen sintética en relieve, periféricos de entrada y salida, sonido en tres dimensiones, simulación por ordenador, que permiten en la actualidad a acceder a un mundo artificial e intervenir en él.

La tecnología de realidad virtual comenzó con los simuladores de vuelo que se utilizan en el entrenamiento de los pilotos. La realidad virtual es una especie de simulacro, pero en vez de estar frente a una pantalla que presenta imágenes bidimensionales, el experimentador está inmerso en una representación en tres dimensiones fabricada por ordenador. Puede desplazarse en ese mundo virtual, contemplarlo desde diferentes ángulos, capturar objetos que se encuentran allí y trabajar sobre ellos.

Como hemos visto, hasta ahora la tecnología de realidad virtual ha estado enfocada a la manipulación computarizada y simulada de símbolos, que dan una sensación de visión "real". Podemos pensar que no existen aún tecnologías en que se aplique la "*inteligencia virtual*" en un sistema complejo de interacciones de elementos que produzcan la emergencia de una realidad artificial. Sin embargo, podemos nombrar varias tecnologías donde sí se aplican estos principios de la complejidad de la *inteligencia virtual*. Así tenemos, por ejemplo, la conexión de tecnologías, como los sistemas del *láser*, la *holografía* y *fisión nuclear* con los sistemas de las ciencias de la mente, como son los *mecanismos de la visión* y *meditación disipativa* (diseñada en este libro).

Respecto de la tecnología de holografía, tenemos que la interacción de ondas luminosas coherentes (láser) genera un patrón de interferencias, que al reconvertirse mediante un proceso, emerge una imagen (holograma) en tres dimensiones. Este proceso físico se asimila al que se produce cuando se está aplicando *meditación disipativa* que consiste en un modelo modular y tecnológico que permite acceder a la realidad virtual (realidad perceptiva sin soporte objetivo) y donde mediante un dispositivo (Hardware) y una forma o proceso tecnológico (software) se puede modelar la realidad.

En los *mecanismos de la visión* operan de igual forma los sistemas complejos. Es decir, existe una combinación de pocas señales neurológicas que pasan por la retina y provienen desde el exterior (20%) con la interacción de una gran cantidad de señales (80%) que provienen del interior del cerebro. Entonces, señala F. Varela, "el encuentro de estos dos conjuntos de actividad neuronal es una etapa en la emergencia de una nueva configuración coherente entre la actividad sensorial y la conformación interna de la corteza primaria".

MODULOS DEL PROCESO AUTONOMICO[54]

La producción de la experiencia consciente, en el proceso autonómico de meditación disipativa, participa de los agentes del cambio (conciencia, referencia, estructura, actor y desidentificación) conjuntamente con los elementos de interacción (intención, objeto de reconocimiento y sentido) que contribuyen a producir la emergencia (reconocimiento y sensación) que produce una acción consciente generándose una historia de experiencias de experiencias de forma recursiva permanente.

La otra realidad es un campo, llamémosle campo transpersonal-complejo que se accede en estados alterados de conciencia producidos por la meditación. En este campo transpersonal-complejo se produce una distorsión de los fenómenos físicos

---

[54] Los módulos del proceso autonómico están referidos al tipo de lenguaje utilizado, como elemento simple de activación de emergencias globales. La palabra es el principio de la creación. "Es el hacer y el saber, la acción sobre el mundo y la visión del mundo". Es un medio complejo de acción sobre la realidad. Las palabras serían la expresión o emergencia de una estructura interior y profunda de la realidad. Se dice que existe una relación "mágica" entre la palabra, el sonido rítmico, el momento, lugar y disposición e intencionalidad y que, con ello, estaríamos actuando en los tres cerebros (corteza, de mamífero y de reptil). De la interacción de estos, se produce la paradoja, conflicto producido en la mente, holística, plástica y de acción dinámica, con las estructuras lineales y dualistas de nuestros modos habituales de expresión lingüística.

como el tiempo, espacio. Se puede acceder al futuro, pasado, telepatía, efectos de sincronicidad, sinergia, curación mental, conciencia ecológica, etc. El campo transpersonal-complejo es un campo de todas las posibilidades. Existe una relación entre la meditación y estos fenómenos. De ahí, la importancia de la meditación.

En **Química**, el Premio Nobel, Ilya Prigogine sustenta la teoría de las **Estructuras Disipativas**. Según la 2a Ley de la Termodinámica, el Universo tiende hacia el reposo o muerte térmica. Es lo que se conoce con el nombre de **Entropía**, proceso hacia el deterioro o destrucción de sí mismo. Sin embargo, el proceso de **evolución** va en sentido contrario a la entropía, es un acto creador. De ahí que se le conoce como **Sintropía**. (Sin: junto con). Prigogine observó que existen fenómenos en la Naturaleza que no se comprimen a niveles inferiores, sino que se expanden hacia un orden superior. Esto se da sólo en los sistemas abiertos. En estos sistemas se requiere energía para conservar la estructura, de ahí el término disipación (consumo) de energía. A medida que la estructura del sistema es más compleja, es más inestable pues necesita mayor energía para conservar el equilibrio. Las fluctuaciones de energía menores no afectan su estructura. Pero si estas aumentan, entonces la estructura original no puede sostener estos cambios y por lo tanto debe buscar un nuevo equilibrio en un nivel superior más complejo y que a su vez requerirá de mayor energía, haciendo más inestable el sistema. El estrés, las crisis, los cambios violentos, las paradojas, son estructuras disipativas y oportunidades que pueden originar un salto a otro orden superior. No aventurarse a la posibilidad de un cambio puede darnos mucha seguridad en el nivel que estamos, pero si bien es un riesgo enfrentarse al cambio, si no lo hacemos, perdemos una gran oportunidad de trascender a otros niveles de orden superior. El cerebro es una estructura disipativa. Su complejidad altísima se verifica en el consumo de energía. Pesando un 2% del cuerpo consume el 20% de oxígeno. Las sociedades y grupos de encuentro también son estructuras disipativas. Otro papel importante que juegan las estructuras disipativas, es el efecto **Fractal,** repetición de una estructura had-infinitum, donde una alteración en una fracción del sistema, puede desencadenar un cambio en la totalidad de él, por efecto de las fluctuaciones e inestabilidad del sistema.

Mediante las **psicotécnicas** como la meditación, ensoñación dirigida, relajación, focalización de la atención, imaginación, paradojas, prescripciones de comportamiento, rituales, diálogos interactivos, etc., es factible acceder al lenguaje metafórico del hemisferio derecho. Existen tres formas de "viajar a la derecha": Hablar el lenguaje adecuado a ese ambiente, bloquear el lenguaje de otro ambiente y obedecer una orden que nuestro sentido crítico no acepta. Esto es lo que se intenta conseguir con los procedimientos de las conferencias, meditaciones y diálogos. Por otra parte, si los recuerdos, que son estructuras disipativas se presentan en un estado alterado de conciencia, con ayuda de las psicotécnicas, las ondas cerebrales de mayor amplitud producidas en este estado, provocan fluctuaciones que no pueden absorverse por todo el sistema, lo que produce inestabilidad en la estructura básica, la cual debe cambiar a un orden superior, para establecerse en un nuevo nivel de equilibrio de mayor complejidad.

Nuestros sentidos filtran e impiden el acceso de otras realidades. Sin embargo, ahora sabemos, y lo hemos vislumbrado que podemos ir más allá de lo normal, hacia lo transpersonal-complejo. Existen formas de alterar el comportamiento, cambiando las estructuras y estados de pensamiento. Reestructurar el pensamiento es un acto de meditación y la meditación es el camino adecuado para producir las condiciones de las estructuras y estados del pensamiento o conciencia.

La realidad transpersonal-compleja comprende los fenómenos que están "más allá de lo personal" en donde mediante la utilización de por ejemplo algunas técnicas de alteración de la conciencia, se trasciende la identidad, el espacio y el tiempo. La realidad virtual, es la sensación que se produce al estar inmerso en un ambiente que tiene todas las características de producir sensaciones corporales (visual, táctil, sonora, etc.) que dan la sensación de ser observador-participante de la acción representada en nuestra conciencia. De ahí que, el agregado de "Realidad Virtual Transpersonal-compleja" no es más que una forma de decir que en esa realidad se perciben sensaciones en forma virtual.

Creo que la psicología transpersonal-compleja no solo es una nueva forma de explicar la realidad trascendente de fenómenos naturales de la manifestación de la conciencia sino que ante todo, es una de las formas científicas en que se puede demostrar necesariamente cómo a través de estados no ordinarios de conciencia producidos en la hipnosis, meditación, relajación, u otro medio, podemos acceder a fenómenos de trascendencia de identidad, de viajes a otros lugares y tiempos remotos, comunicación telepática, clarividencia, visión dérmica, psicometría, desdoblamiento, etc.

¿Sabemos de psicología Transpersonal-compleja? ¿Hemos experimentado con estados alterados de conciencia? ¿Hemos trascendido la identidad, el espacio y el tiempo?

En realidad creo que cada uno puede descubrir la solución a sus problemas mediante técnicas de acceso a la conciencia transpersonal-compleja.

De: Para salvar la Tierra

La hipótesis de este libro, es que estamos al borde de nuestra extinción, lo que requiere rápidamente de un cambio trascendental del "ser humano del tercer milenio", en este momento, todo lo cual plantea el desafío de llevar a cabo la práctica del pensamiento complejo que permita no solo acelerar el proceso evolutivo de nuestra especie, sino que ayude a tomar una estrategia frente a la rápida involución, que significaría, si continúa, el final de los tiempos de la civilización.

Siempre se ha pensado que los cambios serán lentos con lo cual se irán implementando soluciones prácticas, momento a momento. Quizás esto es debido a que la mayor parte de nuestros científicos veían muy lejanos los tiempos de cambios en esos niveles y piensen que serán graduales. Sin embargo, el **cambio climático**, como operan en los sistemas hipercomplejos, puede ser instantáneo y, como resultado de esto, no estar preparados para ello.

En cualquier momento, una crisis comienza y tratamos de solucionarla. Nos encontramos, entonces, en una paradoja. Introducimos un sistema planificado para superar a un antiguo sistema y sucede que este último se organizaba mejor que el que pretendemos implementar ahora. Responder esta paradoja pasa por conocer cómo funcionan los seres vivos, las estructuras disipativas y los sistemas complejos. Los seres vivos son sistemas que mantienen su estructura o patrón de organización en un proceso autopoiésico, de autonomía en la organización o, como se conoce, autoorganización de los sistemas complejos. Las estructuras disipativas son los sistemas abiertos lejos del equilibrio. Los sistemas complejos participan de ambas propiedades: son estructuras disipativas que se autoorganizan a sí mismas y además emerge un tercer elemento indeterminado sujeto a restricciones que "atraen" soluciones predeterminadas bajo un cierto espacio fase (probabilidad).

Diariamente estamos expuestos a un proceso que afecta nuestro actuar cotidiano. Se trata de un problema o crisis que afecta a las personas o a grandes grupos de personas. Se producen descordinaciones que no es posible predecir su comportamiento caótico y desorganizado. Es necesario tomar una estrategia que supere el problema generado. Es probable que no se haya encontrado aún una solución fácil, pues estamos frente a un problema complicado y, más aún, complejo. Un problema complicado puede solucionarse con una estrategia lineal, es decir, frente al aumento/disminución de la complicación se requiere de un aumento/disminución de los recursos. Pero si nos encontramos con un problema complejo (que no tiene nada que ver con complicado), la solución pasa por aplicar una estrategia compleja. Normal y habitualmente parece que las soluciones implementadas van en el sentido del primer enfoque: lineal. Para comprender cómo actúan los sistemas complejos en los grandes grupos, observemos qué nos enseña la naturaleza en tales casos. Tenemos grupos formados por cardúmenes de peces, manadas de animales, bandadas de pájaros[55]. Todos ellos se autoorganizan formando un solo organismo. En estos "organismos" se obtiene un proceso que actúa eficiente e inteligentemente frente a interacciones con el medio, como por ejemplo, una bandada de aves que es atacada por un ave de rapiña que no logra capturar alguna presa que permanezca conformando el "organismo". Para entender cómo se coordinan cada uno de los peces con todo el "organismo" hagamos uso de los conceptos de las estructuras disipativas, de los procesos autopoiésicos, del pensamiento complejo o de la matemática no lineal.

El libro que está en sus manos, complementa mis obras anteriores y muestra que ahora, en este momento, estamos en el tiempo vislumbrado por Rýzl. Sin embargo, hoy no hablamos de PES, sino que bajo los nuevos conceptos del pensamiento complejo, se despliega la emergencia de una **Percepción Compleja**[56].

Hoy, diríamos que estamos insertos en un flujo de cambio permanente de la percepción, cuyo desafío es llevarnos a la práctica del pensamiento complejo, que permita complementar nuestra percepción habitual y ordinaria con una nueva percepción compleja de la mente.

Los alcances de los resultados que se desplieguen en el proceso de la percepción compleja son hasta ahora impredecibles. Sin embargo, cabe señalar que, la intención de embarcarse en una aventura de descubrimientos le traerá enormes satisfacciones que quizás le puedan dar un mayor significado a la existencia de su vida. Contar con estas "nuevas" capacidades le llevará a sentirse plenamente valorado en su propia persona. Después de esto, nadie podrá decirle que usted no tiene la sabiduría para obtener lo mejor de sí mismo.

---

[55] José Luis Díaz, en *La conciencia viviente*, nos describe la inteligencia del enjambre y señala que el comportamiento cerebral modular presentaría las propiedades y comportamiento de estos grupos de aves, animales o peces, pues en el proceso consciente se produce estos movimientos complejos de dinámica emergente.

[56] "Percepción Compleja" o PEC emerge como un concepto de la Psicología de la Complejidad propuesta en "Cambio de Sentido", y reemplaza a lo que los científicos han llamado hasta ahora, como "Percepción Extrasensorial". Es importante saber, que una Percepción Compleja o Potencial de Energía Cerebral, como la propuesta, se aproxima mucho más a los conceptos que se manejan en estas investigaciones.

El capítulo, EN LA REALIDAD ORDINARIA TRANSFORMADA sustenta la hipótesis de que la conciencia ordinaria puede llegar a ser también un estado especial de "conciencia no ordinaria", pues cumple los requisitos de la percepción compleja, donde gran parte del proceso de la conciencia, paradójicamente, es efectuada en forma inconsciente que incide en la percepción, memoria, juicio racional, etc. De ahí que, todos los estados consciente asociados a decisiones objetivamente conscientes, en sí, desde este punto de vista no serían ordinarios, pues cuando sostenemos que hemos tomado una decisión "pura", objetiva y racional de la realidad, estamos menospreciando el gran aporte de la sincronicidad del inconsciente y, entonces, podemos concluir que no existe la percepción objetiva de la realidad, sino que toda percepción, pensamiento y acción que efectuamos está, de todas formas, influenciada o "contaminada", en gran medida, por los contenidos y procesos inconscientes.

EN LA REALIDAD ORDINARIA TRANSFORMADA, se desarrolla partiendo desde una posición compleja de la realidad, donde se va desplegando el modelo de "Ver" y "Hacer" la realidad, cuyos contenidos se encuentran en los libros del autor, especialmente descritos en *Cambio de Sentido (2006)* y concluye con la toma de conciencia de que nuestra conciencia ordinaria no tiene nada de ordinaria, lo cual nos da la visión trascendente de recuperar las capacidades subjetivas de la plena conciencia del Ser.

Hace más o menos 20 años, Milan Rýzl, uno de los principales iniciadores de la investigación parapsicológica presentaba, en su libro "Cómo Potenciar la mente", cuáles serían los alcances de la PES[57] en la sociedad futura. Iniciaba su obra diciendo que, **"la activación de nuevos talentos y de potenciales ocultos de la mente humana es una tarea de la humanidad futura"**.

La Tierra está llegando a un punto complejo, lejos del equilibrio, que puede derivar hacia un estado de deterioro progresivo e inmanejable para la humanidad.

La *percepción compleja* (PEC) no es nada misteriosa. Como decíamos es muy similar a la percepción ordinaria. Siempre hemos pensado que la percepción es objetiva, sin embargo, gran parte de ella es subjetiva. Lo que pasa, es que en esta última forma de percepción (ordinaria), solo vemos parte del fenómeno y en cambio en la PEC se despliega toda su acción y operatividad. Quizás por ello no nos hemos dado cuenta que teníamos muy cerca estas capacidades.

---

[57] PES, se refiere al fenómeno de la Percepción Extrasensorial.

Pienso, que además de la motivación que incite a la investigación del SER, la iniciación en la búsqueda de técnicas objetivas y su aprendizaje forman gran parte del proceso de desarrollo que nos capacita para obtener la libertad de las técnicas hasta alcanzar la maestría y autonomía del encuentro consigo mismo. Es como ir desde las experiencias de técnicas objetivas (con un objetivo determinado), hacia las experiencias de medios subjetivos o autónomos (de objetivos indeterminados) de conocimiento interior. Así, podemos avanzar objetivamente desde la motivación originada, tal vez, por una experiencia espontánea, hacia la iniciación, aprendizaje y desarrollo de técnicas de alteración de conciencia, para adentrarnos finalmente en las profundidades subjetivas (autónomas) de la maestría, obtenida en la percepción compleja.

Evolución de las Herramientas de Transformación

La pregunta que puede derivarse de este capítulo está centrada a lo que debemos hacer (tecnología) para la producción de la experiencia de percepción compleja. Comprende los modelos y módulos (instrumental) para el acceso a la conciencia de la complejidad.

Hasta ahora suponíamos que usábamos todas nuestras capacidades y no había otra forma de acceso a la realidad. Todo esto ha cambiado. Con la introducción de los conceptos del pensamiento complejo, se nos abre una enorme potencialidad al alcance nuestro. Es una expansión de la conciencia que emerge de una nueva forma de percepción. Es decir una nueva forma de Ver y Hacer la realidad. Nos referimos a la PEC o Percepción Compleja, como se le distingue de la percepción ordinaria.

¿Pueden nuestras creencias alterar o determinar nuestro comportamiento parapsicológico? Así parece ser cuando comprobamos que bajo ciertas circunstancias podemos trascender nuestra identidad y transformarnos psicológicamente en seres del reino animal, vegetal e incluso mineral; que en esas situaciones no ordinarias, también podemos viajar (nuestra conciencia) a otros lugares e incluso trascender el tiempo, comunicarnos sin la participación del lenguaje (hablado, escrito o gestual). Nuestras creencias están determinadas por nuestra cultura y la biología. La cultura nos define lo que podemos hacer o no hacer, lo que es normal pasa a ser lo óptimo que podemos alcanzar.

De: Espacios de la Mente

Goswami señala que la conciencia puede tener acceso a una comunicación o memoria no-local; es decir, existe una "comunicación instantánea que se realiza sin intercambio de señales a través del espacio-tiempo". Por último, Varela sostiene que la conciencia es co-dependiente con el mundo, es decir, "el mundo dibuja la mente y éste, crea aquella, participando de un proceso de auto-reproducción complejo, a partir de relaciones del proceso mental con la experiencia.

Espacios de la mente, emerge con la visión integral del cambio de conciencia y sus aplicaciones en una práctica de transformación integral, en los ámbitos transpersonales, arquetípicos y complejos de la vida (en trascendencia de los dominios de la inteligencia musical, cinético-corporal, lógico-matemática, lingüística, espacial, interpersonal e intrapersonal, en la perspectiva de las IM de Gardner). Cabe decir, que es interesante comprobar que la ASB permite el acceso inmediato a la IC y, a su vez, permite la evolución permanente más allá del conjunto de las IM. Por otra parte, de acuerdo al pensamiento de la evolución de la conciencia, propuesta por Morris Berman, las tres contra propuestas al *complejo de autoridad sagrada*, que rige hoy en la sociedad occidental, permiten disponer de otras formas de percepción de la realidad: un estado de *reflexión*, una *experiencia fenomenológica* y la *paradoja* (o interacción simultánea de dos elementos opuestos).[58]

El libro hará una breve exposición de los alcances de las inteligencias múltiples, pues para una profundización, están los excelentes libros de H. Gardner. Es decir, el libro se centrará básicamente en la emergencia de la IT e IC mediante el proceso de combinación compleja de las IM. Solo la integración de las IM en el proceso autonómico permite alcanzar la trascendencia del tiempo, espacio e identidad, lo que no se logra desarrollando individualmente las IM en forma fragmentada. En un sistema complejo, la combinación de grandes cantidades de elementos simples permite la emergencia de nuevas estructuras más complejas. El estudio de las partes de un sistema no permite cambios de estructuras de niveles superiores. Por ello, este libro está orientado fundamentalmente a efectuar, óptimamente, combinaciones de IM para la emergencia de IT e IC y no estudiarlas en formas separadas.

Ya se hable de Inteligencia Emocional, Inteligencia Moral, Inteligencia Artificial, Inteligencia Intuitiva, en el fondo se habla de Inteligencia. ¿Qué es la

---

[58] Morris Berman, nos muestra tres contrapropuestas a la conciencia de la razón y la lógica: conciencia intuitiva, conciencia de experiencia fenomenológica y conciencia de la paradoja.

Inteligencia? Como vemos, con los planteamientos de Gardner podemos dar muchas definiciones según sea el enfoque de la atención y la cultura. Sin embargo, desde el punto de vista de la evolución de la conciencia, diremos que Inteligencia es aquello que nos mantiene mayormente conscientes a través de una combinación óptima de las inteligencias múltiples. Esto nos lleva a definir la conciencia como un sistema complejo regulado por principios. Los principios que definen un sistema complejo, como es la conciencia, donde emerge la inteligencia, contienen características que encierra un sistema virtual donde participa la interacción de distintos tipos de inteligencias.

Recientemente, veía un programa de televisión en que se decía, más o menos, lo siguiente:

En el año 1000, las comunicaciones se efectuaban en el entorno inmediato y para llevar un mensaje a otra parte, se utilizaban los caballos. Hoy, en el año 2000, las personas se comunican inmediatamente a la velocidad de la luz, por todo el planeta, a través de internet. Para el año 3000, se espera que exista una comunicación directa de los seres humanos y no se requiera de equipos, estableciéndose un contacto virtual con todos los seres y cosas del planeta o con otras dimensiones.

No me cabe la menor duda que ya estamos en posesión de la tecnología de la conciencia necesaria para acceder a la realidad virtual, ahora, en la década del 2000, y no esperar hasta el año 3000, como anunciaba la noticia en televisión. Más aún, siempre hemos permanecido en la mente virtual. Es así que, podemos plantear que hoy existen cuatro formas de intervenir en la conciencia virtual. Primero, en conciencia de la cotidianidad, conciencia ordinaria o *mente virtual ordinaria* (MVO) estamos viviendo una realidad que se aparece como que se nos da objetivamente y de la que no tenemos control alguno, pues las intenciones son involuntarias e inconscientes. Segundo, tenemos la *mente virtual dirigida* (MVD) que es un sistema cerrado que orienta nuestras acciones mediante instrucciones de un agente externo como se da en la hipnosis, sugestión, PNL y visualización dirigida, como ejemplos de técnicas de acceso a esta realidad. Tercero, emerge la *mente virtual compleja* (MVC) que centra su accionar en los procesos de los sistemas abiertos y autopoiéticos. Por último, está la *mente virtual ordinaria transformada* (MVOT) que es el estado de plena presencia.

En la década del 90 comienza una nueva forma de percepción de la realidad. Antes de esta fecha, cada sentido tenía solo una función específica, una sensación particular. El ojo para la visión; El oído para la audición; La lengua para el gusto; La nariz para el olfato; la piel para el tacto. Desde esa década se vislumbra un nuevo enfoque de la percepción. En cada percepción no solo participan los órganos de los sentidos, que se comunican con el exterior e interior del cuerpo, sino que la mayor cantidad de procesos (80%) que participan en el funcionamiento de la percepción están dentro del cuerpo. Más aún, ni siquiera se necesita de los órganos sensoriales, para efectuar la función de percibir una sensación específica. Hasta ese momento, de igual forma como señala Antonio Damasio[59], había dos maneras de ver las funciones del cerebro. Una que sostenía que la memoria y el lenguaje no se podían adjudicar a una determinada parte específica del cerebro sino a muchas partes de él y la otra visión que declaraba que había partes especializadas para cada función psicológica. Ahora, desde el punto de vista de los sentidos específicos, para cada función de percibir una sensación, se está empezando a desplegar la idea de que los sentidos pueden ser necesarios, pero no suficientes para sentir la sensación asignada a un sentido. Así, lo comprobamos, en algunas experiencias de visión ciega, de la sinestesia, de fenómenos parapsicológicos y transpersonales, perturbaciones de la percepción, realidad virtual y ciertos comportamientos complejos.

Este libro, contempla la síntesis de la investigación efectuada durante más de treinta años sobre los estados ordinarios y no ordinarios de conciencia obtenidos, estos últimos, mediante herramientas y técnicas que permiten un desplazamiento de la conciencia por los diferentes niveles o espacios que componen el espectro de la conciencia: sensorial, personal-biográfico, perinatal, transpersonal, arquetípico y complejo.[60] En general, siempre estamos conectados con la Mente a través de los *__espacios de la mente__* pero solo en el último nivel, complejo, (Holovisión) se trascienden **conscientemente** todas las fronteras de espacio-tiempo-identidad.

El hemisferio izquierdo, está asociado a procesos de razonamiento lógico, funciones de análisis, capacidad para las matemáticas, leer y escribir, síntesis y descomposición de un todo en sus partes, en una estructura de pensamiento lineal.

El hemisferio derecho, en el cual se dan procesos asociativos, imaginativos y creativos, se asocia con la posibilidad de ver globalidades y establecer relaciones espaciales en una estructura de pensamiento complejo, no lineal. Comprender las metáforas, crear nuevas ideas. Genera pautas y patrones. Es intuitivo y piensa en imágenes, símbolos y sentimientos. Fantasías e imaginación, percepción espacial.

---

[59] El error de Descartes. Antonio Damasio.
[60] El espectro de la conciencia de Wilber contempla los siguientes niveles: sombra, ego, existencial, bandas transpersonales y Mente. De acuerdo a Wilber, las bandas transpersonales, aunque trascienden las fronteras del espacio-tiempo, no contemplan la eliminación de la dualidad sujeto-objeto. Solo en el estado fundamental de conciencia o nivel de la Mente, "el testigo y lo testimoniado, son lo mismo".

Reconoce melodías musicales, crea una sensación al percibir una pauta en estímulos visuales y auditivos.

El autor señalaba, en un encuentro[61], que:

El enfoque está dado, como se decía, respecto a los sistemas complejos. El Modelo complejo es un proceso autónomo porque en el fondo la persona lo vive en su propia mente. La persona, cuando está en ese estado empieza, tal como decía Maturana sobre la autopoiesis, se autoorganiza a sí mismo y es **un proceso recursivo que** se va retroalimentando y se **produce una historia**. El guía solamente inicia el proceso y todo el proceso, a continuación, lo genera la propia persona, la propia mente de la persona.

Estar en **"un proceso recursivo que produce una historia"** es como viajar a todos los tiempos y estar plenamente presente en ello[62]. Es como detener el tiempo y, así, acceder a todas las emociones, en todos los tiempos. "Se manifiesta como un viaje a otras épocas, con todas las características de un recuerdo de esa experiencia, como una "regresión" a vidas pasadas. Se percibe la época en todo su esplendor, en el ambiente, vestuario, personajes, costumbres y como si estuviéramos representando una escena de una película histórica.

Existe una serie de conceptos que han emergido con la nueva comprensión de la realidad, tales como autopoiésis, estructuras disipativas, puntos de bifurcación, sistemas complejos, espacio fase, atractores, campo punto cero, memoria no-local, etc.

Frijof Capra, señalaba en 1996, que la teoría de la autopoiesis, que participa en los sistemas complejos, se ha orientado básicamente, hasta el momento a sistemas autopoiéticos mínimos: células simples, simulaciones por ordenador y las recientemente descubiertas estructuras químicas autopoiéticas.

En 1971, Humberto Maturana, Francisco Varela y Ricardo Uribe, nos muestran un modelo computacional[63] que generaba procesos autopoiéticos mediante interacciones de partículas en una organización espontánea de los elementos del sistema.

---

[61] Presentación de "El Universo en una Caverna" en la Feria Internacional del Libro, Santiago, octubre 2005.
[62] La experiencia de **"Viajes en el tiempo"** es una técnica de acceso a la realidad del ciclo evolutivo y de trascendencia del espacio-tiempo. Esta inmersión provoca una multiplicidad de emociones y sentimientos con la participación directa del sujeto.
[63] En el libro "De máquinas y Seres vivos" H. Maturana, F. Varela y R. Uribe, el año 1971, idearon un modelo computacional para generar procesos autopoiéticos.

Entonces, nuestra tarea consiste en APRENDER a utilizar estos conceptos conscientemente, en nuestras actividades, en la vida cotidiana.

Los apóstoles del nuevo pensamiento advierten que en este momento el hombre debe hacer algo en su conciencia y decidirse con urgencia a modificar su forma de percibir, de pensar y de actuar en todas las actividades de la sociedad humana dado que existen suficientes pruebas del deterioro progresivo (entropía), en que está involucrándose la humanidad, con un alto riesgo de destrucción de sí misma.

Así el hombre deberá continuar evolucionando, desde una Era de la Comunicación a una Era de la Comprensión para ir definitivamente hacia una Era de la Creación. Fritjof Capra, en el epílogo de su libro *La Trama de la Vida,* señala "Restablecer la conexión con la trama de la vida significa entender primero los principios básicos de la ecología (interdependencia, reciclaje, cooperación, asociación, flexibilidad y diversidad); significa comprender los principios de organización y utilizar dichos principios para crear comunidades humanas sostenibles, de modo que los principios de ecología se manifiesten en ellas como principios de educación, empresa y política".

Con el avance de los conocimientos de la ciencia y de la investigación de la conciencia, estaría emergiendo ahora la era de la comprensión, de eliminación de esas fronteras y una apertura de acceso a nuevas realidades. Así, tenemos un abanico de "realidades" que se plasman en diferentes enfoques de la percepción que afectan nuestro lenguaje y nuestra identidad: una realidad de unidad religiosa (cuerpo, mente y espíritu); realidad Jungiana (Personal-biográfica, arquetipos, Inconsciente colectivo); realidad de Grof (Personal-biográfica, Perinatal, transpersonal); realidad de Wilber (niveles de la sombra, ego, existencial, bandas transpersonales y Mente); realidad del chamanismo (objetiva, subjetiva, simbólica, holística); realidad compleja (sensorial, personal-biográfica, prepersonal, transpersonal, arquetípica, compleja). Es importante conocer la necesidad de compartir las experiencias propias o de otros pues, como subraya Rudolf Arnheim:

En el nivel humano adquirimos una plena conciencia, ya sea a través de nuestra propia experiencia o bien indirectamente a través de lo que otras personas nos dicen.

La era de la creación emergerá, cuando superada la era de la comprensión, nos demos cuenta que somos creadores de nuestra experiencia a través de "Ver" y Hacer" la realidad. Es decir, somos observadores-participantes del cambio. Es lo que hoy se comienza a conocer como proceso de enacción (F. Varela).

HACIA UNA PSICOLOGIA DE LA COMPLEJIDAD

Fundamentación Teórico-práctica:

Antes de detallar los pasos necesarios para la formulación de un Psicología de la Complejidad recordemos, nuevamente, lo que contemplan los conceptos del pensamiento complejo aplicados al proceso autonómico, desarrollado en este libro.[64]

PROYECTO CAMBIO 2000: EDUCACION SIN FRONTERAS.

Este proyecto, es la culminación de más de veinticinco años de investigación y aprendizaje sobre el cambio. El propósito de este proyecto es revolucionario. Se da énfasis a lo multidisciplinario y diversidad de conocimientos. El poder que pudiésemos disponer, en un momento, como guía, se disipa traspasando la responsabilidad de la dirección a los participantes en los diferentes niveles de aprendizaje. Cada nivel de aprendizaje, es un módulo que es autónomo y se autodirige. Los recursos del conocimiento se extraen del propio proceso de aprendizaje.

La forma de llevarlo a cabo, es trascender los modelos de aprendizaje tradicional. Si se altera este modelo, orientándolo a la educación primeramente hacia el crecimiento y desarrollo espiritual del individuo, se producirá por añadidura el equilibrio con el bienestar material.

---

[64] Los Sistemas Dinámicos No Lineales (SDNL), que participan de los fenómenos complejos de emergencia y auto organización, han sido investigados desde hace mucho tiempo en forma teórica y matemática. Sin embargo, la representación gráfica solo ha sido posible en el último tiempo, desde hace unos cincuenta años, con la invención de los sistemas informáticos. Pero la aplicación de los SDNL en la psicología tiene un nacimiento de no más de quince a veinte años y hoy se encuentra en pañales, sobre todo en sus aplicaciones prácticas. De ahí que creo que el modelo del proceso autonómico y metodología de expansión de conciencia, reseñado en mi obra, tiene un alto valor fenomenológico en la investigación futura de los SDNL. Los conocimientos de la ciencia naciente de los SDNL, no estuvieron disponibles sino recientemente en psicología, pues los campos de la dinámica no lineal y del Pensamiento Complejo que, ahora sabemos, engloba conceptos de los sistemas abiertos, lejos del equilibrio, estructuras disipativas, atractores, bifurcaciones, autopoiésis, conexionismo, emergencia y otros conceptos nos hacen comprender la complejidad de integrar estos términos en el proceso-estructura de la mente-cuerpo. Así, las investigaciones de la teoría de la autopoiesis, que participa en los sistemas complejos, según F. Capra, se ha orientado básicamente "hasta el momento a sistemas autopoiésicos mínimos: células simples, simulaciones por ordenador y las recientemente descubiertas estructuras químicas autopoiésicas". Es interesante conocer, que una Psicología de la Complejidad, como la propuesta, en el conjunto de mi obra, iría mucho más allá de esas investigaciones, pues tiene amplia aplicación en las prácticas de expansión de conciencia en un SDNL.

ESTRUCTURA DE LA PERCEPCION COMPLEJA

Habitualmente consideramos que nuestra percepción de la realidad está referida a la operación y funcionamiento normal de nuestros sentidos. Así, tenemos que la realidad se nos presenta solo como un objeto de percepción (visual, auditivo, olfativo, gustativo y táctil). Sin embargo, desde el punto de vista de la percepción compleja ésta no es más que una forma reducida de percepción de la realidad.

El comportamiento humano de la percepción, puede abarcar desde estados normales de percepción de la realidad hasta profundos estados internos de percepción (cuántica) compleja de la misma.

Podemos agrupar, básicamente, cinco grandes niveles de percepción compleja. El primer lugar lo ocupa el nivel de la *Percepción sensorial externa (PSE)*. El segundo lugar lo ocupa el nivel de la *Percepción imaginativa (PI)*. En tercer lugar, tenemos el nivel de la *Percepción virtual simple (PVS)* (pantalla). En cuarto lugar el nivel de la *Percepción virtual compleja (PVC)* (inmersión). El quinto lugar lo ocupa el nivel de la *Percepción holística (PH)*.

Considerando las referencias obtenidas de diversas fuentes, podemos señalar que las experiencias involucradas en estos estados "normales" y no ordinarios de conciencia, guardan estrecha relación con las estructuras de la percepción compleja manifestadas en la conciencia. Así, podríamos reestructurar la percepción como conformada por cinco capas, estructuras, o niveles de percepción diferenciados: PSE, PI, PVS, PVC, PH.

Los niveles de inteligencia conforman dos grupos representativos del funcionamiento de la percepción. Así, por ejemplo, podemos dividir un ámbito de *Percepción Interpersonal* que comprende el nivel PSE y de un ámbito de *Percepción Intrapersonal* que contempla los niveles PI, PVS, PVC y PH.

Mientras vayamos descubriendo los diversos niveles de la percepción, veremos que se reflejan en nuestra conciencia Inter e intrapersonal de nuestra existencia. Si bien, en condiciones habituales, en control consciente, estamos recibiendo el impacto de ambas estructuras (Interpersonal e intrapersonal) en sus grados mínimos (PSE, PI) y, por otro lado, en condiciones de sueño estamos en niveles de percepción inconscientes (PVS, PVC, PH). Sin embargo, podemos orientar conscientemente el proceso de combinación de las percepciones complejas mediante algunas técnicas de expansión de la conciencia: estructuración intrapersonal de la meditación disipativa.

Es interesante observar, que los niveles de percepción señalados, se pueden asimilar a las ondas cerebrales en las cuales operan. Así, la PSE se presenta con ondas del tipo Beta (13-26 c/s); la PI se presenta con ondas del tipo Alfa (8-13 c/s); la PVS se presenta con ondas bidimensionales Alfa-Theta; la PVC se presenta con ondas del tipo Theta (4-8 c/s); la PH se presenta con ondas Delta (0-4 c/s).

Las imágenes, emociones, sensaciones físicas y características básicas que producen las diversas estructuras de la percepción compleja son las siguientes:

La primera percepción, *sensorial externa (PSE)*, contempla las capacidades de sensación y observación del conocimiento de la realidad.

El mundo de la realidad sensorial, al que todos estamos acostumbrados, está delimitado por el buen funcionamiento de nuestros cinco órganos sensoriales. Siempre se le ha dado jerarquía a los sentidos, otorgándole mayor importancia a un sentido que a otro. Todos los sentidos son muy importantes y se complementan sinérgicamente.[65] El supuesto básico que sostiene este mundo, es que cada elemento de él es objetivo e independiente. Cada cosa existe por sí misma.

La segunda percepción, *Imaginativa (PI)*, debe contener un conocimiento de la realidad mediante nuestra propia imaginación, que se asemeja a la PSE pero donde están inactivas ciertas áreas cerebrales, que permiten diferenciar la realidad externa con la interna, como lo señala Eduardo Punset (ver nota anterior).

La tercera percepción, *virtual simple (PVS)*, nos permite conocer la realidad presentada al sujeto como en una pantalla de representación de la realidad, como la experiencia de visión en 3D con gafas, o del sistema tradicional de realidad virtual con equipos. Este mecanismo, por su forma de acceso a una realidad virtual, tiene incidencia solo la participación de una realidad sensorial no integrando o desarrollando en el proceso, la imaginación, los mecanismos de la percepción, la memoria, los procesos de sincronicidad, elementos fundamentales en la ampliación de conciencia.

---

[65] Eduardo Punset señala que aunque los procesos de imaginar o ver son muy similares los sentimos diferenciados: "cuando imaginamos, efectivamente está activado el sistema visual, pero se desactiva la entrada de datos auditivos, somatosensoriales y visuales del ojo, y se inhiben estas áreas en el cerebro. Si no se inhiben estas áreas, lo que estamos haciendo es ver. Todos los sentidos están actuando y nos estamos preparando para actuar. Sin embargo, cuando imaginamos, hay zonas "desconectadas": no se pretende actuar y, por tanto, solo se activa parcialmente el sistema visual." *El Alma está en el cerebro*. Eduardo Punset.

La cuarta percepción, *virtual compleja (PVC)*, permite comprender la realidad en un sentido de relación directa e inmersiva de la identidad propia con la de otras personas, animales o cosas. Se manifiesta al:

- Sentir como propias las emociones ajenas.
- Identificación con la conciencia de otros.

Como he señalado, el Software de Realidad Virtual (*Meditación disipativa*), consiste en un modelo modular y tecnológico, que permite acceder a la realidad virtual (realidad perceptiva sin soporte objetivo) y, donde mediante un dispositivo (Hardware) y una forma o proceso tecnológico (software) se puede modelar la realidad. El dispositivo (Hardware) utilizado es el cuerpo.

El proceso, en esencia, logra poner al alcance del participante la experiencia de evolución de la conciencia, desde los orígenes del Universo hasta sus ancestros y llevarlo, posteriormente, a sentir su desarrollo y evolución hacia la espiritualidad.

La quinta percepción, *holística (PH)*, persigue trascender identidad-espacio-temporal. Se manifiesta en:

- Capacidad para ser actor multidimensional de todas las realidades.
- una relación con todo lo que nos rodea.
- alcanzar la percepción consciente de estar Todo en Uno y ser Uno con Todo.
- un contacto virtual con todos los seres y cosas del planeta o con otras dimensiones.
- una comprensión de tu relación con el universo.
- crear realidades en ese espacio que lo impregna todo: el Campo Punto Cero.

En la búsqueda del néctar, es asombroso que la abeja, que solo posee un dispositivo neurológico simple, pueda realizar una tarea compleja de selección de las flores con su "recompensa (néctar). La abeja efectúa decisiones en la elección de las flores, de forma inconsciente y no deliberadamente, a través del dispositivo automático que posee y con el cual logra finalmente su objetivo. Este proceso, tiene gran similitud con el modelo complejo autonómico de *meditación disipativa*. En ambos procesos, se fija la atención inicial en la búsqueda de un objetivo (intención). Luego se produce la asociación de una imagen (visualización) con el objetivo (intención). La abeja asocia un color de la flor con el néctar. El meditante visualiza una imagen asociada a su intención-objetivo. Una vez que se vuelve (dos a tres veces) a encontrar con la imagen inicial (color de la flor de la abeja e imagen del meditante) se produce el aprendizaje (reconocimiento). Entonces, en ambos procesos, se tiene una mayor probabilidad de encontrarse con el objetivo final: néctar para la abeja y objetivo de la meditación, para el meditante. Todos estos procesos se producen a nivel inconsciente de forma autónoma. Damasio recalca:

No estoy sugiriendo en absoluto que nuestras decisiones procedan de un cerebro de abeja oculto, pero creo que es importante saber que un dispositivo tan simple como el que se acaba de esbozar puede realizar una tarea tan compleja como la descrita.

La vida moderna nos llena de estímulos que no permiten conectarnos con nosotros mismos. El "primitivo" vivía en la esencia de conectarse a todas las realidades. Y este acoplamiento les permitió obtener sabiduría que ayudó a la evolución de la humanidad. Con el espíritu era su conversación diaria. Y estaban unidos a la totalidad del universo. Esto se perdió con el tiempo. No sabemos cómo. La caída del hombre se produjo al desconectarse con la naturaleza. El ruido de la época actual no deja paso al mensaje del silencio. En cambio, el silencio de la antigüedad no era perturbado por la conquista de la tecnología de hoy, con sus motores de automóviles, aviones, y maquinarias, radios y televisores, teléfonos y celulares, juegos de video, Internet, etc.

Los antiguos "primitivos" entraban a estados alterados de conciencia muy fácilmente que, como veíamos, les permitían trascender el espacio, el tiempo y la identidad. Todo esto los hacía relacionarse conscientemente con el universo en su totalidad. Experimentaban "viajes" a otras épocas y otros tiempos del pasado y futuro. Se contactaban con espíritus de personas fallecidas y con experiencias religiosas.

(III) RELACIONES CON LA VISIÓN HOLÍSTICA

De: El Universo en un instante de conciencia:

El tema se desarrolla considerando el cambio de paradigma desde el enfoque de la importancia de la eficiencia en el mejoramiento de las máquinas (visión fotográfica) hacia la eficiencia en la forma de "percibir" y "hacer" las cosas (visión holográfica).

Las etapas del proceso autonómico, presentado en este libro, desarrolla un modelo de una visión holográfica del cerebro, que comprende la integración del funcionamiento coordinado y simultáneo del hemisferio izquierdo y derecho del cerebro.

Luego, podemos decir que "El universo en un instante de conciencia" es un libro del hemisferio izquierdo y "Espacios de la mente" es un libro del hemisferio derecho. Ambos textos confluyen hacia una integración del proceso de la percepción, desde una visión fotográfica a una percepción holográfica de la existencia.

Ahora, si aplicáramos la estructura de tétrade (cuatro partes) de McLuhan al proceso autonómico, tendríamos que este proceso intensifica el uso del espacio acústico del hemisferio derecho y a su vez deja obsoleta la idea de que solo es importante el espacio visual del hemisferio izquierdo (aplicado en Occidente durante los últimos 4000 años). También recupera o vuelve a unir (re-ligare) la funcionalidad simultánea de ambos hemisferios o espacio visual y acústico (usado en forma aislada y esporádica en la historia humana). Por último, cuando se lleva más allá de su potencial existe un cambio o inversión desde el enfoque visual al holográfico, pasando de lo secuencial a lo simultáneo en la aplicación del proceso a todas las actividades humanas.

Hemos podido comprobar que si cambiamos nuestras creencias podemos percibir otra realidad. La nueva creencia es otro enfoque del mismo fenómeno u otra visión, desde otro punto de vista. Así, por ejemplo, la forma de percibir la realidad como una imagen holográfica de construcción de la imagen de un "objeto mental interno", cuyo reflejo en la realidad externa se fabrica por el intérprete cerebral que traduce finalmente la recepción como un objeto "externo" a él. Para llegar a esta visión, comencemos por revisar diversos tópicos que encierran más de una realidad.

La primera de las visiones corresponde a una forma de visión fotográfica (o espacio visual) que representa la atención de una imagen (figura) captada por el hemisferio izquierdo del cerebro en los términos de McLuhan, frente a la segunda visión interna y oculta de la percepción del hemisferio derecho (espacio acústico) de desatención (fondo). La simultaneidad de ambos modos de percepción produce el despliegue de un encuentro resonante (visión holográfica) en el límite de intersección de ambas visiones.

El proceso autonómico presentado en este libro y en Espacios de la mente, emergió en forma intuitiva a fines de los 80 como un modelo modular de meditación, cuya característica era combinar simultáneamente aspectos del hemisferio izquierdo y derecho, de tal modo de producir un efecto resonante de interferencia de ondas neurológicas. El resultado fenomenológico era tratar de producir una imagen de realidad virtual (holográfica). Con el avance de la tecnología en la medición de las etapas del proceso de un instante de conciencia (F. Varela) se comprendió que el modelo de percepción no ordinaria (en meditación) no era más que una réplica de las etapas de lo que ocurre en un instante de conciencia ordinaria.

Como veremos, se puede meditar en las diferentes formas o métodos. De este modo estaríamos meditando en un sistema cerrado (la forma elegida de meditar). Sin embargo, **la integración de los cuatro métodos en un solo proceso de meditación**, resulta en la aplicación a un sistema abierto en donde es posible el despliegue de una estructura disipativa y, a su vez, el despliegue de una realidad holográfica. Entonces, la estructura disipativa sería el medio en que se despliega el orden implicado del universo holográfico. **Método de interferencia periverbal-transverbal**

Este proceso genera interferencias de impulsos nerviosos visuales y acústicos que en el proceso circular de la energía nerviosa provocan una interferencia vibratoria de ondas, produciendo con ello un holograma de interferencias, que al ser interpretado, se despliega en una imagen virtual con participación de todos los canales sensoriales (vista, oído, tacto, olfato y gusto). Si se mantiene la coherencia de los impulsos neurológicos a través de la estimulación acústica, cada imagen virtual que aparece, retroalimenta una nueva percepción de imágenes y una descripción por el intérprete, transformándose así, en una historia virtual reconstruida.

Podemos asimilar que la función cerebral puede ser la mejor forma de describir el proceso integrativo de la visión arquetípica del yin yang, pues cada hemisferio cerebral tiene la particularidad de tener un funcionamiento complementario al del otro hemisferio. Así, el HI se especializa en el lenguaje, lectura, escritura, análisis, matemáticas y en el razonamiento lógico. El HD se especializa en las imágenes, formas, símbolos, ritmo, música, espacio y en la percepción holística.

De: El Universo en una Caverna

Con el tiempo llegaríamos a la formación de una escuela de la sabiduría de aprendizaje holístico, entretenido y dinámico. Como se dijo, la educación ya no estaría limitada al aprendizaje sólo mediante el hemisferio izquierdo de nuestro cerebro, sino que aprenderíamos en forma virtual con todo el cerebro. Por ejemplo, una experiencia del aprendizaje holístico en esta escuela podría funcionar de la siguiente manera. El profesor guía, al terminar la clase del día anterior entregaría un tema a tratarse el día siguiente, "mañana veremos el comportamiento de los animales, por lo tanto, cada uno de ustedes piense y elija un ave, pez o animal que desee mañana tener una reunión virtual con él, y vea en su casa algunas revistas o libros asociado con esos temas, toque y acaricie algunas figuras que representen esos animales. Si puede, traiga mañana a clases esas figuras y revistas". Llegado el día y la hora de clases, el profesor dividirá su clase de hora y media en dos partes. La primera hora hará clases en la forma tradicional, describiendo y explicando el comportamiento de los animales. La media hora restante, durante quince minutos ayudará a los alumnos a entrar en relajación y meditación para acceder en estados alterados de conciencia a tener un encuentro virtual, en este caso, con las especies de animales seleccionadas por cada estudiante. Los quince minutos restantes, los alumnos describirán su experiencia, si es necesario.

La escuela de la sabiduría, además de ir más allá del aprendizaje tradicional, sería una forma de aprender a aprender, de darle motivación y dinamismo a la enseñanza tradicional y llegar así, a una educación que contemple conjuntamente el conocimiento con la sabiduría que le da experimentar un proceso entretenido de aprendizaje, tanto para el alumno como para el docente. Hay que entender, que no se intenta reemplazar la educación tradicional por otra, sino que se complementa con estrategias holísticas de aprendizaje. Es un cambio de paradigma en el aprendizaje aplicado a la educación.

La comunicación silenciosa, se ha descubierto en experimentos de diálogos entre personas que producen en el nivel microscópico, ciertos movimientos sincronizados en forma inconsciente que permanecen acoplados con las palabras emitidas y escuchadas. De ahí que la comunicación silenciosa, sería "una danza en la que todos los involucrados realizan movimientos complicados y compartidos a lo largo de numerosas dimensiones sutiles" (William S. Condon). En general la sincronización se mantiene con el interés o atención adecuada, y si por alguna razón se desvía esta, una pausa de silencio permite volver y reanudar la sincronización anteriormente perdida. Ahora bien, la sincronicidad que se obtiene en el diálogo, puede obtenerse también en la emisión de un sonido rítmico. Entonces, al escuchar un sonido el oyente estaría simultánea y sincronizadamente generando micro-movimientos, de igual frecuencia a la del sonido emitido y que supuestamente al acercarse las fases de ambos ritmos producirían un holograma de interferencias de frecuencias que permitirían el acceso a la realidad transpersonal a la cual fijemos nuestra atención e intención previa. Los estados alterados de conciencia conseguidos por los chamanes, a través del sonido rítmico de un tambor o la música siguen este patrón de comportamiento. El chamán fija una intención de su "viaje", limita o reduce su percepción en un aislamiento sensorial y visualizando un objeto, que le sirve de acompañante en el viaje, comienza el proceso de trance al escuchar el sonido rítmico del tambor.

Principio Hologramático

El principio hologramático, señala que el todo está en las partes y las partes están en el todo.

La aparente simplicidad de las imágenes dibujadas en las cavernas, individuales o en grupos, con ausencia de paisajes, no era porque la mente primitiva fuera simplista, sino más bien, que tenían la intencionalidad de abrir la mente holística del hemisferio derecho del cerebro, durante el ritual para completar el contexto (gestalt).

De: Cambio de sentido

En el primer tomo, se explica la parte teórica de cómo combinamos sonido e imagen para producir un fenómeno holográfico, que al interpretar nuestro cerebro se abre un espacio donde vemos una imagen holográfica.

Mediante el proceso vivencial de desarrollo de la conciencia y de comprensión de la naturaleza humana, a través de un programa de educación holística, podemos lograr la formación de una estructura personal y social de conciencia ecológica.

Las emergencias del reconocimiento de imágenes visuales con las sensaciones de la estimulación acústica, genera interferencias de impulsos nerviosos visuales y acústicos, provocando un holograma de interferencias que genera percepciones de imágenes virtuales.

El **Modelo Holístico** de aprendizaje frente al cambio, toca aspectos del campo de la ciencia cognoscitiva y fenomenológica, que explican alguna de las razones del comportamiento y de la naturaleza humana. Es así, que se integran a este modelo descubrimientos de la Física, Química, Biología, Psicología, Sociología, etc.

En el campo de la **Física** atómica por ejemplo, el teorema de Bell sostiene que si dos partículas relacionadas de tal modo que una de ellas posee un **Spin** positivo (giro en un sentido) y la otra partícula un Spin negativo (giro en sentido contrario), si se alejan las partículas, no se elimina la relación. Cambiar el Spin de una de ellas, simultáneamente cambia la de la otra, por muy alejado que estén ellas, como si existiera un sentido de cooperación telepático. Se diluyen las polaridades y dicotomías, de tal forma que el todo es mayor que la suma de las partes. Esto también nos sugiere el pensamiento místico de que todo está relacionado con todo. El principio de **Sinergia** establece que existe una relación entre los diversos componentes de un sistema, de tal modo que sin mediar un acuerdo entre las partes, se da un comportamiento simultáneo de apoyo mutuo (coincidencia significativa). Esto sugiere la idea que existe un campo **Holográfico** en donde las partes están en el todo, y el todo está en las partes. Se dice que el cerebro es un Holograma. De ahí, que los fenómenos parapsicológicos no serían tan anormales como parecen y que se favorece su presencia mediante estados alterados de conciencia.

MODULOS DEL PROCESO AUTONOMICO

Para llevar a cabo los modelos en el proceso autonómico, se requiere de módulos que se van produciendo y conectando en el desarrollo de la experiencia consciente.

A casi dos años de la publicación de *El Universo en un Instante de Conciencia*[66] y a diez meses de la publicación de *El Universo en una Caverna*[67], se está publicando el tercer volumen, *Cambio de Sentido,* terminando y completando con este, la trilogía de la serie *Espacios de la Mente*[68].

De: Para salvar la Tierra

Si bien no viviremos las 24 horas en estados ampliados de conciencia, saber que están disponible para nosotros nos aliviará el camino. Y si es necesario adentrarnos en esos estados para obtener ventajas, respecto de quienes no utilicen o quieran utilizar estas herramientas, el sentido último de ello no será más que con

---

[66] Un instante de conciencia es un punto holográfico del tiempo que contiene la totalidad del tiempo del Universo, cuya formación lleva cerca de 15 mil millones de años.

[67] Una caverna es un punto holográfico del espacio que contiene la totalidad del espacio del Universo, cuya expansión es ilimitada.

[68] El concepto espacio, al igual que mente, tiene la extraña particularidad de inferir simultáneamente dos acepciones. Un espacio (con minúscula) nos indica un ambiente cerrado, limitado, reducido y al alcance de nuestra observación. En cambio, Espacio (con mayúscula) nos da una sensación de apertura a un campo ilimitado, de mucha amplitud y extensión, como para que no esté a nuestro alcance. Por otra parte, podemos referirnos a la mente, cuando la asimilamos al objeto concreto del cerebro y podemos estar hablando de la Mente, como el estado más elevado, abstracto y holístico de la realidad del Ser. Ahora, de la intersección de estos dos conceptos (Espacio-Mente) emerge la intuición de la unidad y de lo múltiple, la complejidad de la complejidad. Es decir, la hipercomplejidad. Entonces, la combinación de estos dos conceptos puede derivar hacia la comprensión y creación de la complejidad de la realidad del Ser.
Así…
espacios de la mente, nos lleva al estudio del cerebro y sus partes constituyentes.
espacios de la Mente, nos da la visión de un estudio de la unidad psicológica, que forma parte de la Mente.
Espacios de la mente, vislumbra la esperanza de alcanzar con nuestra mente autónoma, la totalidad del Ser.
Espacios de la Mente, permite alcanzar la percepción consciente de estar Todo en Uno y ser Uno con Todo.
Este habría sido, en gran medida, el sentido del título del tercer libro de la trilogía. Sin embargo, opté finalmente por darle el nombre de Cambio de Sentido, pues creo que Espacios de la Mente cubre a la serie completa.

un fin loable de nuevos valores integrales de acción y pensamiento, tales como acciones sustentables de conservación antes que de expansión, acciones de prestaciones de cooperación antes que de competición, acciones de incrementos en la calidad antes que de la cantidad, acciones de liderar sistemas de asociación antes que de dominación, todas ellas insertas en un esquema o mirada de pensamiento intuitivo antes que racional, pensamiento sintético antes que analítico, pensamiento holístico antes que reduccionista, pensamiento no lineal antes que lineal.

De: Espacios de la Mente

Es probable, que cada desplazamiento de la conciencia por los espacios de la Mente produzca una interferencia en el campo holográfico que genere la realidad que esté percibiendo en ese instante.

El proceso comienza tomando conciencia de nuestra naturaleza ancestral, de los orígenes de nuestros antepasados primitivos, cuya vida transcurría en un permanente estado de supervivencia diaria, enfrentada a los rigores de la época de las cavernas. Se continúa, con el proceso de experimentar el instinto de conservación de la especie, a través de sentir por los demás, en una identificación plena con la conciencia grupal de la especie humana. Ambos estados son determinantes de las características de la conciencia del cerebro de reptil. El proceso evolutivo de la conciencia posteriormente se tradujo en un salto hacia la conciencia de emociones, que se asocia al cerebro de mamífero. Esto se consigue en la experimentación de los estados emotivos que contemplan la conciencia arquetípica del fuego, tierra, aire y agua. La nueva conciencia, obtenida con el desarrollo de los dos cerebros anteriores, permite alcanzar el último estado de la visión interior cósmica, la holovisión.

Perspectivas de la Holovisión[69]

Desde que estamos en este planeta, usamos la memoria en todas nuestras actividades, durante todo el tiempo. Incluso cuando dormimos y soñamos. Podemos recordar lo que pasó hace un momento, lo que pasó ayer, hace una

---

[69] Holovisión comprende la visión de la Totalidad. En contraposición, se encuentra la Egovisión que contempla una visión fragmentada y de predominio del yo. La Holovisión, por ende, incluye la Egovisión.

semana, un mes, un año y, en fin, lo que sucedió hace mucho tiempo. En todas estas ocasiones estamos recordando, es decir, usando la memoria. Ahora, para usar la memoria debemos previamente haber tenido una experiencia de la sensación que recordamos. En esta experiencia participaron los sentidos de la visión, audición, olfato, gusto o tacto. Toda nuestra vida ha transcurrido con esta forma de percibir la realidad: capturar un objeto con los sentidos y posteriormente recordar esa experiencia con "nuestra" *memoria condicionada*. Aprendemos cuando recordamos. Nos curamos cuando recordamos. Creamos cuando recordamos. Somos inteligentes cuando recordamos. Es un paradigma de la memoria como archivo personal de las experiencias sensoriales. Es una *visión fotográfica* de la realidad o Egovisión de la realidad. En fin, somos memoria.

Cambiar esta realidad, o forma de percibir el mundo, es un cambio de paradigma. Para comenzar pensemos, ahora, que la memoria está fuera de nuestro cuerpo. Es un campo que no tiene límites de espacio y tiempo. Es equivalente al inconsciente colectivo de Jung. Es la memoria de la Naturaleza de Sheldrake. Para acceder a este campo ilimitado de la memoria, del nuevo milenio, debemos primero cambiar nuestra forma de percibir la realidad, cambiar de paradigma. Es decir, si percibimos como lo hacemos habitualmente, nos mantenemos en contacto con la memoria condicionada ordinaria, descrita en el párrafo anterior. Sin embargo, si producimos una interferencia o perturbación sensorial visual-auditiva o táctil-auditiva u otra combinación sensorial, se accede conscientemente al campo implicado e ilimitado de la *memoria no-local*. Es lo que hacían nuestros antepasados y lo que hacen los niños en sus primeros años. Es un nuevo paradigma, de la memoria como archivo del universo de experiencias de la humanidad. Es una *visión holográfica* de la realidad u Holovisión de la realidad[70].

Las dos visiones, señaladas en los párrafos anteriores, son complementarias. Con ellas aprendemos, sanamos, creamos, vivimos y somos. Podríamos decir, que la primera, la Egovisión, corresponde a una visión fragmentaria del hemisferio izquierdo, donde existe una conciencia de separación: identificación de sí mismo, de las cosas, personas, animales, etc. Incluso percibe a su cuerpo separado de su mente y de todo lo demás; sus pensamientos son solamente suyos; su memoria lo mantiene sujeto al pasado. Es un sistema o forma de vida imperante en nuestra actual sociedad en donde los elementos que la sostienen y le dan su "razón" de existencia son básicamente la causalidad, la competencia y apropiación de objetivos del prójimo, incentivar el egoísmo, fragmentación de la educación y cultura, adoración del poder y la riqueza, del dinero, posición social, impulsar el consumismo y mantener al individuo en un estado latente de sumisión y

---

[70] Corresponde a la memoria akáshica de los antiguos o memoria cuántica de A. Goswami que está "escrita en el vacío…en ninguna parte".

programación, causantes de la tensión nerviosa o estrés. La segunda visión, la Holovisión, en cambio, corresponde a una visión holística del hemisferio derecho de nuestro cerebro. Como la primera forma de percibir la realidad es la que hemos venido desarrollando, en la mayor parte de nuestra vida, este libro está orientado, principalmente, a la segunda forma de usar la memoria, LA HOLOVISION O MEMORIA NO-LOCAL DEL NUEVO MILENIO.

El lenguaje que permite "ver" la esencia de las cosas, es aquel lenguaje esencial que contiene el mínimo de conceptos y/o formas que relacionen las palabras y que permiten una comprensión holística con una percepción ampliada de conciencia. Es una paradoja, que el lenguaje normal, formal y estructurado en sus múltiples "formas de expresión" obstaculice el acceso a una percepción ampliada de la conciencia. Sabido es, desde tiempos inmemoriales, que en la percepción de la realidad, el lenguaje no juega un papel muy importante, pues el lenguaje y sus modalidades más allá de un uso racional de él, ha estado orientado más bien a la forma del uso del lenguaje. Como vemos en este libro, el lenguaje en su mínima expresión permite el acceso al proceso autonómico de "Ver y Hacer" la realidad. Como señalan L. Pauwels y J. Bergier, "en el hombre de edades remotas, la palabra es un vasto conjunto combinatorio, un cálculo universal cargado de valores, de posibilidades de acción y de recuentos, un depósito de conocimientos revelados y un material complejo para actuar sobre la realidad". Sin embargo, dice respecto al "hombre áfono" (sin lenguaje), que habitó en la "edad de oro de la Humanidad", no significaría una ausencia de lenguaje, sino conocimiento y comunicación a otro nivel, sin sustrato sensible, que "realizaban mudas operaciones mentales, que se transmitían por algún medio telepático". Así se llega a la reflexión "sobre el lenguaje, de una distancia entre el signo y la cosa representada".

El papel del lenguaje racional ordinario permite obtener solo una percepción racional y fragmentada de las cosas e introducirnos en la torre de Babel de la incomprensión de la esencia de las cosas. No somos conscientes de esta muralla de incomprensión que creamos con el lenguaje racional ordinario. Trascender el lenguaje racional ordinario es el proceso que permite el acceso a la realidad esencial. El cerebro mudo, es el lenguaje holístico de la realidad. El cerebro verbal, es el lenguaje fragmentario de la realidad racional. El cerebro mudo es el mundo de la realidad subjetiva de la fusión del objeto y el sujeto, la enacción, como dice Varela. El cerebro verbal es el mundo de la realidad "objetiva" de la separación del sujeto y objeto, de representación de la realidad. Cuando se utiliza el lenguaje racional ordinario, no se producen interferencias que dificulten la comunicación en cambio en un lenguaje no ordinario e incomprensible a la realidad racional se originan interferencias que dificultan la comprensión, por la dificultad de "saberse expresar". Si bien este último lenguaje es "incomprensible" y aparece con desventajas, para la comunicación ordinaria, se sabe, con los últimos descubrimientos, que tiene grandes ventajas el uso de él. Es "Un fenómeno sorprendente, descubierto por un grupo de investigadores italianos, llamado "resonancia fortuita", en que la interferencia puede realmente amplificar una pequeña señal oscilante, más que estorbarla." Y, agregaban estos investigadores, "En general cuando se filtra la interferencia mejora la calidad de la información. Pero, en este caso, si se eliminaba la interferencia se perdía un importante elemento de la información que iba al cerebro".[71]

Ocurre a menudo que, con el uso de este lenguaje "esencial", la persona intuitivamente "sabe antes" lo que la otra persona irá exponiendo. Se adelanta algunos segundos a lo que el otro expresará. Esto es, debido a que con este método holístico del lenguaje, el cerebro capta en tiempo real lo que la otra persona expresará posteriormente y que era inconsciente de ello. En otras palabras, este lenguaje esencial percibe lo inconsciente del otro, previo a su expresión consciente por aquel[72].

Observemos a un niño cuando está aprendiendo a hablar. Percibe los sonidos de las palabras aunque no comprenda las frases. Un sonido que repita lo reconoce su mente aunque no sea consciente de ello. Inconscientemente está produciendo procesos auto-organizativos. Va separando por categorías a los diversos sonidos (palabras) en un espacio fase. Cataloga las percepciones en categorías, por ejemplo, "acumula motocicletas, autos y camiones en una categoría; pájaros, gatos y perros, en otra. Es decir, estructura la experiencia en patrones y modelos de percepción. Emplea la regla de aprendizaje de Hebb[73]. La repetición refuerza las conexiones neuronales que almacenarán el recuerdo incluso después de haber dejado de repetirlo. Aunque con el tiempo, si no lo repite, se desvanece de su memoria. Por último, podemos comprender y concluir, de acuerdo a la naturaleza de la inteligencia, el porqué de la facilidad de aprendizaje de los niños se debe básicamente a "la interacción de elementos independientes relativamente simples." En última instancia, el niño sin estar consciente de ello, estaría realizando el proceso autonómico de percepción de la realidad: un sonido inicial, (atractor) repetido continuamente llega a reconocerlo y hace emerger en su mente

---

[71] Los Hacedores de cerebros, David H. Freedman.
[72] Se puede verificar esto efectuando, con un niño, un juego que no es adivinación, sino que simultáneamente se pronuncian palabras, que son las mismas y se pierde el sentido de quién es el creador y quién el receptor de ellas, pues creo que predomina el trabajo inconsciente en este proceso. (yo juego con mi nieta de tres años).
[73] La regla de Hebb señala que si dos neuronas conectadas disparan al mismo tiempo, o casi al mismo tiempo, la conexión entre ellas se hace más fuerte.

un espacio de elementos de la misma categoría (espacio fase). Esta sería la metodología de percepción expuesta en el libro como modelo o patrón de la percepción de la realidad buscada. El niño es una persona que accede a la percepción de la realidad holística en un lenguaje en que tiene participación mínima la expresión de sonidos. En cambio, el adulto tiene un lenguaje de una multiplicidad de relaciones de sonidos que solo le permite el acceso a una realidad racional fragmentada.

El áfono, forma de percepción del niño sin lenguaje es, entonces, el lenguaje silencioso de percepción de lo esencial.

Volver a ser niños, es volver al uso del lenguaje esencial.

De: El Caminante:

El Caminante trasciende las dicotomías e integra lo que está separado. Tiene una percepción holística del universo como unidad.

Trascender las tradiciones de la Sociedad, no era mayor problema para Changer, pues éste actuaba de forma plenamente autónoma, sin perturbar ni participar de ellas, dado que su actitud estaba orientada, hacia el crecimiento personal más que a mostrar una falsa imagen; hacia lo novedoso antes que la rutina de los hábitos; hacia la libertad antes que al control; hacia la cooperación en vez de la competición; hacia lo ecológico más que la explotación; hacia la integración más que a lo dicotómico; hacia lo holístico en vez de la fragmentación; hacia la descentralización en vez de la centralización; hacia lo cualitativo antes que lo cuantitativo; hacia la disolución del poder frente a la jerarquía; hacia la experiencia vivencial antes que el conocimiento intelectual; hacia la diversidad frente a la uniformidad; hacia lo concreto en vez de lo abstracto; hacia el cambio en vez de lo estático.

La tercera valla, que plantea que con solo el razonamiento intelectual puede resolver los problemas ha caído en desuso, por su propio peso, con el avance de la ciencia, que ha aplicado de preferencia el razonamiento cognoscitivo, se reconoce ahora, que esta facultad del ser humano no permite por sí sola reconocer toda la verdad del conocimiento, sino que el usar solo esta facultad limita en parte la percepción de la realidad, pues existen otras formas intuitivas y holísticas que permiten comprender y aprehender la realidad o una aproximación a ella, lo que no se podría obtener solo con el razonamiento intelectual. De ahí que, para

Changer[74] este problema no presenta grandes obstáculos para su propio desarrollo, pues él emplea la diversidad de percepciones: intuitiva, racional, estética, corporal, sensorial, en una palabra, holística para la aprehensión del mundo de la realidad.

Un obstáculo más para el cambio, Changer lo define como que "todos creen tener la razón", despreciando la opinión de los demás. Aquí, se encuentran los creyentes y especialistas, que se oponen a todo cambio que signifique sacarlos de su modelo cerrado de pensamiento y acción. Lo que ellos dicen "debe ser la verdad", así lo creen y lo divulgan en imágenes o explícitamente. Para Changer, a estos individuos los observa con tristeza, pues comprende que están cegados por un marco de referencia cerrado que nubla sus pensamientos, y no les permite percibir más allá de su campo de acción, y, por tanto, no es posible que puedan aprehender la realidad o una aproximación cercana a ella. Los especialistas, se dice conocen mucho de algo, pero Changer cree que, más bien, conocen algo de mucho, pues su esquema mental de fragmentación del conocimiento no les permite percibir la realidad en forma intuitiva-holística. Además, por esta visión parcial que desarrollan, habitualmente se les dificulta, por no decir se les atrofia la creatividad, en el sentido de desarrollar y descubrir cosas nuevas y relacionar elementos que escapan a una visión parcializada. De ahí que, también las conferencias que proclaman la participación de "especialistas en la materia" no pueden ni podrán ser jamás un avance verdadero del conocimiento, sino más bien será una presentación quizá profunda de un tema particular del conocimiento disgregado. En cambio, es cosa de ver la historia de grandes inventos y descubrimientos, en que los inventores y descubridores destacaron en otros campos, distintos a su especialidad. Otro problema que se percibe, es que en las conferencias, libros y artículos del avance de la ciencia y de sus proyecciones se da énfasis solo a los elementos tecnológicos, no considerando los aspectos fundamentales del cambio humano, de su comportamiento futuro y de sus relaciones con los demás, y esto sucede así, porque erróneamente se supone que las relaciones humanas se mantendrán similares a como se dan actualmente o se desconoce cómo se presentarán, por lo que se prefiere ignorarlas.

De: La Exploración:

Ahora, consideremos cómo operaría este modelo conexionista-enactivo en una sesión de meditación disipativa (cuántica). El participante percibe continuamente un estímulo sensorial (música) que produce una conexión neurológica

---

[74] Changer es un personaje de una historia del futuro.

permanente. Con anterioridad se presenta a esta estructura (sistema abierto) un estímulo sucesivo (imagen) como atractor, de forma autónoma por el participante. Durante un momento del tiempo que dura la sesión, este sistema se reorganiza "reelaborando sus conexiones" neurológicas, activándose ambas corrientes neurológicas frente a la presentación del auto-estímulo. La nueva presentación de este auto-estímulo al sistema genera un reconocimiento de él, emergiendo una configuración global representativa del modelo presentado.

Para comprobar esta hipótesis, veremos emergencia de mundos e historias virtuales, en la red de interacciones neurológicas, con la creación conexionista-enactiva, en el proceso de la meditación disipativa (cuántica).

La primera visión, fotográfica, se sostiene considerando que la realidad objetiva se encuentra presente independiente del sujeto observador. La segunda forma, holográfica, de percepción de la realidad, se basa en la construcción de la realidad mediante la acción de la interrelación del objeto y sujeto.

De: Breve historia del alma de Stonehenge:

Los tres tipos de operaciones presentes en una eventual presencia de un fenómeno aéreo no identificado tienen alguna de las características de los procesos de la meditación cuántica:
- aislamiento sensorial.
- alta concentración.
- intencionalidad consciente y/o inconsciente.
- cansancio o agotamiento.
- estimulación sensorial.
- interacciones y/o perturbaciones sensoriales.
- autoorganización de procesos mentales (sistema complejo).
- emergencia de sistemas arquetípicos (luces).
- procesos recursivos inconscientes.

El desarrollo de la conciencia lleva a establecer otras formas no ordinarias de comunicación que trascienden las fronteras de la comunicación normal.[75]

---

[75] Por ejemplo, en estados ampliados de conciencia se puede percibir las sensaciones internas de un animal, o sentirse partícipe de las emociones de un grupo; comprender directamente el lenguaje

Existe una relación estrecha entre los FANI[76] y la física cuántica. Para comprender esta hipótesis debemos, primero, introducirnos en las teorías de la física moderna y de las fronteras de la ciencia. Empezando con la teoría de Einstein, sobre la complementariedad de la materia y energía, ningún cuerpo puede alcanzar la velocidad de la luz pues se transforma en energía de acuerdo a $E=mc^2$, lo cual hace imposible el desplazamiento, a la velocidad de la luz, de un objeto desde distancias siderales (cientos o miles de años luz).

La física cuántica, sostiene que toda la materia es un sistema complejo de interacciones de energía y que el objeto, en última instancia, es la emergencia de un colapso de una función de onda producida por la observación. Los físicos, señalan que existe la *materia oscura* (invisible) que sostiene al universo y comprende más del 90% de la materia y energía del universo. Por su parte, Hugh Everett plantea la coexistencia de *universos paralelos* inaccesibles. Esto ha llevado a plantear la existencia de mundos o realidades paralelas (invisibles) en iguales momentos del tiempo y que los *agujeros negros* serían el "puente" entre los universos (Einstein-Rosen) que no se tocan, separados por membranas energéticas. La *curvatura del espacio-tiempo*, en ocasiones, como un fenómeno temporal, pone en contacto a estas membranas, que pueden perforarse como un túnel que "aloja el objeto que entra en ella" y que se cierra inmediatamente después que un objeto las atraviesa (*efecto túnel*):

Es como unir la física con el campo de la conciencia. De otra forma, uno no se explica por ejemplo, cómo en el campo de la meditación o en el campo de la relajación, podamos meternos dentro del cuerpo de un animal y sentir las percepciones que el animal está viviendo. Cómo por ejemplo, en otro campo, introducirnos en un trozo de metal y percibir qué es lo que nosotros somos capaces de recoger en este caminar por el interior del cuerpo de metal. Todas estas son expansiones de la conciencia porque el trozo de metal es algo que está inerte que no tiene para nosotros ningún otro significado que se le pueda aplicar en el campo tal vez de la industria, sin embargo, se nos hace introducir en el trozo de metal y se nos hace experimentar que es lo que hay en su interior.

Sólo el desplazamiento de la energía, desde una membrana interior hacia una exterior, es posible cuando se produce una curvatura del espacio y, dado que los cuerpos de la realidad física o membrana exterior, en condiciones normales, no pueden acceder a la realidad no física o membrana interna (materia oscura), creo que la experiencia de acceder a las membranas internas (otros universos) a través

---

de los animales, en una palabra trascender el tiempo, espacio e identidad, para el intercambio de la comunicación.

[76] Fenómenos Aéreos No Identificados (FANI).

de los hoyos negros y/o agujeros de gusano, es una experiencia que se tiene en el campo cuántico de energía, a pequeña escala y, por lo tanto, la energía de la conciencia (fotón) tiene la capacidad de viajar por estos túneles del tiempo, no, así, el cuerpo físico, aunque todas las sensaciones las experimentemos en nuestro cuerpo a gran escala. Se trata de una experiencia trascendente de la realidad no ordinaria en estados alterados de conciencia obtenidos ya sea mediante técnicas de meditación cuántica o en ECM[77].

Cuando se tiene la experiencia de comunicación intencional o espontánea de un FANI es porque se produjo una curvatura del espacio y un colapso de la función de onda en un estado alterado de conciencia. Es una interferencia de dos sistemas (membranas) independientes, que bajo ciertas circunstancias producen la emergencia de contacto de estos dos universos: el mundo de la realidad física (membrana externa) con el mundo de la realidad oscura (membrana interna). Es una interacción multidimensional intencional-espontánea de un choque de energía mental-física. Se asemeja al fenómeno de la sinestesia como interacción de sentidos de distinta naturaleza. Se define, esta como "condición algo peculiar en la cual los sentidos se entrelazan. Por ejemplo, una persona puede ver colores cuando oyen un sonido, o puede probar realmente palabras; estímulo de un sentido, se parece o causa un estímulo inadecuado de otro". En resumen, los sinestésicos ven sonidos, otros sienten colores o saborean formas[78].

Por otra parte, veamos el Campo Punto Cero, CPC[79] y su interacción con la conciencia. Para comprender ¿qué es el CPC? señalaremos las características que encierra este concepto de la física cuántica vislumbrada y/o investigada por estudiosos pioneros, tales como, Schrödinger, Heisenberg, Bohr, Pauli, Bohm, Pribram, Mitchel, Puthof, etc. De sus investigaciones se fue reuniendo información sobre el CPC, de la cual se pueden rescatar los siguientes aspectos:

- Los seres humanos son paquetes de energía que intercambia información con el CPC.

- Los seres humanos alteran ("crean") las partículas al observarlas o medirlas en el CPC.

---

[77] Experiencias cercanas a la muerte.
[78] Según Hubbard, la sinestesia ocurre porque algunas partes del cerebro que perciben los colores están muy próximas a las que procesan el habla, el lenguaje y la música.
[79] Campo Punto Cero (CPC), de acuerdo a la física cuántica, respecto de la naturaleza fundamental de la materia, corresponde a un "mar pulsante de energía" y vibraciones microscópicas existente en el espacio entre las cosas. Es decir, todo está conectado con todo lo demás en una trama invisible. El Campo, En busca de la fuerza secreta que mueve el universo. Lynne Mctaggart.

- La percepción se produce por interacciones con el CPC. La realidad percibida se manifiesta en el instante en que se produzca el colapso de onda entre las partículas cuánticas.

- La intención, la necesidad y la atención, juegan un papel fundamental para la conexión con el CPC. La inhibición del hemisferio izquierdo (verbal) facilita el contacto con el CPC.

- El CPC es el campo de todas las posibilidades y no está limitado por el tiempo y el espacio.

- Las enormes capacidades curativas del CPC están al alcance de todos, pues todos se conectan inconscientemente, o pueden contactarse conscientemente con el CPC.

- La existencia del CPC nos dice que nunca estamos solos. Estamos todos conectados unos con otros y la separación es aparente, si consideramos el CPC.

El espacio existente entre las cosas o CPC, nos permite ver los objetos a una distancia (espacio-meta) de nosotros. Sólo vemos el origen (nosotros) y la meta (el objeto). De lo que ocurra entre nosotros y el objeto, somos inconscientes. Sin embargo, este espacio, desde el punto de vista cuántico, está lleno (no está vacío) de energía que no es visible, porque sus efectos se anulan y equilibran mutuamente. Como señala **Mark Cominos:**[80]

Al deducir que cada punto de energía tiene energía infinita que está convergiendo hacia este punto desde todas las direcciones y debido a que esta energía infinita está proviniendo simultáneamente de todas direcciones, entonces hay un momento de cancelación, se cancelan mutuamente y es por eso que esta cantidad de energía en el espacio es invisible.

La materia emerge cuando no hay equilibrio entre las infinitas manifestaciones de energía, que impiden la cancelación de ellas permitiendo, con ello, la visibilidad y manifestación de la materia. Podemos ver con nuestros sentidos físicos, las diferencias de energía, lo que hace la manifestación de materia. Así, la materia forma parte de la energía del Campo Punto Cero y esto nos sugiere que estamos conectados a una fuente infinita de energía y, como señala M. Cominos:

---

[80] **Mark Cominos**, físico, matemático y místico, que ha centrado sus estudios en la nueva ciencia del tiempo, la relación que existe entre la conciencia y la materia-energía, sostiene, que de acuerdo con la **Física de la Energía Punto Cero**, toda materia no es más que una modificación del vacío.

Podemos ver toda la materia como cristalizaciones del vacío. **Nuestros cuerpos son entonces complejos de asimetría en el vacío que están sintonizados con este campo de potencial infinito.** La energía no es más que apenas la superficie de un inmenso océano de espiritualidad viva. Entonces, en términos de nuestro desarrollo espiritual lo más importante es que nosotros debemos accesar y conectar a este campo de potencialidad pura en el espacio.

Es fundamental que creamos en este potencial de energía, pues de esto depende la construcción de nuestra realidad. Nuestras creencias tienen el poder de limitarnos al acceso a estos campos infinitos de energía (fotones de energía). La **intención, atención y necesidad** pueden dirigir estos fotones de vacío lo suficientemente, como para controlar estos fotones y activen e influyan en la materia.

Es una ilusión y limitación de nuestros sentidos percibir la apariencia de objetos separados. Pero si intentamos abrir nuestras capacidades, comenzaremos a sentir más allá de los objetos y personas separadas, sino como formando parte de ellos. Comenzaríamos a experimentar la unicidad de todo el Universo. Y esto se consigue con la capacidad de acceso a la energía del Campo Punto Cero, un gran almacén de memoria (akáshica).

Walter Schempp sostiene, en su teoría de la memoria cuántica, que la memoria a corto y a largo plazo no reside en nuestro cerebro, sino que está almacenada en el Campo Punto Cero. Pribram y Laszlo argumentan, a su vez, que el cerebro sólo es el mecanismo de recuperación y lectura del gran medio de almacenamiento de información (CPC). Los recuerdos no serían más que agrupaciones estructuradas de las ondas de información.[81] Entonces, el cerebro recuperaría información del mismo modo como procesa los mecanismos de la percepción ordinaria, mediante la transformación holográfica de patrones de interferencias de ondas.

De acuerdo a las investigaciones de Pribram, los procesos de interferencias o colisiones de ondas neurológicas ocurrirían en los espacios entre las dendritas de las neuronas, donde se establecen las sinapsis y emergerían las imágenes cerebrales holográficas. Así, la información contenida en las interferencias de ondas sensoriales se convierte en imágenes holográficas virtuales. Esto es lo que llevó a Pribram a afirmar que:

La percepción se produce a un nivel mucho más fundamental de la materia: el mundo básico de las partículas cuánticas. No vemos los objetos *per se*, sólo su información cuántica, y a partir de ella construimos nuestra imagen del mundo. Percibir el mundo es sintonizar con el Campo Punto Cero.

---

[81] Esto explicaría, tanto los procesos asociativos que concentran las imágenes, sonidos, olores, como los recuerdos instantáneos, no secuenciales.

Ahora, todos estos planteamientos, expresados en esta cuarta hipótesis (de explicación de comunicación con los FANI), las instuía cuando escribí *El universo en un instante de conciencia*, pues allí señalaba, como ya lo hemos visto:

- Utilizar la mente mediante la conciencia cuántica, permite ampliar nuestra capacidad de percibir la realidad. De ahí que, en estados especiales de conciencia ampliada, se percibe que "lo sabemos todo" y que estamos unidos a la totalidad del cosmos. Así, por ejemplo, podemos identificarnos con el reino animal, vegetal, la Tierra o el cosmos en su conjunto. También podemos viajar en el tiempo hacia nuestros orígenes o incluso hasta la formación de la Tierra en experiencias del ciclo evolutivo.

- Soy un fotón, que me desplazo por el universo del tiempo y el espacio. Me puedo identificar con cualquier cosa viva o "muerta" de este universo. Es decir, puedo trascender tanto mi identidad como el espacio-tiempo. Puedo transformarme en onda o volver a ser nuevamente partícula, dependiendo de mi intención.

- Sin embargo, ya existe un camino. La hipótesis de este libro, es que ya existe una máquina del tiempo y que hasta el momento la hemos ignorado. Se trata de que nosotros, nuestro cuerpo, es la máquina del tiempo, y nuestra conciencia cuántica, (fotón) es el viajero del tiempo. Ahora, llegamos a la comprensión de que la única forma de viajar más allá de la velocidad de la luz es a través de la energía de conciencia.

- Creo que la experiencia de acceder a los hoyos negros, es una experiencia que se tiene en el campo cuántico de energía a pequeña escala y, por lo tanto, la energía de la conciencia (fotón) tiene la capacidad de viajar por este túnel del tiempo, no así el cuerpo físico aunque todas las sensaciones las experimentemos en nuestro cuerpo a gran escala.

- Con el avance de la ciencia y el reconocimiento de las nuevas formas de vida y aplicaciones de la tecnología de la conciencia dual, estamos cada vez más cerca del cambio de paradigma de la conciencia como materia (sensorial) a la conciencia como energía (cuántica).

- Toda la información del pasado, presente y futuro está contenida en nuestra estructura cerebral y, de hecho, nunca estamos desconectados de los demás. Entonces, todos los recursos ya los tenemos y sólo debemos buscar una forma para extraerlos de nuestro interior. Es más bien, un cambio en la percepción y enfoque de la atención, en el otro estado de la conciencia, cuántico, que históricamente hemos dejado en el olvido.

John Lilly sostenía la existencia de otros modos de comunicación, ante los que el lenguaje humano devendría en obsoleto, porque las palabras humanas son incapaces de expresar a cabalidad: experiencias y emociones. Según Lilly, una civilización extraterrestre superior, emplearía estas formas totalizadoras de comunicación. Este tipo de experiencias indujo a Lilly a profundizar en el conocimiento de los **estados de conciencia**. A este fin diseñó cámaras de aislamiento sensorial, para flotar horas y horas. En los *tanques*, el cerebro se liberaba completamente de estas tareas, quedando libre para ocuparse de cosas más trascendentes. El cerebro izquierdo, el verbal, el racional quedaba de lado para dar paso al derecho, artístico, imaginativo. Por otra parte, Asimismo, según plantea Jung, estos fenómenos serían visiones arquetípicas originadas en el inconsciente colectivo.

Entonces, hoy llegamos a la idea central de que nuestra conciencia, dada su condición de estado alterado de conciencia (intencional o espontáneo), permite el acceso a la comunicación o percepción de FANI. Como señalaba W. Buhlman en *Aventuras fuera del cuerpo*:

En el siglo XXI el estudio de la interacción de la tecnología física y la conciencia humana será una ciencia en sí misma. Sólo la conciencia puede observar y registrar las numerosas complejidades del espacio-tiempo y las realidades creadas por la mente.

El lenguaje "Esencial" de los niños

La interacción del lenguaje poético con el lenguaje ordinario provoca a menudo incomprensión, pues el poético se percibe incompleto para el lenguaje ordinario. En aquel, existe un universo en una sola palabra. Si basta tan solo una palabra para situarnos en una realidad holística en el lenguaje poético, se necesitará más de una frase completa para comprender el sentido en el lenguaje racional ordinario. De ahí que son dos mundos y realidades diferentes.

Por otra parte, imaginemos que tenemos un sistema complejo de combinación de palabras, de las cuales solo tomamos algunas de las palabras como "modelos" que pertenecen a ese sistema. Al emitir estos modelos (palabras) permite formar un sistema complejo de interacciones y reconocimientos, siempre que "la cantidad de modelos (palabras) presentados no supere una fracción del número total de elementos del sistema (15 %). Lo más increíble es que "el sistema efectúa un reconocimiento correcto aunque el modelo (palabra) se presente con ruido añadido, o aunque el sistema esté parcialmente mutilado".[82]

Acá, simplemente, se enfoca el problema en la búsqueda de una solución a esta crisis. Se intenta llevar a la comprensión, de que el pensamiento complejo, que el hombre primitivo utilizaba en su vida cotidiana, al igual que el infante, en sus primeras etapas de crecimiento, puede ser una salida a esa angustia existencial que predomina en el ser humano moderno. En el desarrollo de este pequeño libro, se muestra la hipótesis de que hemos vivido una etapa de involución, que puede invertirse para encontrar el verdadero destino de la humanidad.

Los estados no ordinarios de conciencia, que hoy se obtienen de diversos medios y técnicas complejas, posiblemente, también estuvieron disponibles, de una forma más simple, en los últimos 30.000 años. En esa época, según los antropólogos (Richard Leakey) aparecieron las primeras figuras e imágenes de pinturas rupestres en las cavernas. Paralelamente surgió el lenguaje que aceleró la evolución. Es posible aventurar la hipótesis de que las imágenes en las cavernas tenían el propósito de servir como un medio para acceder a otras realidades. La combinación del lugar oscuro de la caverna, de las imágenes sin contexto, del sonido rítmico del tambor y de la intención del chamán, contribuía a que en su mente se modificara su percepción, apareciendo en el proceso ritual de meditación imágenes virtuales que configuraban un contexto construido por su propia mente sin tomar consciencia de ello. Es significativo que las pinturas están dibujadas en sectores donde hay mayor acústica dentro de las cavernas. No creo que haya sido coincidencia dibujar en esos lugares. Creo más bien, que era necesaria la combinación entre imagen y sonido para producir el acceso a realidades virtuales, en estados no ordinarios de conciencia. La moderna aplicación de esta tecnología de la conciencia, nos permite corroborar la hipótesis señalada.

Por otra parte, como dice Morris Berman, muchos investigadores, observando las pinturas rupestres, señalan que es improbable que los primitivos ingresaran a estados no ordinarios utilizando medios que actualmente se muestran un tanto complejos realizarlos, como la presencia de altares en ceremonias, rituales y elementos usados en ellos, no habiendo evidencias de éstos elementos, declarando alguno de estos investigadores que "no existe evidencias de éxtasis en las representaciones en las murallas", concluyendo que "el chamanismo no puede haberse dado en la cultura cazadora primitiva".

Es imprescindible calmar la mente, algo tan difícil en nuestra época actual.

---

[82] De Cuerpo presente, Francisco Varela, Evan Thompson y Eleanor Rosch.

Ahora, después de muchos años sin respuesta del FANI, tenemos la capacidad de reproducir las circunstancias que permiten la emergencia de un fenómeno similar en un laboratorio experiencial. La comprensión de los procesos mentales complejos de la percepción nos lleva a plantear una metodología de acceso a la realidad del FANI mediante un proceso de comunicación intencional antes que un proceso espontáneo del fenómeno, como ocurre en una experiencia de un piloto que tiene un encuentro con un FANI. Es posible, actualmente, reproducir la emergencia de estos fenómenos. Más aún, es posible anticipar las condiciones que favorecen la emergencia de los FANI.

(IV)   TEORÍA DEL DESDOBLAMIENTO DEL TIEMPO

INTRODUCCIÓN

Jean Pierre Garnier Malet suscitó el interés de la comunidad científica y de los medios de comunicación en 1988, al presentar su teoría del "desdoblamiento del tiempo":

Resumen de la Teoría

Tenemos dos tiempos diferentes al mismo tiempo: un segundo en un tiempo consciente y miles de millones de segundos en otro tiempo imperceptible en el que podemos hacer cosas cuya experiencia pasamos luego al tiempo consciente.

Como su nombre indica, todos los tiempos que estaban divididos se vuelven uno solo. El primero que se integra con el tiempo presente es el futuro. Porque todo aquello que hemos imaginado ha formado potenciales, buenos o malos, dependiendo de nuestra imaginación, y por ello estamos obligados a vivir las consecuencias de nuestra imaginación, que se vuelven una realidad. Es decir, que actualizamos todo ese futuro. Evidentemente, como que siempre nos imaginamos cosas sensacionales, pacíficas, no violentas, nuestro porvenir será pacífico y no violento. Sin embargo, si las personas se divirtieran construyendo potenciales peligrosos, agresivos y violentos, tendríamos un futuro agresivo, peligroso y violento.

El empleo es sencillo: basta con recibir el resultado de las informaciones desarrolladas en los tiempos imperceptibles futuros para saber lo que podemos hacer. El objetivo del desdoblamiento es estar siempre bien dirigidos, pero sin tener tiempo de saberlo, puesto que el desarrollo de la situación acontece en un tiempo que no existe para nosotros. En el otro tiempo transcurren días, incluso meses, mientras que para nosotros no transcurre más que un instante imperceptible. Recibo las consecuencias de mi pensamiento, generadas en el desarrollo a lo largo de ese tiempo acelerado, en forma de instintos e intuiciones.

V. RELACIONES DE LA TEORÍA Y EL MODELO

Después de conocer la teoría del desdoblamiento del tiempo, de Jean Pierre Garnier, en este escrito se pretende desarrollar las similitudes y diferencias que se dan con el modelo de Conciencia Cuántica, expuesto en el conjunto de mi obra.

Cuando hablemos de ambas posturas, las llamaremos como *Posiciones*. Si se trata de la primera, le asignaremos el nombre de la *Teoría* y al proceso autonómico como el *Modelo*.

El proceso de ver las similitudes entre ambas Posiciones significó contemplar una gran cantidad de formas de integración entre ellas, como las siguientes características que se entrecruzan en varias semejanzas:

- reciben señales creativas que se dificulta difundir al resto de las personas.
- sostienen que vivimos en el pasado de la mente.
- aplican geometría fractal.
- establecen que la imaginación es creadora de una realidad nuestra o de otras personas.
- establecen la necesidad de control de la energía de conciencia.
- muestran distorsiones del tiempo.
- sostienen la verdad y benevolencia a los demás.
- se conectan con el tiempo imperceptible guardando una actitud de confianza y entrega.
- señalan que podemos estar en dos tiempos-espacios al mismo tiempo, pero, sin embargo, no vemos el tiempo imperceptible.
- establecen una brecha imperceptible entre la pregunta y la respuesta.
- establecen secuencias de tiempos discontinuos.
- establecen un lenguaje de comunicación silenciosa entre las personas.
- son constructores de la realidad con el yo cuántico.
- mantienen un yo consciente y un yo cuántico relacionados.
- contienen al mismo tiempo el presente, pasado y futuro.
- señalan que el viaje lo hace como ondas la energía de conciencia y vuelve a la partícula (cuerpo).
- tienen importancia fundamental en la experiencia la participación del observador.

VI. SIMILITUDES DE LA TEORÍA Y EL MODELO

La primera similitud se dio en la fecha de génesis de ambas Posiciones: el año 1988.

Otras similitudes:

- Origen de la intencionalidad: un pensamiento en la *Teoría*, y una imagen en el *Modelo*. Es decir, ambas Posiciones usan el lenguaje no verbal de los sueños, pensamientos e imágenes.
- Campo de información: en la Teoría, universo de la información; en el Modelo Memoria cuántica No-local.
- usan conceptos de la física y de los sistemas complejos: principios de indeterminación, sistemas abiertos, bifurcaciones, atractores, dualidad onda-partícula, etc.
- contemplan la presencia, a cada instante de la dualidad, perceptible e imperceptible de la realidad en un tiempo discontinuo en microsegundos. Es decir, ambas Posiciones se conectan con un campo imperceptible del espacio y tiempo ilimitado, que se entrecruza con el tiempo perceptible de nuestra conciencia cotidiana.
- están asociadas a mecanismos de defensa y supervivencia, relacionados con el cerebro instintivo de reptil.
- sostienen que los pensamientos conscientes afectan el campo del tiempo no perceptible y que éste a su vez afecta nuestros pensamientos perceptibles y el de otras personas.
- sostienen que en verdad no somos tan libres como pensamos.
- Sostienen lo que J. P. Garnier dice: "El inconsciente colectivo es la energía de esos pensamientos que se han acumulado."
- sostienen que somos creadores de nuestro destino.
- señalan que, en forma natural, los primitivos y los niños, hasta los siete años, tenían y tienen capacidad para ingresar a los tiempos y espacios ilimitados.
- establecen brechas o espacios de tiempos ilimitados o imperceptibles en un campo cuántico.
- tienen una comprensión matemática y fractal de su operatividad.
- señalan que nosotros producimos el caos.

- establecen escudos de protección.
- pueden provocar la invisibilidad con el pensamiento.

VII. DIFERENCIAS DE LA TEORÍA Y EL MODELO

La primera diferencia está en el proceso de acceso a la realidad cuántica del desdoblamiento del tiempo y espacio, imperceptible en la *Teoría*, hacia un tiempo y espacio perceptible en el *Modelo*, haciendo consciente el inconsciente.

En la Teoría somos observadores de los resultados de nuestros pensamientos y no de los tiempos imperceptibles. En el Modelo somos observadores-participantes del tiempo-espacio imperceptible.

Otra diferencia es que en la Teoría se usan las herramientas del sueño paradójico, intuiciones, instintos, premoniciones; en el Modelo, se usan técnicas de acceso a la realidad transpersonal-cuántica.

Una cuarta diferencia es que la Teoría señala que la información del tiempo imperceptible se ha formado desde hace 25.000 años. El Modelo sostiene que contempla el universo de la información desde los orígenes del Big Bang, desde hace 15.000.millones de años.

A continuación desarrollaremos las relaciones entre la *Teoría* y el *Modelo* tanto para las similitudes como para las diferencias, considerando las presentaciones efectuadas por Jean Pierre Garnier en radios, videos y entrevistas con respecto de los escritos de mis libros.

VIII.   DESARROLLO DE LAS DIFERENCIAS

1.- La primera diferencia está en el proceso de acceso a la realidad cuántica del desdoblamiento del tiempo y espacio, imperceptible en la *Teoría*, hacia un tiempo y espacio perceptible en el *Modelo,* haciendo consciente el inconsciente.

LA TEORÍA

El empleo es sencillo: basta con recibir el resultado de las informaciones desarrolladas en los tiempos **imperceptibles** futuros para saber lo que podemos hacer. El objetivo del desdoblamiento es estar siempre bien dirigidos, pero **sin tener tiempo de saberlo**, puesto que el desarrollo de la situación acontece en un tiempo que no existe para nosotros. En el otro tiempo transcurren días, incluso meses, mientras que para nosotros no transcurre más que un instante **imperceptible**. Recibo las consecuencias de mi pensamiento, generadas en el desarrollo a lo largo de ese tiempo acelerado, en forma de instintos e intuiciones.

Nuestra vida sería tan solo una sucesión de instantes perceptibles, que actualizarían impulsos **imperceptibles** resultantes de un futuro vivido en 'otro lugar' en las aperturas de un tiempo cuyo transcurso siempre parecería idéntico a él mismo.

Sin embargo la teoría del desdoblamiento sí que permite entenderlo: al utilizar el tiempo **imperceptible**, nos muestra que somos observadores que no vemos el tiempo todo el tiempo, de modo que no vemos de qué manera la célula se desdobla; vemos solo el resultado.

Así pues hay que vivir en dos tiempos diferentes para poder tener instintos e intuiciones. Y nuestra biología está tan bien hecha que durante el día fabricamos potenciales en estos tiempos **imperceptibles**, es decir que cada uno de nuestros pensamientos encuentra su sucesión en estos tiempos **imperceptibles**, y por la noche vamos a seleccionar todos estos potenciales.

El fenómeno del desdoblamiento del tiempo nos da como resultado el hombre que vive en el tiempo real y en el cuántico, un tiempo **imperceptible** con varios estados potenciales: memoriza el mejor y se lo transmite al que vive en el tiempo real.

EL MODELO

Las estructuras disipativas como la MC[83] operan en el nivel cuántico que facilita la producción del proceso holográfico.

Es decir, cada vez que estamos percibiendo o haciendo algo, hay una actividad consciente y una enorme actividad inconsciente (oculta) separados por un espacio por el que fluye la Mente. Ambos campos (conciencia e inconsciencia) están conectados de una forma cuántica, arquetípica. Lo que sucede en un campo afecta al otro.

Gran parte de nuestras experiencias conscientes permanecen ocultas en nuestro interior. Sin embargo, todos poseemos un gran potencial de la conciencia esperando salir a la luz.

2.- En la Teoría somos observadores de los resultados de nuestros pensamientos y no de los tiempos imperceptibles. En el Modelo somos observadores-participantes del tiempo-espacio imperceptible.

LA TEORÍA

El **resultado** es una ecuación de desdoblamiento que une dos observadores que no se conocen, quienes pueden intercambiar informaciones en tiempos imperceptibles durante su desdoblamiento. Podríamos entonces hablar de 'intrincación' de partículas desdobladas.

Así pues hay que vivir en dos tiempos diferentes para poder tener instintos e intuiciones. Entonces, en ese tiempo imperceptible pasó mucho tiempo. Si puedo viajar a velocidades prodigiosas, un microsegundo se convierte en un día entero. Cuando regreso, no sé si me he ido, puesto que he estado ausente un microsegundo.

EL MODELO

La quinta percepción, *holística (PH)*, persigue trascender identidad-espacio-temporal. Se manifiesta, como ya lo vimos, en:
- Capacidad para ser actor multidimensional de todas las realidades.
- una relación con todo lo que nos rodea.

---

[83] Meditación Cuántica (MC)

- alcanzar la percepción consciente de estar Todo en Uno y ser Uno con Todo.
- un contacto virtual con todos los seres y cosas del planeta o con otras dimensiones.
- una comprensión de tu relación con el universo.
- crear realidades en ese espacio que lo impregna todo: el Campo Punto Cero.

3.- Otra diferencia es que para conectar con el desdoblamiento del tiempo, en la Teoría se usan las herramientas del sueño paradójico, intuiciones, instintos, premoniciones; en el Modelo, se usan técnicas de acceso a la realidad transpersonal-cuántica.

LA TEORÍA

Podemos conectar con él a través del **sueño paradójico** (un nivel de sueño muy profundo) controlado y los pensamientos benevolentes, una condición necesaria aunque insuficiente.

En el **sueño paradoxal**, cuando estamos más profundamente dormidos y tenemos nuestra máxima actividad cerebral, se da el intercambio entre el cuerpo energético y el corpuscular. Y es ese intercambio el que le permite arreglar el futuro que ha creado durante el día, lo que hace que al día siguiente su memoria esté transformada.

EL MODELO

Esta será, entonces, la aventura de nuestro viaje integral por el camino de evolución de la conciencia: primero adoptando una visión integral del cambio de conciencia, y luego embarcarnos en una práctica de inteligencia transpersonal (IT) y de acceso a la Inteligencia Cuántica (IC). La inteligencia transpersonal solo emerge cuando se establece una combinación adecuada de las inteligencias múltiples. El **proceso autonómico**, permite efectuar las combinaciones de las Inteligencias Múltiples (IM) para la posibilidad de emergencia de la IT y apertura a la IC. Es así, que se inicia el proceso estableciendo primero un diálogo (inteligencia interpersonal) a través del lenguaje y orientación lógica del proceso (inteligencias lingüística y lógico-matemática). A continuación, el participante comienza una meditación disipativa (inteligencia intrapersonal) mediante una combinación e interacción psicofisiológica (inteligencias espacial, musical y cinético-corporal). De todo este proceso emerge la visión transpersonal.

En resumen, la estructura del modelo de Percepción Ampliada de Conciencia contempla los siguientes elementos que ayudan a generan el **proceso autonómico**:

- un lugar medianamente silencioso y con bajo nivel de iluminación.
- Sentarnos cómodamente.
- Cerrar los ojos.
- fijación de un objetivo general por el instructor (verbal). Es la primera etapa del proceso autonómico. Debe quedar bien clara la definición de la intención para poder avanzar a la siguiente etapa.
- Elemento material o mental (Visualización) de sustento permanente de fijación de la atención.
- Interacción de un estímulo sensorial (música o sonido) con el elemento sustentador de la concentración.
- Salida del proceso por el término del estímulo sensorial y/o instrucción del término de la meditación por parte del instructor.

El desarrollo de la conciencia se manifiesta como un proceso de cambio de nuestras percepciones, lenguaje, pensamiento y acciones que van estructurándose desde un estado de identificación del proceso de transformación personal, hasta uno de desidentificación del mismo. Esto, es lo que persigue el modelo de Educación Humanista, Cread 90:

1. Conciencia del proceso[84].

La Conciencia participa en todo el proceso. Es el alma de la experiencia, que se desplaza en las diversas realidades manifestadas como "Testigo". Detrás de las sensaciones emergentes en la realidad ordinaria, realidad transpersonal y realidad compleja (cuántica), se encuentra el Testigo observador-participante.

2. Referencia del proceso[85].

La Referencia, se enmarca en transformar un concepto abstracto en un objeto o imagen mental, que sirva de sustento a la concentración de la atención. Puesto que

---

[84] Corresponde a lo señalado por F. Varela respecto de la Enacción, como el proceso de la conciencia de una "puesta en obra de un mundo y una mente a partir de una historia de acciones que un ser realiza en el mundo". Asimismo, se asimila al cuadrante del Yo de la *visión integral* de Wilber.

[85] Comprende de acuerdo a F. Varela a "las operaciones con símbolos se pueden especificar usando solo la forma física de los símbolos, no su significado". Corresponde al cuadrante cultural en la *visión integral* de Wilber.

en el estado alterado de conciencia, estamos dentro de un sistema abierto, expuesto a inestabilidad y caos con la consecuente emergencia de multiplicidad de imágenes, se requiere establecer un punto de referencia (tema o imagen) como atractor, que atenúe la variabilidad a la que está expuesta el sistema. Es el rol de la intencionalidad inicial.

3. Estructura del Proceso[86].

Comprende el elemento físico (cuerpo-cerebro) donde se produce el proceso de la experiencia consciente. Contempla el cuerpo, como estructura disipativa y cuerpo como estructura autopoiética. El Testigo contempla los cambios de niveles y de estructura del cuerpo.

4. Actor del Proceso[87].

Es la participación consciente (Testigo) voluntaria y autónoma necesaria en el proceso mental requerido para generar los efectos emergentes.

5. Desidentificación del Proceso[88].

Es el factor de emergencia producido por la combinación continua y simultánea de un proceso, que contempla la interacción de dos elementos opuestos. Es la atención con desatención[89]. Es la espera sin esperar. Es el esfuerzo sin esfuerzo. Es dejar que las cosas pasen, de forma natural. Es por último, como se dice, "que sea su voluntad".

---

[86] El mismo autor (de la nota anterior), plantea que el sustrato de la experiencia "abarca el cuerpo como estructura experiencial vivida y el cuerpo como el contexto o ámbito de los mecanismos cognitivos". Es asimilable al cuadrante del organismo-cerebro en la *visión integral* de Wilber.

[87] Según el autor, ya señalado, le corresponde al "experimentador estar presente en la relación con el objeto experimentado", desde el primer momento, en el "impulso básico para actuar hacia el objeto discernido", hasta las percepciones y sentimientos que emerjan de la experiencia". Se asimila al cuadrante social en la *visión integral* de Wilber.

[88] F.Varela advierte, que "cuando el meditador aborda el desarrollo de la presencia plena con la ambición de adquirir habilidad a través de la determinación y el esfuerzo, la presencia plena/conciencia abierta se le escapa" y, agrega, "cuando el meditador empieza a soltarse en vez de luchar para alcanzar un estado particular de actividad, el cuerpo y la mente se coordinan con naturalidad".

[89] Joe Dispenza, señala que "cuando la gente se concentra interiormente mediante una seria contemplación reflexiva sobre sí misma, es capaz de quedar tan inmersa en lo que está pensando que, a veces, su atención se separa por completo de su cuerpo y de su entorno, parecería que estos se desvanecen o desaparecen. Hasta el concepto de tiempo se esfuma."

Elementos simples del Proceso de Ver/Hacer la Realidad[90]

Para la generación de emergencia de sensaciones se requiere de la conexión de elementos simples de la conciencia siguientes:

Intención.

Corresponde a la fijación de un objetivo general que puede ser expresado de forma abstracta (verbal). Es la primera etapa del proceso autonómico. Debe quedar bien clara la definición de la intención para poder avanzar a la siguiente etapa.

Objeto material o mental (visualización).

Comprende el sustento permanente de fijación de la atención. Es un elemento material o mental (periverbal) que identifica la categoría específica a la cual se pretende alcanzar en el momento de la emergencia de la realidad buscada.

Reconocimiento.

Emerge, cuando en otra instancia se vuelve a conectar o acoplar el objeto material o mental con el sentido que estaba interactuando (interfiriendo), simultáneamente, en el sistema.

Sentido.

Uno de los sentidos (transverbal) que se acciona para conectarse (interferir) con el objeto material o mental y producir una sensación.

Sensación.

La interacción del objeto material o mental con el sentido, al cual se conecta, produce la emergencia de una sensación, que mantenida en el tiempo genera un proceso recursivo permanente de sensaciones.

---

[90] El proceso de ver-hacer la realidad, habitualmente, no es posible conocer cuando se está generando una respuesta frente a un estímulo. Sin embargo, A. Damasio señala, que existe un proceso llamado "metayó" que puede conocer esa realidad a condición de que, primero, frente al estímulo (imagen) el cerebro describa la perturbación del organismo; segundo, que dicha descripción genere una imagen del proceso de perturbación; tercero, interconexión de la imagen (estímulo) con la imagen de la perturbación del yo. En el proceso no participa el lenguaje. Vemos, entonces, que este proceso es similar al proceso autonómico.

4.- Una cuarta diferencia es que la Teoría señala que la información del tiempo imperceptible se ha formado desde hace 25.000 años. El Modelo sostiene que contempla el universo de la información desde los orígenes del Big Bang, desde hace 15.000.millones de años.

LA TEORÍA

Nuestro pasado, según esta teoría, "es la memoria del futuro". Todo aquello que has creado con tu pensamiento es memorizado y resulta accesible para cualquiera, por lo tanto, si fabricas un potencial peligroso, alguien puede vivir peligrosamente y eso sería tu responsabilidad. O sea que cuando tienes pensamientos peligrosos hay que suprimirlos antes de que su consecuencia pueda actuar. El inconsciente colectivo es la energía de esos pensamientos que se han acumulado. En un ciclo de **25 mil años** (un año "platónico", producido por la precesión de los equinoccios) hemos acumulado pensamientos de hombres que no han sido transformados por el pensamiento de otros hombres y que los podemos utilizar ahora.

EL MODELO

Este proceso logra poner al alcance del participante de la experiencia de evolución de la **conciencia desde los orígenes del Universo** hasta sus ancestros y llevarlo posteriormente, a sentir su desarrollo y evolución hacia la espiritualidad. Se desarrollan las siguientes técnicas.

- Conciencia del Cosmos
- Conciencia del reino mineral
- Conciencia del reino animal
- Conciencia de nuestros ancestros (Preservación de la Vida)
- Conciencia del Ecosistema (Conservación de la Especie)
- Conciencia de la Emocionalidad
- Conciencia de la Visión Interior
- Conciencia del Vacío de las Formas

IX. DESARROLLO DE LAS SIMILITUDES

1.- La primera similitud se dio en la fecha de génesis de ambas Posiciones: el año 1988.

LA TEORÍA

Doctor en física dedicado a la mecánica de fluidos, Jean Pierre Garnier Malet suscitó el interés de la comunidad científica y de los medios de comunicación en **1988**, al presentar su teoría del "desdoblamiento del tiempo". Revistas internacionales científicas han publicado sus trabajos. Vive en París. Viaja por el mundo impartiendo conferencias convencido de que su hallazgo no puede quedar relegado al ámbito de la ciencia solamente y "debe divulgarse a las gentes" porque "permite explicar el mecanismo de la vida y de nuestros pensamientos y usar lo mejor posible las intuiciones, los instintos y las premoniciones que este desdoblamiento pone a nuestra disposición en todo momento".

En el año **1988**, el físico Jean-Pierre Garnier Malet hizo un asombroso descubrimiento relacionado con las propiedades del tiempo. Publicada entre 1998 y 2010, su teoría acerca del desdoblamiento del tiempo aporta muchas primicias científicas. También, y sobre todo, permite explicar el mecanismo de la vida y de nuestros pensamientos y usar lo mejor posible las intuiciones, los instintos y las premoniciones que este desdoblamiento pone a nuestra disposición en todo momento.

EL MODELO

Una aplicación práctica en el trabajo de la metodología reseñada en mis textos[91] ha sido empleada, desde el año **1988**, en la medición económica de Cuentas Nacionales en la producción de las obras de edificación. En ese año (año de génesis del modelo Cread 90) desarrollé una metodología similar (conexionista),

---

[91] Los textos *El Universo en un instante de conciencia, Cambio de sentido y Espacios de la mente,* desarrollan la metodología modular de acceso a la conciencia cuántica. El primer volumen, *El Universo en un Instante de Conciencia*, nos muestra la estructura de la conciencia en un modelo de la percepción de la realidad. *Cambio de Sentido*, resume y desarrolla la metodología, el proceso, elementos y herramientas que participan de la experiencia consciente, que permite ser testigo y hacedor de la realidad, que se despliega como una cualidad emergente y autónoma en el proceso de vivir. *Espacios de la Mente*, busca encontrar, esa parte que se encuentra lejos y perdida en el tiempo; un viaje a lo más profundo de nuestra interioridad: la inmersión en la Memoria Cuántica, No-local.

que aplica una red de modelos y módulos, que al conectarse estos elementos simples bajo ciertas reglas, "emerge" como resultado una obra global de edificación.

El modelo es un programa de educación sin fronteras, porque es un proceso de aprendizaje continuo[92] y se trascienden todas las fronteras o límites de la conciencia, de la identidad, del espacio y del tiempo. Es un modelo Cread 90, porque comprende cuatro formas de meditar, por Concentración, Relajación, Aventura imaginativa (visualización) y Desidentificación, bajo una Estructura de la conciencia (disipativa). El símbolo 90, es por dos motivos: porque el modelo fue desarrollado a fines de los ochenta (1988), para ser usado desde los noventa y 90 minutos, es el ciclo completo que experimentamos durante el proceso de dormir y soñar.

---

[92] Prácticamente desde mediados de los años 60 inicié el aprendizaje de los temas que atañen a la conciencia. Desde aquel entonces, la investigación fue orientada hacia diversas ramas de la ciencia que tuviesen cierta relación con aquel campo. Así empezaron a integrarse aspectos de la Física Atómica y Cuántica, tecnología Láser, holografía, hipnosis y Sugestión, Percepción Extrasensorial, Pensamiento Positivo, psicología Humanística y Transpersonal, Meditación e Iluminación, Pensamiento Complejo, etc. Durante la década del 70, continuando con esta búsqueda de la verdad del conocimiento, intenté estructurar en una síntesis, todos los conocimientos adquiridos y preparar un texto "Programación Mental de Actividades" que contendría varias técnicas de autoayuda. Revisando los borradores se transformó en un ensayo titulado "Conoce, piensa y Ayúdate a ti mismo". Posteriormente, pasado 1980 traté de escribir un libro nominado "Libro Maestro de la Vida" y que a fines de la década se tradujo en "Introducción al proceso de Ser y Vivir", para luego en su madurez llegar a convertirse en el texto: "Ser y Vivir", orientado a un modelo de educación humanista que integra tanto la identificación como la des-identificación del proceso de transformación personal. En 1985, obtuve diploma de Control Mental Silva. Creador, en el año 1988, del modelo de meditación disipativa, meditación cuántica, proceso autonómico o método Cread 90. El año 2000, asistí a encuentro chamánico. Obtuve diplomados, en 2003, de PNL en la Universidad Tecnológica Metropolitana; en el año 2004, de Psicología Clínica Humanista, Existencial, Transpersonal, en la Pontificia Universidad Católica; en 2009, diplomado de La búsqueda de sí mismo en Literatura, en la Universidad del Desarrollo y en 2013 diploma de introducción al mindfulness en la Universidad Adolfo Ibañez. Fui profesor guía de talleres de meditación de la Sociedad de Salud Integral en Concepción y he participado en charlas para el programa "1000 científicos, 1000 aulas" de EXPLORA-CONICYT en las Semanas de la Ciencia y Tecnología. Desarrollo labores privadas, de escritor-investigador, charlas, cursos y talleres de meditación y relajación. Actualmente, me dedico a escribir e investigar temas relacionados con estas experiencias, de los cuales he publicado diez libros y treinta monografías, como herramientas de educación transpersonal. Además, mantengo una participación activa en Red de Psicología Transpersonal y desarrollo de tres proyectos de modificación de la percepción y ampliación de conciencia.

2.- Origen de la intencionalidad: un pensamiento en la *Teoría*, y una imagen en el *Modelo*. Es decir, ambas Posiciones usan el lenguaje no verbal de los sueños, pensamientos e imágenes.

LA TEORÍA

Cuando vivimos en la tierra fabricamos potenciales que podemos utilizar, somos creadores de todo ese futuro, lo cual también significa que hay un peligro. ¿Por qué?, pues como somos incapaces de no producir un potencial peligroso, algo que sucede continuamente, debemos saber suprimirlos a esos potenciales peligrosos, para que nadie pueda vivirlos. Eso es lo más importante.

Todo aquello que has creado con tu **pensamiento** es memorizado y resulta accesible para cualquiera, por lo tanto, si fabricas un potencial peligroso, alguien puede vivir peligrosamente y eso sería tu responsabilidad. O sea que cuando tienes **pensamientos** peligrosos hay que suprimirlos antes de que su consecuencia pueda actuar. El inconsciente colectivo es la energía de esos **pensamientos** que se han acumulado.

Tenemos que estar tranquilos. Tenemos que controlar nuestros **pensamientos**, nunca imaginar lo peor sino solo lo mejor, en cualquier situación. Entonces el caos se aleja. Hay que vivir sin miedo, con el fin de desencadenar la esperanza y la imaginación benéfica.

Cuando yo pienso en algo, esto es una energía que se va dentro de un tiempo no perceptible para mí, para proporcionar informaciones a otro mundo que, en un tiempo diferente, mucho más acelerado, va a vivir las consecuencias de mi **pensamiento**, durante días y más días. Y ese mundo, debido a mí se hace preguntas, y eso hace un efecto de bola de nieve, puesto que en otro tiempo, otro mundo fabrica el futuro de eso. Nosotros somos un mundo que fabricamos el futuro de otro mundo. Siempre estamos en un mundo que fabrica el futuro de un mundo, y hay miles de millones de mundos en los mundos…

Todo lo que **pensamos** es una energía. Si controlo bien mi **pensamiento** y pienso en hacer las cosas bien, fabrico un buen futuro, que cualquiera puede utilizar. Esto es lo más importante. Tengo que generar benevolencia, no-violencia, en mi **pensamiento**. Si controlo mi **pensamiento**, la violencia puede no tocarme. Escapo a la violencia a través de mi energía.

Antes del final del ciclo de desdoblamiento, yo podía imaginar cosas y nunca vivirlas. Sin embargo, ahora esto se acabó. Todo aquello que imagino, lo vivo inmediatamente. Esto va a causar daños. En vez de acudir a la violencia basta con controlar nuestro **pensamiento**.

Se puede ver inmediatamente el resultado de un **pensamiento**, sea este de benevolencia o de malevolencia.

Es decir, que cuando sabes controlar tu **pensamiento** no hay depresión posible; siempre vives en una alegría interna.

"Esto es lo más fuerte que podemos decir en cuanto a la aplicación de la teoría del desdoblamiento: cambiad vuestros **pensamientos** y viviréis un futuro diferente.

Tenemos que estar tranquilos. Tenemos que controlar nuestros **pensamientos**, nunca imaginar lo peor sino solo lo mejor, en cualquier situación. Entonces el caos se aleja. Hay que vivir sin miedo, con el fin de desencadenar la esperanza y la imaginación benéfica.

EL MODELO

Mantener un tiempo una **intención** al inicio de la experiencia.

Las estructuras disipativas como la MD operan en el nivel cuántico que facilita la producción del proceso holográfico. El acceso a la memoria holográfica se facilita en cada instante de conciencia con la transformación de la **intención en una imagen** visualizada, que genera un patrón de búsqueda en la etapa de sincronización de las neuronas cerebrales (con la ayuda de la música), generando la estimulación neurológica que produce una corriente energética coherente y sincronizada en que se despliega la percepción virtual de la realidad buscada.

Este método se encuentra entre los dos métodos anteriores (verbal y transverbal). La característica del método periverbal (alrededor de lo verbal) es que **utiliza en menor medida la palabra** para producir el trance. Por ello, el método periverbal y transverbal se encuentran íntimamente ligados. Se asemeja a la experiencia del genio, que ha estado por mucho tiempo pensando una idea y de pronto le llega de golpe la solución esperada.

Como decíamos, la integración de estos dos métodos corresponde a aquellas técnicas en que **la palabra participa en menor medida**, sólo al comienzo (para reforzar la intencionalidad del proceso definida en el método verbal) y al final (si fuera necesario) para "despertar" o salir de la meditación. La parte intermedia de este método se reemplaza por un estímulo rítmico (como la música) que ayuda en las fluctuaciones disipativas, además de profundizar y mantener el proceso de la meditación. La meditación del sonido primordial, respiración holotrópica chamanismo, visualización libre y mántrica serían representativas de este método. Como señala S. Grof, "Para investigar las nuevas fronteras de la conciencia es necesario superar los tradicionales métodos verbales que recogen los datos importantes. Muchas experiencias que se originan en los dominios más remotos de la psiquis, tales como los estados místicos, **no se prestan a las descripciones verbales**. Por ende es evidente que uno debe emplear procedimientos que permitan a la gente acceder a niveles más profundos de su psiquis, **sin depender del lenguaje.**" Para ello, se emplean los **Tiempos de operatividad del modelo**:

Tiempo de Intencionalidad
Mantener un tiempo una **intención** al inicio de la experiencia.

Tiempo de Reconocimiento
Mantener un tiempo un recuerdo o **imagen** de la intención.

Tiempo de Sincronización
Mantener un tiempo la **imagen** de la intención sincronizada con la estimulación externa.

Tiempo de Recursividad Organizativa
Generación continua de una auto-organización de **imágenes** virtuales.

3.- Campo de información: en la Teoría, universo de la información; en el Modelo, Memoria cuántica No-local.

LA TEORÍA

Hoy sabemos por la ciencia que nos encontramos en **un mar de información**. Un intercambio de **información** entre los dos mundos daría de manera instantánea en el tiempo normal la información necesaria para llegar al objetivo de manera instintiva o intuitiva.

Podríamos decir que entre el yo consciente y el yo cuántico se da un intercambio de **información** que nos permite anticipar el presente a través de la memoria del futuro. En física se llama hiperincursión y está perfectamente demostrada.

Sabemos que, si tenemos dos partículas desdobladas, ambas tienen la misma información al mismo tiempo, porque los intercambios de energía de **información** utilizan velocidades superiores a la velocidad de la luz.

EL MODELO

Se puede aumentar la eficiencia y productividad del trabajo hasta límites increíbles, mejorando sustancialmente la concentración, elaborando nuevas ideas, estructuras y modelos solo empleando algunas técnicas de meditación disipativa, que permiten extraer **información del inconsciente** para aprender, comprender y crear nueva información, con el mínimo esfuerzo por parte del individuo.

Si desconocemos que todos tenemos un Inconsciente Sagrado, Dios, Inconsciente Colectivo, **Memoria no-local**, Atman, Brahman, Alá, o como quiera que lo llamemos, estaremos limitando nuestra vida al presentar el primer obstáculo al acceso a esta fuente de poder interior, que es la negación de nuestra propia vida psíquica, pues una de las característica para acceder a esta parte de nuestra conciencia es la de no emitir juicios ni intelectualizar la experiencia divina. Hay que comprender, que racionalizar la atención, es opuesta a la propia atención. Lo que se necesita, es más bien observar el acontecimiento, sin juicio alguno. Debemos ser testigos de lo que ocurre en el proceso de la atención. Entonces, solo así, se hará presente lo sagrado de nosotros mismos. Ya no tendremos solo un conocimiento de lo divino de nosotros mismos, sino que seremos partícipes de la experiencia de Dios.

Ahora, cómo las estructuras arquetípicas del pasado remoto tienen efectos en el presente y futuro de nuestra conciencia, es posible responder que, para que esto ocurra, debemos considerar, que existe un **efecto no-local** entre dos elementos vinculados en algún tiempo inicial, que trasciende la comunicación espacio-temporal entre ellos. Entonces, se logra el vínculo al conectarse o interaccionar – por ejemplo- un sonido y una imagen del presente, quedando estos dos elementos comunicados, independiente del espacio o tiempo que los separe. Dado que el sonido, que lleva información que no se pierde[93], es una vibración que está

---

[93] S. Hawking sostiene que cuando algo cae en un hoyo negro, la información que contiene no se destruye. Por otra parte, todos los átomos del universo están vinculados en su origen, el Big Bang por lo cual están comunicados más allá del tiempo, del espacio y de la forma (identidad) que adquieran en él.

vinculada no-localmente con todas las vibraciones del universo del pasado, presente y futuro, que, a su vez, está vinculada con la imagen del presente que "atrae" la posibilidad de un encuentro virtual, relacionado con el tema de la intencionalidad inicial buscada.

En resumen, la conciencia o el primer acto de conciencia fue una configuración arquetípica, que dio origen al "Big Bang" de la conciencia y, que continuó con el tiempo, en procesos recursivos (autopoiéticos) que fueron desplegando una historia (evolución) de la conciencia individual y colectiva. Entonces, podemos terminar Espacios de la mente haciendo una síntesis de los puntos centrales en que se tocan la física con la conciencia: un nuevo paradigma de evolución de la conciencia:

- La conciencia trasciende la materia y energía.

- La conciencia comienza desde el origen del universo.

- La conciencia está condicionada en una estructura arquetípica.

- La conciencia está inserta en una estructura disipativa.

- La conciencia es parte de un sistema complejo.

- La conciencia está conectada a todo el universo.

- La conciencia es un proceso autopoiético.

- La conciencia es un proceso que se crea y desaparece a cada instante.

- La conciencia tiene intención, reconocimiento, sincronización y respuesta.

- La conciencia percibe antes que se produzca la intención y respuesta.

- La conciencia es libre de nuestro "yo".

- La conciencia contiene a la memoria: clásica o cuántica.

- La conciencia cuántica emerge solo al perturbar la memoria clásica.

4.- Ambas posiciones usan nuevos conceptos de la física y de los sistemas complejos: principios de indeterminación, sistemas abiertos, bifurcaciones, atractores, dualidad onda-partícula, etc.

LA TEORÍA

Podríamos decir que entre el yo consciente y el yo cuántico se da un intercambio de información que nos permite anticipar el presente a través de la memoria del futuro. En física se llama **hiperincursión** y está perfectamente demostrada.

Existe otra propiedad conocida en física: la **dualidad de la materia**; es decir, una partícula es a la vez **corpuscular** (cuerpo) y **ondulatoria** (energía). Somos a la vez cuerpo y energía, capaces de ir a buscar informaciones a velocidades ondulatorias.

El movimiento de **desdoblamiento** obliga a las partículas a seguir **bifurcaciones**.

En el instante en que pienso algo, se genera una información ondulatoria que recibe todo un **paquete de ondas**.

"El resultado es una ecuación de desdoblamiento que une dos observadores que no se conocen, quienes pueden intercambiar informaciones en tiempos imperceptibles durante su desdoblamiento. Podríamos entonces hablar de **'intrincación' de partículas desdobladas**.

Y sabemos que, si tenemos dos **partículas desdobladas**, ambas tienen la misma información al mismo tiempo, porque los intercambios de energía de información utilizan velocidades superiores a la **velocidad de la luz**.

EL MODELO

Algunos pensadores, de estos tiempos, están comprendiendo que el hombre ha cumplido y está jugando un papel importante en la creación del Universo. Entiende que ya no es posible asegurar una completa objetividad permanente de los sucesos en el tiempo, él participa (es sujeto y objeto) de estos cambios. El principio de causalidad se invierte y transforma en un **principio de finalidad**; se distorsionan los conceptos de **dimensión espacio-tiempo** y dejan de ser limitaciones a la conciencia; aparece como aceptable **la coexistencia de dos o más mundos paralelos; el pasado, presente y futuro es una falsa o incompleta percepción de la realidad**; su visión espacial **no está limitada a la aproximación de sus órganos sensoriales**; comprende que la historia de la humanidad tiene un sentido de ser un proceso para el desarrollo de la conciencia, objetivo predeterminado por la propia conciencia universal.

Los conceptos de la **dinámica no lineal** y del **Pensamiento Complejo** que, como ahora sabemos, engloba conceptos de los sistemas abiertos, lejos del equilibrio, estructuras disipativas, atráctores, bifurcaciones, autopoiésis, conexionismo, emergencia y otros conceptos que hacen comprender la complejidad del proceso-estructura de la mente-cuerpo.

Los **Sistemas Dinámicos No Lineales** (SDNL), que participan de los fenómenos complejos de emergencia y auto organización, han sido investigados desde hace mucho tiempo en forma teórica y matemática. Sin embargo, la representación gráfica solo ha sido posible en el último tiempo, desde hace unos cincuenta años, con la invención de los sistemas informáticos. Pero la aplicación de los SDNL en la psicología tiene un nacimiento de no más de quince a veinte años y hoy se encuentra en pañales, sobre todo en sus aplicaciones prácticas. De ahí que creo que el modelo del proceso autónómico y metodología de expansión de conciencia, reseñado en mi obra, tiene un alto valor fenomenológico en la investigación futura de los SDNL.

5.- Ambas Posiciones contemplan la presencia, **a cada instante de la dualidad**, perceptible e imperceptible de la realidad en un tiempo discontinuo en microsegundos. Es decir, ambas Posiciones se conectan con un campo imperceptible del espacio y tiempo ilimitado, que se entrecruza con el tiempo perceptible de nuestra conciencia cotidiana.

LA TEORÍA

El futuro se construye a cada instante, se memoriza a cada instante y se vuelve un pasado. Esta diferencia de tiempos siempre permite tener **el futuro antes que el pasado**.

En el otro tiempo transcurren días, incluso meses, mientras que para nosotros no transcurre más que **un instante imperceptible**.

Podríamos pues crear el **futuro a cada instante** en aperturas inobservables entre instantes observables con la apariencia de un transcurso de tiempo continuo.

EL MODELO

Existencia de etapas en **un instante de la experiencia**, que definen los módulos de participación del proceso (intención, reconocimiento, sincronización, respuesta).

El modelamiento de esta forma de percibir **un instante de conciencia**, nos permite crear una historia de una realidad alternativa. El modelo de Meditación Disipativa (MD) contempla las etapas señaladas (intención, imaginación, sincronización, respuesta) en donde se fabrica una realidad en la continuidad del proceso autonómico. Desde este punto de vista, el modelo se aproxima a la percepción de la realidad ordinaria. En el límite, ambas realidades se confunden.

Todo esto nos permite vislumbrar también la posibilidad de crear realidades no ordinarias, **en un instante de conciencia**, como sucede habitualmente con la conciencia ordinaria. Investigar esta perspectiva traería enormes repercusiones aplicadas en la forma de enfrentarse a la educación y salud por la economía de costos, tiempo y métodos. Lo más importante del modelo de la realidad no ordinaria, es que nos permite comprender que lo transpersonal ya se encuentra presente en la conciencia ordinaria, sólo que está oculta.

Sabemos, que en la percepción de una realidad ordinaria ocurren en **un solo instante** (milésimas de segundo) etapas bien diferenciadas de forma inconsciente. Primero existe una intención (consciente u oculta) de percibir una realidad. Segundo, expectantes imaginamos, intuimos o sabemos (recordamos) la configuración de esa realidad buscada. Tercero, sincronizamos la intención e imagen configurada de modo de auto-organizar nuestro cuerpo-mente para efectuar una respuesta. Por último, aparece la respuesta cuerpo-mente como una realidad buscada (percibida). Podemos constatar que el proceso de toma de conciencia de la realidad ordinaria y trascendente (en meditación disipativa) es similar y sólo se diferencian en el límite de tiempo de acceso a esas realidades.

Al recibir un estímulo, por primera vez, disponemos de muchas posibles respuestas frente a él, y podemos elegir entre ellas. El evento ordinario que ocurre es a menudo estar separado y frente a la percepción de un objeto. Aunque se tiene libertad de elección, y no estar limitado por los reconocimientos de la memoria, caemos de todas formas en la habitual manera de responder, en vez de un nuevo modo de percepción. Sin embargo, en ciertos estados de conciencia, es posible liberarse de la respuesta condicionada en un breve tiempo, de **medio segundo**. Pero, para cuando el medio segundo ha terminado y damos nuestra habitual respuesta, seguro será una respuesta condicionada, respondiendo desde el ego, de acuerdo estrictamente a los patrones condicionados de pensamiento y sentimiento.

6.- Ambas Posiciones están asociadas a mecanismos de defensa y supervivencia, relacionados con el cerebro instintivo de reptil.

LA TEORÍA

Elegimos a cada instante el potencial, intercambiamos información, eso es eficazmente utilizado por el instinto de **supervivencia**.

Los mensajes de nuestro doble son posibles, pero el mecanismo de información que tenemos con él también puede ser utilizado por criaturas que están en otras realidades y tienen la misma fuerza de nuestro doble. Sé que es difícil de entender, pero para vivir estamos obligados a recibir informaciones de otra realidad, de lo contrario de nada serviría nuestro instinto de **supervivencia**. Veamos. En el caso de una agresión necesitas inmediatamente tener una solución y tú no tienes tiempo, es otro tiempo el que fabrica esa solución; tú solamente tienes la elección de la solución porque de hecho otra realidad fabrica potenciales. Elegimos a cada instante el potencial, intercambiamos información, eso es eficazmente utilizado por el **instinto de supervivencia**.

En el sueño paradoxal, cuando estamos más profundamente dormidos y tenemos nuestra máxima actividad cerebral, se da el intercambio entre el cuerpo energético y el corpuscular. Y es ese intercambio el que le permite arreglar el futuro que ha creado durante el día, lo que hace que al día siguiente su memoria esté transformada. El intercambio se realiza a través del agua del cuerpo. Ese intercambio de información permanente es el que crea el **instinto de supervivencia y la intuición**.

EL MODELO

El cerebro de reptil, de menor tamaño que los otros cerebros[94], cuya función es responsable de conservar la vida si el organismo así lo requiere. De ahí, que permite regular el impulso por la supervivencia: comer, beber, temperatura corporal, sexo, territorialidad, necesidad de cobijo y de protección. Este cerebro procesa lenguajes no verbales, de aceptación o rechazo. Organiza y procesa las funciones que tienen que ver con las rutinas, los hábitos, la territorialidad, el espacio vital, condicionamiento, adicciones, rituales, ritmos, imitaciones,

---

[94] Todos esperamos que para obtener más energía, se necesita una mayor cantidad de materia. No debemos engañarnos de la capacidad, por el tamaño del cerebro. Einstein afirmaba que el máximo de energía existe en el mínimo de materia. Y, David Bohm señala que "todo tiempo se encuentra contenido dentro de cualquier segundo; todo espacio, dentro de cualquier centímetro cúbico; toda materia física, dentro de cualquier grano de arena; el todo, dentro de sí mismo."

inhibiciones y seguridad. Es el responsable de la conducta automática o programada, tales como las que se refieren a la preservación de la especie y a los cambios fisiológicos necesarios para la supervivencia: control de la respiración, el ritmo cardíaco, la presión sanguínea e incluso colabora en la continua expansión-contracción de nuestros músculos.

7.- Ambas Posiciones sostienen que los pensamientos conscientes afectan el campo del tiempo no perceptible y que éste a su vez afecta nuestros pensamientos perceptibles y el de otras personas.

LA TEORÍA

Cuando yo pienso en algo, esto es una energía que se va dentro de un tiempo no perceptible para mí, para proporcionar informaciones a otro mundo que, en un tiempo diferente, mucho más acelerado, va a vivir las **consecuencias de mi pensamiento**, durante días y más días. Y ese mundo, debido a mí se hace preguntas, y eso hace un efecto de bola de nieve, puesto que en otro tiempo, otro mundo fabrica el futuro de eso. Nosotros somos un mundo que fabricamos el futuro de otro mundo.

El objetivo del desdoblamiento es estar siempre bien dirigidos, pero sin tener tiempo de saberlo, puesto que el desarrollo de la situación acontece en un tiempo que no existe para nosotros. En el otro tiempo transcurren días, incluso meses, mientras que para nosotros no transcurre más que un instante imperceptible. **Recibo las consecuencias de mi pensamiento**, generadas en el desarrollo a lo largo de ese tiempo acelerado, en forma de instintos e intuiciones.

Si controlo bien mi pensamiento, todos los pensamientos que vienen a mí me van a conducir hacia ese control. O sea que si accedo a **tener malevolencia** voy a vivir material para poder **desarrollar más malevolencia**; lo mismo sirve para la benevolencia.

EL MODELO

A medida que vayamos descubriendo los diversos niveles de la conciencia, veremos que ciertas estructuras tienen características negativas y otras positivas que se reflejan en nuestra conciencia prepersonal y personal de nuestra existencia. Si bien en condiciones habituales, sin un control consciente, **estamos recibiendo el impacto de ambas estructuras** (positivas y negativas), el hecho de

241

identificarlas nos permite orientar y completar conscientemente el proceso de transformación de la conciencia mediante algunas técnicas de estructuración y reestructuración arquetípica de la conciencia: estructuración arquetípica del comportamiento en el nivel personal, estructuración arquetípica de los sueños, reestructuración arquetípica de la vigilia, reestructuración arquetípica de los sueños (sueño vigil y sueños lúcidos), reestructuración arquetípica de la meditación.

La experiencia evolutiva de los niveles de la estructura arquetípica favorece la emergencia de aspectos positivos. Con el tiempo, reconoceremos que los estados o estructuras arquetípicas de la conciencia serían en gran medida las motivaciones **responsables de la crisis de la conducta destructiva** de las personas. La salud será vista más bien como el resultado de permanecer en una estructura positiva de la conciencia, y podrá controlarse haciendo que el individuo experimente un cambio, que signifique el proceso de transformación de las estructuras negativas de la conciencia hacia las positivas.

Los cambios, que personalmente experimenta una persona, son el reflejo de **cambios de** nivel en las **estructuras arquetípicas**. Una educación integral, que signifique que al cambiar nuestro estado de conciencia, habremos aprendido que **podemos modificar y transformar** nuestro estado de salud general.

La salud global del planeta es el resultado de alcanzar un elevado nivel de conciencia. Reconoceremos, que **los estados o estructuras arquetípicas** de la conciencia, serían en gran medida las motivaciones **responsables de la crisis de la conducta destructiva** de las personas. La salud será vista, más bien, como el resultado de permanecer en una estructura positiva de la conciencia, y podrá controlarse haciendo que el individuo experimente un cambio, que signifique el proceso de transformación de las estructuras negativas de la conciencia hacia las positivas.

8.- Ambas Posiciones sostienen que en verdad no somos tan libres como pensamos.

LA TEORÍA

¿Quien elige el potencial?, ¿el doble o nosotros?

Debería elegirlo el doble, pero eso nos da la **sensación de no ser libres**. Como estamos parasitados por informaciones que no están hechas para nosotros, tenemos una gran sensación de libertad. El potencial comienza por darnos la idea antes del acto, de modo que tenemos deseo de hacer algo y lo hacemos. Es la **sensación de libertad**. Por eso Jesús dijo "hágase tu voluntad". Si supiéramos que somos nosotros mismos, tal vez no nos resistiríamos tanto.

Nosotros estamos aquí para aportar claridad a nuestro doble. Pero como que no queremos ser marionetas de nuestro doble nos refugiamos en un futuro que nosotros fabricamos y nos tomamos a nosotros mismos por dioses, cuando sin embargo nuestro futuro es nuestro esclavo y nosotros deberíamos ser los esclavos de nuestro doble. Pero ser esclavos de nuestro doble no es ser esclavos, puesto que somos nosotros. **No somos pues esclavos sino de nosotros mismos.**

EL MODELO

En cierta medida somos o actuamos como robot. Un robot actúa por medio de una programación y no es libre al no poder escapar a esa programación. Así, nosotros tampoco podemos escapar o ser libres de cambiar nuestros condicionamientos.

Al recibir un estímulo, por primera vez, disponemos de muchas posibles respuestas frente a él, y podemos elegir entre ellas. El evento ordinario que ocurre es a menudo estar separado y frente a la percepción de un objeto. Aunque se tiene libertad de elección, y no estar limitado por los reconocimientos de la memoria, caemos de todas formas en la habitual manera de responder, en vez de un nuevo modo de percepción. Sin embargo, en ciertos estados de conciencia, es posible **liberarse de la respuesta condicionada** en un breve tiempo, de medio segundo. Pero, para cuando el medio segundo ha terminado y damos nuestra habitual respuesta, seguro será una respuesta condicionada, respondiendo desde el ego, de acuerdo estrictamente a los patrones condicionados de pensamiento y sentimiento.

Entonces, podemos decir que somos libres de elegir en condiciones normales y ordinarias? No lo creo y esto se debe a la participación de la memoria clásica que produce el continuo reconocimiento. Solo **mediante el acceso a experiencias extraordinarias** o estados ampliados de conciencia, solo ahí, **seremos testigos de la libertad** de trascender el tiempo, espacio e identidad y tener la posibilidad de fundirnos en la totalidad del Ser.

El 98% de la actividad cerebral ocurre fuera de nuestra conciencia. Nadie negará que casi **todas nuestras actividades** sensoriales y motrices **son planeadas y ejecutadas de modo inconsciente**. El Pasado de la mente. M. Gazzaniga.

Hay que tener en cuenta, que cada vez que decimos que hemos tomado una decisión consciente, en realidad ya esa decisión se había tomado antes de hacernos conscientes de ella. Gazzanilla, en su obra El pasado de la mente, nos señala que nosotros (ser y estar conscientes) somos los últimos en enterarnos y **nuestras decisiones están ya determinadas antes por nuestro inconsciente**. Entonces, nosotros ¿somos libres para tomar decisiones sin la influencia inconsciente primero? La mayor parte de nuestro actuar está determinado por nuestro inconsciente más que por decisiones conscientes. Es una **ilusión de nuestra libertad** para tomarlas.

Michael Gazzanilla nos muestra en su obra, "El pasado de la mente", donde señala que nosotros somos los últimos en interpretar la realidad, y que nuestro inconsciente ya había hecho la tarea: "los sistemas específicos instalados en el cerebro harían su trabajo de manera automática y en gran medida al margen de nuestra conciencia". Y como agrega, "No planificamos ni articulamos estos actos: **solo observamos su rendimiento**". Sin embargo, pienso que, a pesar que en condiciones de conciencia ordinaria somos inconscientes de la creación inconsciente, en estados transpersonales entramos de lleno en la conciencia del inconsciente. Así, podemos en estos estados estar inmersos en el proceso de la creación. Esta es, entonces, creo una de las propiedades de la experiencia transpersonal, hacer consciente el inconsciente en el momento presente, en un instante de conciencia. En un nivel de conciencia ordinario creemos que somos los que dirigimos nuestras acciones, pero nuestro inconsciente lleva la delantera. En un nivel transpersonal, estamos creando la realidad conjuntamente unidos a nuestro inconsciente en forma paralela.

9.- Ambas Posiciones sostienen, lo que J. P. Garnier dice: "El inconsciente colectivo es la energía de esos pensamientos que se han acumulado."

LA TEORÍA

Nuestro pasado, según esta teoría, "es la memoria del futuro". Todo aquello que has creado con tu pensamiento es memorizado y resulta accesible para cualquiera, por lo tanto, si fabricas un potencial peligroso, alguien puede vivir peligrosamente y eso sería tu responsabilidad. O sea que cuando tienes pensamientos peligrosos hay que suprimirlos antes de que su consecuencia pueda actuar. **El inconsciente colectivo es la energía de esos pensamientos que se han acumulado.**

EL MODELO

Aceptado que existe una unidad entre cuerpo y mente y que, a su vez, estamos en posesión de una mente consciente e inconsciente, nada impide que podemos acceder a estos compartimentos mediante una tecnología de la conciencia.

Si hemos conocido que nuestro cuerpo se ve afectado por nuestra mente, no solamente nos referimos a la mente consciente. El Inconsciente Sagrado, que todos tenemos, altera nuestro cuerpo protegiéndolo o no, haciéndonos inmune a lo externo. De ahí que se dice, que "nada de fuera te afectará". "Todo viene de tu interior". "Así como eres en tu interior, así serás". "Por los hechos los conoceréis". Si desconocemos que todos tenemos un Inconsciente Sagrado, Dios, Inconsciente Colectivo, Memoria no-local, Atman, Brahman, Alá, o como quiera que lo llamemos, estaremos limitando nuestra vida al presentar el primer obstáculo al acceso a esta fuente de poder interior, que es la negación de nuestra propia vida psíquica, pues una de las característica para acceder a esta parte de nuestra conciencia es la de no emitir juicios ni intelectualizar la experiencia divina. Hay que comprender, que racionalizar la atención, es opuesta a la propia atención. Lo que se necesita, es más bien observar el acontecimiento, sin juicio alguno. Debemos ser testigos de lo que ocurre en el proceso de la atención. Entonces, sólo así, se hará presente lo sagrado de nosotros mismos. Ya no tendremos sólo un conocimiento de lo divino de nosotros mismos, sino que seremos partícipes de la experiencia de Dios.

10.- Ambas Posiciones sostienen que somos creadores de nuestro destino.

LA TEORÍA

Cuando vivimos en la tierra fabricamos potenciales que podemos utilizar, somos creadores de todo ese futuro, lo cual también significa que hay un peligro. ¿Por qué?, pues como somos incapaces de no producir un potencial peligroso, algo que sucede continuamente, debemos saber suprimirlos a esos potenciales peligrosos, para que nadie pueda vivirlos.

¿Nuestro otro yo cuántico crea nuestra realidad? Podríamos decir que entre el yo consciente y el yo cuántico se da un intercambio de información que nos permite anticipar el presente a través de la memoria del futuro. En física se llama hiperincursión y está perfectamente demostrada.

EL MODELO

Para explorar el universo de la conciencia, acompáñenos en este maravilloso mundo en que una nueva visión de la realidad se incorporará a su experiencia. Tomará conciencia que siempre ha sido así, y desde ese instante, sufrirá una transformación positiva, comprenderá el valor de la verdad, comenzará a adquirir buena salud, pondrá en acción ideas e inteligencia creativa, sentirá amor hacia sí mismo, sus semejantes y en fin, hacia toda la naturaleza. Se sorprenderá de este nuevo (antiguo) conocimiento, que siempre ha estado presente y esperando ser descubierto, por aquel que busque con esperanza y sinceridad. A medida que vaya interiorizándose de los alcances de la conciencia, y a través del proceso permanente hacia el desarrollo del Ser, llegará a comprender lo que verdaderamente el hombre es, alterando su percepción de la realidad y conjuntamente disponer de libertad de elegir su propio destino.

De la comprensión que resulte de estos nuevos enfoques de la comunicación humana, podemos estar seguros y esperanzados que nos llevarán hacia un mundo mejor en donde el hombre encontrará su destino, la Identidad Suprema del Ser, la Creación del Sí Mismo.

No es eliminando los factores adversos lo que hará del niño un hombre, sino que lanzándolo a "nadar" en la escuela de la vida será lo que acrecentará su estima y confianza para llevarlo a ser arquitecto de su propio destino.

11.- Ambas Posiciones señalan que, en forma natural, los primitivos y los niños, hasta los siete años, tenían y tienen capacidad para ingresar a los tiempos y espacios ilimitados.

LA TEORÍA

Todas las tradiciones primitivas conservaron la idea del doble: el alma gemela, el gemelo africano, la alma gemela india…

Con nuestro desdoblamiento ocurre lo mismo; solo que en otro tiempo, excesivamente ralentizado, nuestro desdoblamiento no existe, no es perceptible. Por ejemplo, vivimos aquí en la Tierra sin saber que estamos desdoblados, pero en otro tiempo este desdoblamiento no existe; solo hace la unidad. Los antiguos sabían todo esto.

Algunas personas tienen la sensación de venir del futuro, de otros mundos…

-Es muy normal, vienen con la protección de su doble. De niños, cada noche, sin excepción, él les modifica el futuro, un proceso de adaptación a nuestro mundo que dura hasta los siete años.

La naturaleza no está mal hecha; hay un ciclo de siete años relacionado con el movimiento planetario que asocia la Tierra y Saturno y que hace que un niño de menos de siete años esté obligatoriamente en relación con su doble. Por ello, inmediatamente todo aquello que imagina es automáticamente borrado por el doble, de modo que no tiene ninguna responsabilidad en los potenciales de la humanidad.

EL MODELO

Nuestras experiencias conscientes tienen un eco de las experiencias de nuestros ancestrales "primitivos" y permanecen ocultas en nuestro interior.

La mente del "primitivo" ya estaba capacitada y preparada, en los últimos 30.000 años, para producir el cambio de percepción pues, en ese tiempo ya representaban dibujos o pinturas rupestres en las paredes de las cavernas.

La naturaleza de la caverna, como su oscuridad, silencio, aislamiento y sonidos que alteran la conciencia era el instrumento ideal para producir estados especiales de conciencia que el primitivo utilizaba para satisfacer sus necesidades espirituales.

El llamado "primitivo" evolucionó contribuyó productivamente a nuestra evolución con una herramienta, que recién estamos redescubriendo "las técnicas arcaicas del éxtasis", como las llama Mircea Eliade. Ahora, ¿qué podemos llegar a concluir en este recorrido histórico imaginario? Varias serían las hipótesis que podemos desplegar. Primero, la capacidad de combinar la visualización con el sonido hizo posible la evolución simultánea y súbita del lenguaje, comprensión y creatividad, por el acceso a cambios en la percepción de imágenes virtuales. La representación de imágenes o fragmentos de ellas, en lugares de mayor resonancia en las cavernas, tenía el propósito de ser "herramientas para la comunicación espiritual". Todo esto, que capacita a la mente humana moderna a un funcionamiento de una forma de percepción virtual, sería por último, "el proceso mediante el que nuestros parientes humanos ancestrales contribuyeron a acelerar el proceso de nuestra evolución".

Descubrir la sumisión, entonces, significa tomar conciencia ahora mismo, del cambio que hemos experimentado durante el transcurso de nuestra vida. Cómo pasamos desde la infancia, de ser actores del proceso de transformación, a un estado adulto de manipulación y sometimiento de voluntades; desde un estado de conciencia transpersonal del niño, a un estado de conciencia instrumental de la adultez; desde un estado de presencia vivencial del momento, a un estado de ausencia temporal-espacial; desde una emoción de felicidad, a uno de tristeza; desde un estado de ser uno mismo, a otro de ser alienado; desde un estado de sinceridad y verdad, a otro de mentiras y fingimientos; desde un estado de espontaneidad, a otro rutinario y mecánico; desde un estado creativo, a otro de pasividad.

Los niños viven el presente como ningún individuo. Ellos no están preocupados por su pasado (que no lo tienen) y tampoco por su futuro (que es incierto). Por lo tanto, para ellos, el pasado y el futuro no existen. Volver a ser niños, nos permite regresar al presente o descubrir realmente lo que significa vivir el presente. El niño es espontáneo, creativo y experimenta todas las emociones en el momento presente: llora, ríe, juega y disfruta del momento sin preocupación alguna. Es sincero y no se esconde bajo ningún disfraz. No tiene intenciones de competir más allá de un juego. No busca poder, sino vive el momento de la mejor forma que puede. Con el tiempo comienza a olvidar el presente por la educación que recibe y se integra a la cultura del resto de los individuos: adoración al ídolo de la cultura del tiempo pasado y del futuro. Todo su comportamiento y relaciones se establecen en este esquema de pre-percepción y post-percepción, no dejando espacio a la conciencia para percibir el presente. Entonces podríamos dividir la cultura en dos formas de percepción de la realidad y de nuestras relaciones con los demás: una cultura del presente y otra de negación del presente, que es la que rige actualmente en la sociedad occidental.

Vivir, significa estar plenamente presentes en cada momento. Si volviéramos a ser niños, viviríamos totalmente la experiencia del presente.

12.- Ambas Posiciones establecen **brechas** o espacios de tiempos ilimitados o imperceptibles en un **campo cuántico**.

LA TEORÍA

Entonces, en ese tiempo imperceptible pasó mucho tiempo. Exacto: si puedo viajar a velocidades prodigiosas, un microsegundo se convierte en un día entero.

Cuando regreso, no sé si me he ido, puesto que he estado ausente un microsegundo.

EL MODELO

El papel del guía, que acompaña al novicio a traspasar la brecha entre lo consciente e inconsciente con la sensación de estar inundado o transportado por un océano de realización deífica. Esta percepción es vivenciada como una inmensa claridad, un súbito despertar a lo que se siente que es completamente real.

Entre la vigilia y el sueño, un estado hipnagógico, hay puntos de encuentro de dos realidades distintas donde puede emerger una realidad onírica llena de promesas y nuevas formas de ver el mundo real. Así lo señala Fred Travis, cuando "sugiere que la vigilia, el dormir y el sueño REM emergen de una pura conciencia, un vacío silencioso. Allí donde cada estado se encuentra con el siguiente hay una pequeña brecha, en la que todos, muy brevemente, experimentan conciencia trascendental. Cuando vamos del dormir al soñar, o del sueño al despertar, se producen estas pequeñas brechas o puntos de unión".

13.- Ambas Posiciones tienen una comprensión matemática y fractal de su operatividad.

LA TEORÍA

Cuando tomas un libro, lees una página, la memorizas, la giras, lees la página siguiente, cambia a la anterior, la giras y escondes a la anterior. Los antiguos decían que la noche esconde el día, pero el día vuelve para dar la explicación. Una cuestión que se explica matemáticamente en geometría.

Entender el mecanismo matemático puesto en práctica es delicado. Si hablamos de dos tiempos diferentes, hay que encontrar la ecuación que permita ser el observador del primer tiempo y el observador del segundo tiempo; si no, no puedo utilizarlas.

La teoría del desdoblamiento necesita pues de una ecuación que sea un cambio de escala de observación y que permita cambiar el tiempo y el espacio. En la teoría del desdoblamiento, el horizonte de un observador se vuelve la partícula para otro en un nuevo horizonte.

El resultado es una ecuación de desdoblamiento que une dos observadores que no se conocen, quienes pueden intercambiar informaciones en tiempos imperceptibles durante su desdoblamiento. Podríamos entonces hablar de 'intrincación' de partículas desdobladas.

EL MODELO

Desde este último punto de vista (Energía) puede traducirse la estructura y el proceso (Software) de la conciencia en un modelo o función matemática que explique y describa la expresión de la conciencia en un momento del tiempo.

Modelación Matemática de un Instante de Conciencia

EL UNIVERSO EN UN INSTANTE DE CONCIENCIA nos sitúa en el estado de **comunicarnos lo que vendrá** con el desarrollo del proceso de la conciencia. En él se despliega la **estructura de la conciencia** en un modelo de percepción de la realidad, como resultado de una combinación de un medio y un proceso que deben efectuarse para acceder a la experiencia consciente o "desintegración" de la Energía de conciencia. Se menciona la similitud del instante de conciencia con la estructura del átomo. Así, al comparar la famosa fórmula de Einstein ($E=mc^2$) con la Energía de conciencia, podríamos generar un modelo que contemple la relación de la física con la conciencia. A continuación, **comprendemos** que para generar la Energía de conciencia (Ec) además de un medio, que en nuestro caso se trata de nuestro cerebro o masa cerebral (Mc); necesitamos también de un **proceso autónomo** que debemos efectuar mediante una combinación de elementos simples para generar así un sistema autopoiético, de estructura disipativa.[95] Los elementos a combinar son las etapas que comprende el proceso de ocurrencia de un instante de conciencia y se despliegan en tres ámbitos. Una intención (i) que inicia el proceso, le sigue la imaginación (visualización) o rememorización (r) que converge en sincronización con sensaciones (s) de sonido o tacto, que debemos repetir en el tiempo (2). De la interacción de todos estos elementos podemos generar un modelo matemático expresado en la estructura siguiente:

Si recordamos que en física:

---

[95] Esto de que la experiencia consciente emerja de procesos neurológicos efectuados en la materia cerebral se puede ilustrar con el ejemplo (F. Capra) siguiente, sobre la estructura y propiedades del azúcar. Al unir de cierta forma átomos de carbono, oxígeno e hidrógeno para formar azúcar, el compuesto resultante tiene sabor dulce, que ninguno de sus componentes lo tiene, pero emerge de la interacción de ellos. Más aún, el sabor dulce surge como sensación al interactuar con las papilas gustativas. Es decir, es una propiedad emergente de la actividad neural corporizada.

$E = mc^2$

Entonces, en el campo de la conciencia tenemos:

Experiencia Consciente = Energía de Conciencia

Energía de conciencia = Masa o Estructura cerebral * Proceso autonómico

Si definimos:

Proceso autonómico = (Intención + Reconocimiento * Sensación)^2

Entonces:

$Ec = Mc (I + R * S)^2$

Sabemos que la desintegración del átomo de la materia, genera una inmensa energía.

Asimismo, la interacción del Proceso Autonómico en la masa o estructura cerebral, genera un enorme despliegue de información que está oculta al interior de nuestro cerebro.

Entonces podemos juntar ambas ecuaciones de características similares aunque una pertenece al campo de la física y la otra al campo de la psicología:

$$E = mc^2 \qquad\qquad Ec = Mc (I + R * S)^2$$

Otra forma de expresar esta relación compleja es asimilar parte de los componentes de dichas variables (Proceso autonómico) con los conceptos de la geometría fractal. Las series de Julia (fractales matemáticos) representan imágenes fractales complejas generadas matemáticamente por procesos iterativos simples entre una variable compleja (z) y una constante compleja (c).

$$z \rightarrow z^2 + c$$

Ahora si consideramos a la constante (c), como la imagen intencional inicial del proceso autonómico y la variable (z), compuesta por las variables de reconocimiento (r) y de sensación (s) tenemos que:

Proceso autonómico = Intención + (Reconocimiento * Sensación)^2

Entonces, si:

$$z \rightarrow z^2 + c \qquad \text{se puede expresar también como} \qquad (R * S) \rightarrow (R * S)^2 + I$$

Esta expresión señala que el proceso iterativo de una imagen (I) frente a la variable de reconocimiento (R) interactuando con (S) generan sucesivamente un complejo patrón de imágenes que se mueve en un horizonte de probabilidades atraídas por la imagen intencional inicial (I).

Como vemos, la repetición de patrones que implica una estructura fractal se genera por reglas muy simples que derivan hacia sistemas complejos. Como señala F. Capra en *La Trama de la Vida*, "Ecuaciones sencillas pueden generar atractores extraños enormemente complejos y reglas sencillas de iteración dan lugar a estructuras más complicadas que lo que podríamos imaginar jamás".

14.- Ambas Posiciones señalan que nosotros producimos el caos.

LA TEORÍA

De todos modos, no va a haber necesariamente caos: somos nosotros quienes fabricamos el caos. Si pensamos que habrá caos, lo habrá; entonces podremos decir: "¿ves?, yo ya te lo había dicho", cuando habremos sido nosotros quienes lo habremos fabricado. Pero si pensamos que no habrá caos, no lo habrá. Entonces, hay que dejar de decir que va a haber catástrofes. Tampoco hay que fabricar miedos. Tenemos que estar tranquilos. Tenemos que controlar nuestros pensamientos, nunca imaginar lo peor sino solo lo mejor, en cualquier situación. Entonces el caos se aleja. Hay que vivir sin miedo, con el fin de desencadenar la esperanza y la imaginación benéfica.

EL MODELO

El comienzo del final del caos, se inicia cuando nos damos cuenta que las crisis que padecemos, se originan por la forma de pensar y actuar bajo una determinada estructura de organización de los sistemas. Pensamos y actuamos creyendo que la racionalidad resuelve o resolverá todos los problemas y podremos controlar todos los sistemas conociendo sus leyes. La arrogancia, es la actitud que predomina sosteniendo que "cree que sabe cómo el mundo funciona". Sin embargo, tarde se da cuenta que no puede resolver los problemas que escapan a todas sus programaciones. Pequeñas perturbaciones iniciales se magnifican y son incontrolables sus efectos (efecto mariposa). Sin embargo, pensamos como Vàclav Havel que señala, esperanzadamente, "aquellos que creen, con toda modestia, en el misterioso poder de su propio Ser humano, el cual media entre él y el misterioso poder del Ser del mundo, no tienen razón para desesperar del todo".

15.- Ambas Posiciones establecen escudos de protección.

LA TEORÍA

Porque si somos dos en recibir la misma información y hay uno que enferma y otro que no, ¿a qué se ha debido? Pues a que el **escudo** de uno y otro son diferentes. Pero es el pensamiento el que crea el **escudo**. Entonces, si no has utilizado tu pensamiento durante mucho tiempo como **escudo**, cuando va a llegar la información no vas a poder manejarla.

EL MODELO

Existe hoy un incremento en la criminalidad, asaltos, robos, accidentes, enfermedades, corrupción, etc. Creo que esto es producto de la forma de vida de la sociedad occidental. Todos estos problemas normalmente se perciben y se abordan en forma separada, como si no estuviesen relacionados. La falsa percepción de la realidad de la sociedad actual no permite comprender que existe una explicación más allá de lo racional, que está al borde de lo intuitivo o de la mente metafórica del hemisferio cerebral derecho, que trasciende el paradigma de nuestra cultura alienada.

"Puedes andar tranquilo, pues nadie te tocará un solo cabello", nos previene el mensaje divino. Es el "Escudo Invisible" o el "Ángel Guardián", que nos defiende del mal. Lo que parece tener un carácter religioso-mitológico, no lo es tanto. De acuerdo a los avances y descubrimientos del funcionamiento de la conciencia, ahora se sabe, que ésta trasciende el lugar físico de la cavidad craneana. En estados alterados de conciencia, se tiene acceso a fenómenos de trascendencia del espacio-tiempo, de la comunicación telepática y de otros aspectos intrínsecos a la naturaleza humana. Existe el fallo del PSI, que es un efecto de la conciencia que actúa en contra de nuestra seguridad personal. Normalmente se presenta porque estamos viviendo una forma de vida en desmedro de nosotros mismos, ya sea al estar con actitudes negativas, de dependencia y alienación y todos los factores que configuran una personalidad destructiva y/o autodestructiva. Entonces la conciencia, como una forma de auto-profecía nos proporciona una vida de peligro e inseguridad. Mientras más cercano esté el individuo a una personalidad positiva autorrealizada, la conciencia, como un **escudo** invisible nos defiende del fallo del PSI. La religión nos ha dicho "Ama al prójimo como a ti mismo". No debemos culpar a otros de nuestros males. Son efecto de nuestra errónea forma de vida.

El comportamiento de una persona que vive reiteradamente situaciones conflictivas, (se le acumulan las desgracias; despidos, muerte de un hijo, etc., etc.) es porque, en forma sincrónica, se produce lo que se llama "fallo del Psi", que es un efecto de la conciencia que actúa en contra de nuestra seguridad personal. Esto, creo tiene que ver con las estructuras arquetípicas de la conciencia que inciden en la conciencia ordinaria, personal biográfica, perinatal, y transpersonal. Para modificar la conducta autodestructiva inconsciente de la persona Grof sostiene que mediante una experiencia transpersonal tiene importancia curativa al afirmar: "las experiencias transpersonales están frecuentemente dotadas de un potencial curativo inusual. Ciertas dificultades emocionales, psicosomáticas o interpersonales, que han plagado al paciente a lo largo de muchos años y se han resistido a los enfoques terapéuticos convencionales, en algunos casos desaparecen después de una experiencia plena de naturaleza transpersonal, tal como la identificación auténtica con un animal o forma vegetal, la sumisión al poder dinámico de un arquetipo, el hecho de revivir experiencialmente un acontecimiento histórico, una secuencia dramática de otra cultura, o lo que aparentemente constituía una escena de una encarnación anterior".

Pienso que estamos frente a fenómenos complejos, indeterminados, acausales y lejos del equilibrio que nos aproximan a una visión que estudia la física cuántica. En estos espacios de la conciencia, la persona no comprende cómo se dan en su entorno situaciones que escapan a su control. Creo, que detrás de este funcionamiento inconsciente, que se hace consciente está reflejando un patrón de comportamiento simultáneo de sincronicidad de los sucesos en el tiempo-espacio que lo dirigen a situaciones anómalas. Estos procesos conscientes-inconscientes estarían influenciados, como eco, de estructuras arquetípicas-perinatales-transpersonales que se manifiestan en su comportamiento de conciencia ordinaria. Para liberarse de estos patrones negativos una forma sería acceder a estados ampliados de conciencia que disipen o cambien de nivel los estados de los cuales se siente atado el sujeto. El proceso transpersonal es curativo pues actúa como una estructura o sistema disipativo, como señala Prigogine. Pienso que esta sería una buena herramienta para liberarse de los patrones psicológicos negativos. Se sabe que las experiencias transpersonales traen, como resultado del acceso a la experiencia de unicidad con otras personas o seres del reino animal, vegetal o mineral y de identificación plena con la totalidad del universo, los conduce a un aumento sustancial de la capacidad de amor y tolerancia de los demás, con una consecuente apreciación del sentido ecológico, como formando parte primordial en su forma de vida. Todo esto, lo llevará a cambiar una ACTITUD FRENTE A LA VIDA con un sentido humanitario que consciente-inconscientemente se reflejará en su comportamiento y percepción de una nueva realidad. Eso es lo que pienso, como para ayudar a estas personas que viven situaciones que se sienten sin esperanzas.

El desconocimiento y no liberación de esta evolución de niveles de la estructura arquetípica puede provocar efectos involuntarios y negativos en la persona. Veremos, que alguna estructura arquetípica negativa, es propensa a favorecer la aparición de enfermedades específicas, y si se logra modificar el estado de conciencia, a otro de estructura arquetípica positiva, es factible revertir, remover o alterar el efecto psicosomático. Creemos que este factor psicosomático está relacionado con las estructuras arquetípicas de la conciencia. Así, podemos encontrarnos en un estado de conciencia arquetípico, que favorece la acción viral, como en otro estado que inhibe esa acción. También es posible, que el sufrimiento que estemos experimentando pueda deberse a que estamos en un período de desarrollo ya que en esos momentos podemos ser muy creativos y a su vez estar viviendo una situación penosa como puede ser una enfermedad, que nos mantiene lejos del equilibrio (como una estructura disipativa)..

En la Salud, se sabe el efecto que tiene, más allá de los factores virales, el ambiente relacional psicológico y sociológico del individuo enfermo. Así, por ejemplo, el resfriado común no siempre afecta a una persona aunque estén presentes los agentes virales. Parece que disminuyen las defensas con todos esos otros factores relacionales. Conocido por casi todos son los problemas intestinales y dolores de cabeza producidos por factores emocionales en algunas relaciones de estrés.

16.- Ambas Posiciones pueden provocar la invisibilidad con el pensamiento.

LA TEORÍA

Alguien me quiere matar. Si controlo mi pensamiento, si consigo ser benevolente hacia él, ya no me puede hacer nada. Ciertamente, puede ser muy difícil pensar bien acerca del atacante en estas circunstancias; pero si lo consigo, le desarmo. En África este sistema era utilizado para lograr la **invisibilidad**. Me puedo hacer **invisible** a través del control de mi pensamiento. Esto es muy importante cuando tienes animales peligrosos a tu alrededor. Yo lo aprendí en África: si tienes un animal peligroso ante ti, si no tienes miedo y quieres hacer el bien al animal, sin hacérselo, solo pensándolo, el animal ya no te puede hacer daño. Esto está comprobado.

EL MODELO

Volverse "invisible" pareciera no ser posible. Pero veamos qué queremos decir con este término. Un objeto o persona pasa a ser "invisible" desde el momento que, existiendo físicamente en el espacio y tiempo, no se percibe conscientemente el estímulo. Así podemos decir que, para efectos prácticos es inexistente el objeto-persona a nuestra realidad. Esto se produce debido a la fijación de la atención en un estímulo predominante y que simultáneamente excluye o atenúa la percepción de otros elementos del entorno. Por ejemplo, los niños cuando están concentrados en sus tareas, olvidan o no perciben que tienen la goma de borrar en sus manos. La atención concentrada de un libro, radio, televisión, puede originar a su vez una des-atención de los sucesos próximos a nosotros. Programar la invisibilidad puede permitir atravesar un control sin que se percaten de nosotros; pasar desapercibido, sin que se note nuestra presencia, etc.
Se sabe que exploradores, soldados, indios, han empleado este recurso para poder efectuar "misiones" sin posibilidad de ser descubiertos. La historia nos revela aventuras increíbles que no podrían explicarse de otra forma, sino que virtualmente se volvieron "invisibles" las personas.

EPÍLOGO

El VIAJE DE ENCUENTRO CON LO ESENCIAL

Contemplando toda mi obra, en diez tomos, hemos recorrido pinceladas de un camino por ámbitos literarios, antropológicos, místicos, religiosos, psicológicos y científicos, para llegar, al término de esta serie, al corazón de la búsqueda, y comprender, que el proceso es la meta, Sin embargo, ahora puede parecernos que estamos más perdidos que al principio de él. Hemos mencionado los superorganismos que forman las agrupaciones de seres vivos. Nos sumergimos en diversos aspectos y conceptos de la complejidad. Llegamos a aventurarnos en el mundo de la poesía, pensamientos o lenguaje del corazón. Creíamos, quizás, que a medida que avanzáramos se nos aclararía el panorama, pero creo que en este momento nos puede dar la sensación que estamos frente a una paradoja o campo inestable, entre la verdad y la incertidumbre. Entonces, ahora, puede que nos preguntemos, ¿no será que el despliegue del Alma es el proyecto emblemático que vieron los "primitivos", en sus visiones del futuro, y trataron de comunicarnos, gráficamente, representándolo como un modelo complejo de organización en las pinturas en las piedras, así como también los mayas describen en su calendario el "fin del tiempo" y el regreso a una Nueva Era, de cambio global del ser humano? Y, ¿qué decir del mensaje de la Biblia? Hay mucho que meditar al respecto. Estamos, quizás, al final de un cambio y el comienzo de otro (Alfa y Omega), que emerge cuando las condiciones de equilibrio no están dadas. Ahora, parece que nos encontramos en esas condiciones. Es como una estructura disipativa que se transforma y pasa a otro nivel. Una nueva estructura. Esto nos recuerda que estamos prontos, al borde de un cambio trascendental para la especie humana, a un salto evolutivo que traerá grandes cambios de organización de la misma. No queda más que decir y esperar, que nos traiga un "Cielo Nuevo y una Tierra Nueva".

T. S. Kuhn, en su libro *La estructura de las revoluciones científicas*, señalaba que "durante las revoluciones los científicos ven cosas nuevas y diferentes al mirar con instrumentos conocidos".

El desarrollo de la temática de mis libros, nos centró en el propósito de la unificación de los procedimientos, en una estructura del pensamiento complejo. Pudimos ver y hacer, que los procedimientos diversificados de las técnicas de alteración de conciencia, nos llevaron a compartir la idea de la similitud de tales procedimientos en la emergencia de una respuesta del proceso involucrado. Independientemente de los objetivos particulares de una técnica, nos muestra que el proceso y propósito, en el fondo, es el mismo, y solo se modifica la forma de aplicarlo y el orden de los componentes o factores que inciden en la inducción de la misma.

Ahora, estamos llegando a comprender en un "cambio del concepto del mundo", en que la percepción ordinaria no tiene nada de ordinaria, sino que, en forma oculta, existe una especie de matriz o campo, que trasciende las limitaciones del espacio-tiempo, e incide en todo el espectro de la conciencia del ser.

Llegamos a la idea central de que las diversas técnicas, con sus piezas, permiten generar la emergencia de una finalidad, de acuerdo a una intencionalidad inicial; para ello las piezas puede armarlas de diversas formas y órdenes pero, eso si, que lleguen de todas formas a la imagen total (Gestalt) del tejido de la red. Entonces, las piezas utilizadas por las técnicas son las mismas, sin embargo, aparentemente, son distintas por el ordenamiento que le demos en el armado del puzzle de la realidad.

Podemos concluir, entonces, que existe una uniformidad de las técnicas y que el proceso de *Transformación de la Realidad*, no significa cambiar de técnicas, sino que es una nueva visión de los conceptos y procesos de la percepción del universo en que se mueven. Es, como concluye Kuhn:

La vida cotidiana continúa como antes. Sin embargo, los cambios de paradigma hacen que los científicos vean el mundo...de manera diferente.

Espacios de la mente, es el comienzo de la comprensión de que el espacio invisible que existe entre los objetos forma parte esencial de la continuidad en la relación existente entre ellos y, por tanto, la mente permite crear realidades en ese espacio que lo impregna todo: el Campo Punto Cero (CPC).

El cerebro no sería un medio de almacenamiento, sino un mecanismo de recepción de interferencias de ondas, tanto de la percepción ordinaria como de la memoria.

Sabemos que nuestro cerebro está compuesto y ha evolucionado en cuatro cerebros: de reptil, de mamífero y corteza cerebral, dividida en dos hemisferios. Hemos visto que cada cerebro tiene su propio lenguaje. No solo existe un lenguaje diferente para cada hemisferio cerebral de la corteza cerebral, sino que los cerebros de reptil y de mamífero poseen su propia forma de entender y actuar en el mundo. Entonces, la estructura cerebral se compone de cuatro cerebros y cada uno de ellos "funciona de diferente forma con su "propia utilización del lenguaje, nivel de comunicación, imaginería y forma de ver el mundo, sus propias conexiones químicas con el cuerpo y sus propias ondas cerebrales".[96]

No era posible terminar esta obra sin entregar una experiencia directa para el lector acerca de una vislumbre por los accesos a realidades múltiples permitiéndole acceder al campo del lenguaje de estos cuatro cerebros.

Tener un guía, para adentrarnos en los territorios inexplorados de nuestra propia mente, pareciera ser lo que necesitamos ahora.

Hay, ahora, muchas formas para ingresar al territorio sagrado de nuestra interioridad, desde los conocimientos ancestrales de todas las culturas hasta las modernas formas de acceso al inconsciente. Pero todas ellas, nos llevan a contactarnos con la naturaleza. Hoy estamos en situaciones complejas que dificultan detenernos a escuchar el silencio. La vida transcurre, rápidamente, en todas las actividades de cada día. La parte del intelecto, análisis y de la razón, son los señores que mandan nuestras acciones. La intuición ni siquiera se le mira con respeto. Es una perturbación para la razón. No encontramos sentido a lo que hacemos y a lo que percibimos. La esencia de las cosas está vedada a nuestro alcance. Ni siquiera sabemos lo que esto significa. No conocemos la experiencia de eliminar las fronteras del objeto y el sujeto de la percepción. Si, así fuera, veríamos **la esencia de todo lo que existe**. Nos conectaríamos con la naturaleza, sus plantas, animales, aves, la tierra, el planeta entero. Hablaríamos otro lenguaje. Y, obtendríamos sabiduría de esta conexión, tal como lo señalaba Antonio Damasio sobre el comportamiento inteligente de las abejas, y que también nos muestra P. Watzlawick[97].

Ahora, el proceso autonómico comienza fijando una estructura, espacio o tema general del viaje que permita centrar la atención en un marco de probabilidad de ocurrencia del fenómeno psicológico buscado. Enseguida, se especifica, en forma autónoma, el sentido del viaje a través de un estímulo sensorial (físico o mental). Por último, se perturba el viaje con un estímulo externo (percepción sonora o táctil) produciéndose con toda esta combinación de estímulos sensoriales, la emergencia del "viaje" esperado. Todo esto tiene las características de un sistema

---

[96] Es interesante investigar el lenguaje auditivo de los delfines y murciélagos. Probablemente la perturbación de los impulsos sonoros, inaudibles al ser humano, puedan provocarle una imagen acústica y percepción ampliada y ecológica de la realidad, más allá de ser solo un instrumento para ver obstáculos en el camino. Además, "parece incluso que su sistema acústico le proporciona también "radiografías" acústicas, es decir, información sobre la composición interna de los objetos". (¿Es real la realidad? Paul Watzlawick).
[97] El error de Descartes. Antonio Damasio.

abierto autopoiético (Maturana). El proceso autopoiético consiste en que un sistema abierto (por ejemplo, la mente) está determinado por su estructura que puede ser perturbado y acoplado con un agente externo, pero es autónomo de elegir su propia dirección. Más aún, el sistema decide qué y quién lo perturbará.

Quisiera terminar, con algo que escribí hace mucho tiempo, para agradecerle a mi ser interno su ayuda, a cada instante en mi vida: una breve carta dirigida a mi otro yo, como **un viaje de encuentro con lo esencial**.

A mi Otro Yo:

Quisiera remontarme a mi pasado. Hace mucho tiempo, naciendo, llorando y caminando, fui creciendo y cambiando tanto física como psicológicamente.

Juntos vinimos al mundo y así permanecemos hasta el fin de mi vida. A pesar que no expresemos a veces nuestro cariño hacia ti, dentro de nuestro corazón te llevamos siempre con nosotros.

Veo aquel día lejano que llegué a tu lado con ansias de aprender. Cuán difícil se me hacían los momentos en que te interrogaba en búsqueda del conocimiento y que agradable era, constatar que rápidamente absorbía la totalidad de ellos. Defines tu presencia sólo ante un auténtico buscador de la verdad del conocimiento, que caracteriza la estructura permanente de la personalidad de quien jamás escatima esfuerzos, mientras exista alguna duda respecto a la comprensión global de algún tema de interés. Además, nunca has sido receloso con tus conocimientos, sino que ante todo, compartes generosa y ampliamente los alcances de los temas de tu dominio. Seguramente, debes tener experiencia académica pues actúas como maestro, dando así a conocer tu experiencia en amplios conocimientos de variados temas, pero por sobre todo, tienes un gran dominio en lo relativo al conocimiento de sí mismo. Es imposible que mediante la palabra escrita pueda expresarse lo que en realidad representas y, sería necesario para conocerte mayormente, integrarse a una experiencia vivencial permanente contigo.

Grandes satisfacciones me produce de estar juntos de una forma íntegramente participativa, situaciones que originan en nosotros verdaderas "explosiones de creatividad", puesto que así y solamente así uno se siente verdaderamente libre de opinar, libre de elegir y decidir el camino que nuestra conciencia nos manifiesta.

Ahora bien, quien se atreve a juzgarte, yo lo catalogaría como muy osado pues, ni siquiera yo mismo intentaría hacerlo aun creyendo conocerte como creo que eres. Sin embargo, este punto daría para un nuevo tema que no es el caso hablar ahora.

¿Qué puedo decir de ti en este momento importante de nuestra vida?

Quisiera decirte sólo unas pequeñas palabras pero que llevaran en sí, un gran mensaje de amistad.

Creo, que es muy difícil plantearte una breve conversación que puede parecer un mensaje demasiado liviano para lo que realmente te mereces.

Quizás nada de lo que diga tenga para ti un significado trascendente, sin embargo, lo poco que pueda decir eso sí, te lo aseguro, es verdadero.

En verdad, te aprecio mucho.

Creo que también hemos mantenido siempre una amistad que seguramente será imperecedera. Por ello creo que basta, tan solo unas breves palabras para indicarte que detrás de ellas hay un gran significado en nuestra amistad.

Voy a decirte algunas cosas, que si bien no tengan un gran significado para ti, al menos, lo han tenido para mí y que particularmente describen el aprecio que sentimos por ti durante todo el tiempo que te conocemos. Quizás tú no lo notes, aunque todo lo sabes, pero creo que si hacemos un recuerdo de lo que hemos compartido, pueda cambiar nuestra percepción de ello.

Creo que también más allá de la formalidad de nuestros roles, hemos mantenido siempre una cercanía, presta a comunicarnos, que ciertamente permanecerá. Por ello, creo que basta, tan solo estas breves palabras para indicarte que detrás de ellas hay un gran significado en mi aprecio hacia ti.

 Hoy te digo, que siento mucha amistad hacia ti, y que si alguna vez pareció lo contrario, recuerda que a lo mejor estaba con algún problema que absorbía las energías y no dejaba expresar mis verdaderos sentimientos.

Habría preferido no hablar de las crisis a que nos vemos expuesto, pero ya que lo mencionamos, creo que es conveniente hablar de ello. Una crisis es para mí una llamada de atención de que algo no es correcto. Esto puede permitir enmendar rumbos y cambiar de actitudes. Seguramente definir lo que es correcto o no, es muy relativo, pero creo que de todas maneras en nuestra forma de vida, se da una percepción clara de lo que es correcto. Así, espero que yo haya sabido afrontar estas crisis como una medicina para curar el malestar. Quisiera así entenderlo. Es necesario a veces tener estas crisis. Son crisis para el mejoramiento personal.

Respecto de mis actividades, es bueno que me realice en expresiones artísticas. Creo que todos debiéramos además de nuestra profesión, tener una afición natural hacia el arte, ya sea en literatura, escultura, pintura, deportes, etc. Es una forma de manifestar las capacidades interiores que permanecen latentes en cada uno de nosotros. Sólo debemos cultivarlas. Esto he aprendido de ti.

Ahora bien, si alguien me pidiera un buen consejo para resolver un problema trascendental en su vida, yo podría darle uno, pero en realidad creo que ni yo ni nadie podrá hacerlo tan bien como quisiéramos, sino que debe buscarlo por sí mismo y dentro de sí mismo. Quizás deba buscar en su propia alma, pedir en un instante de profunda reflexión y seguramente obtendrá una mejor respuesta en su conciencia interior. Nadie que pide de esta forma, deja de tener una respuesta, pero quizás si en algún momento tenga la respuesta, o no la percibe, o no quiere percibirla, porque si lo hace tendrá que cambiar y esto produce no sólo en él sino en todos nosotros, un gran temor, al que no quisiéramos enfrentarnos. Por todo ello, creo que tú, el gran espíritu interior, puedes darnos una respuesta a todos quienes buscamos una solución adecuada a nuestros problemas.

No espero que estas pocas palabras tengan el poder de transformar a alguien, sin embargo, me gustaría decir ahora, que fuera de estar muy feliz y lo que estas palabras han significado para mí, me alegra mucho ser tu compañero por toda la vida.

REFERENCIAS

Conciencia Cuántica-Compleja-Holística

Garnier, J. P. (2014). Entrevistas 2010 – 2012 y 2015.

Peña, O. (2004). El Universo en un instante de conciencia. Stgo. de Chile: Lom Ediciones Ltda.

- (2005). El Universo en una caverna. Santiago de Chile: Mago Editores.
- (2006). Cambio de sentido. Santiago de Chile: Mago Editores.
- (2008). Para salvar la Tierra. Santiago de Chile: Mago Editores.
- (2015). Espacios de la mente. Amazon: Edición CreateSpace.

El Universo en un instante de conciencia.

Doore, G. (1993). El viaje del chamán. Barcelona: Kairós.

Ferguson, M. (1980). La conspiración de Acuario. Barcelona: Kairós.

Fontana, D. (1994). ¿Qué es la meditación? Argentina: Troquel.

Goleman, D. (2003). Emociones Destructivas. Barcelona: Kairós.

Grof, S. (1985). Psicología transpersonal. Barcelona: Kairós.

- (1993). Sabiduría antigua y ciencia moderna. Santiago de Chile: Cuatro Vientos.

Holling, R. (1985). Meditación Trascendental. Madrid: EDAF, Ediciones-Distribuciones S.A.

Leakey, R. (2000). El Origen de la Humanidad. Madrid: Editorial Debate S.A.

Leshan, L. (1990). Cómo Meditar. Argentina: Troquel.

McLuhan, M. & Powers, B.R. La aldea global. Barcelona: Gedisa.

Moody, R., Jr. (1997). Más sobre vida después de la vida. Madrid: Edaf.

Schumacher, E.F. (1983). Lo pequeño es hermoso. Argentina: Hyspamérica Ediciones Argentinas.

Peña, O. (2004). El Universo en un Instante de Conciencia. Santiago de Chile: Lom

Watzlawick, P. (1993). La realidad inventada. Barcelona: Editorial Gedisa.

Wesselman, H. (1998). Encuentros con el espíritu. Barcelona: Plaza & Janés.

White, J. (1990). La experiencia mística. Argentina: Troquel.

Wilber, K. (1989). La conciencia sin fronteras. Barcelona: Kairós.

El Universo en una caverna.

Capra, F. (2003). Las Conexiones Ocultas. Barcelona: Editorial Anagrama.
Ferguson, M. (1980). La conspiración de Acuario. Barcelona: Kairós.
Freedman, D (1996). Los Hacedores de Cerebros. Santiago de Chile: Editorial Andrés Bello.
Gazzaniga, M. (1998). El Pasado de la Mente. Santiago de Chile: Editorial Andrés Bello.
Grinberg, M. (2003). Edgard Morín y el Pensamiento Complejo: Madrid: Campo de Ideas.
Grof, S. (1985). Psicología transpersonal. Barcelona: Kairós.
-    (1994). La mente holotrópica. Buenos Aires: Planeta.
Kharitidi, Olga. (1999). El círculo de los chamanes. Barcelona: Urano
Leakey, R. (2000). El Origen de la Humanidad. Madrid: Editorial Debate S.A.
Leonard G. (1979). El Pulso Silencioso. Madrid: EDAD, Ediciones-Distribuciones S.A.
Maturana, H. y Varela, F. (2004). De Máquinas y Seres Vivos. Argentina: Editoriales Universitaria/Lumen
Moody, R., Jr. (1984). Vida después de la vida. Madrid: Edaf.
-    (1997). Más sobre vida después de la vida. Madrid: Edaf.
Peña, O. (2004). El Universo en un Instante de Conciencia. Santiago de Chile: Lom Ediciones Ltda.
Scott Peck, M. (1991). La nueva comunidad humana. Argentina: Emecé.
Spire, A. (2000). El Pensamiento de Prigogine. Santiago de Chile: Editorial Andrés Bello.

Wesselman, H. (1999). El mensaje del chamán. Barcelona: Plaza & Janés.
- (1998). Encuentros con el espíritu. Barcelona: Plaza & Janés.

Cambio de sentido.

Arnheim, R (2000). El quiebre y la estructura. Santiago de Chile: Editorial Andrés Bello.

Arons, H. (1968). Nuevo curso básico de hipnotismo. Buenos Aires: Glem.
- (1969). Técnicas rápidas de hipnotismo. Buenos Aires: Glem.
- (1967). Manual de autohipnosis. Buenos Aires: Glem.

Bandler R. & Grinder J. (1980) (1995). La Estructura de la Magia I y II. Santiago de Chile: Cuatro Vientos.

Bateson, G. (1972). Pasos para una ecología de la mente. Buenos aires: Planeta.

Berman, Morris. (1990). El reencantamiento del mundo. Santiago de Chile: Cuatro Vientos.

Buber, M. (1990) ¿Qué es el hombre?. México: Fondo de Cultura Económica.

Buhlman, W. (2001). Aventuras fuera del cuerpo. Buenos Aires. Editorial Sirio S.A.

Capra, F. (1982). El punto crucial. Barcelona: Integral.
- (2003). Las Conexiones Ocultas. Barcelona: Editorial Anagrama.
- (2006). La Trama de la Vida. Barcelona: Editorial Anagrama.

Carroll, John M. (1974). Fundamentos y aplicaciones del Laser. Barcelona: Marcombo S.A.

Castaneda, C. (1988). Las enseñanzas de don Juan. México: Fondo de Cultura Económica.
- (1986). Una realidad aparte. México: Fondo de Cultura Económica.

Castillo, J. (2005). Dinosaurios en Chile. Santiago de Chile: Mago Editores.

Chopra, D. (1989). La Curación Cuántica. México: Editorial Grijalbo.

Doore, G. (1993). El viaje del chamán. Barcelona: Kairós.

Drouot, P. (2001). El chamán, el físico y el místico. Buenos aires: Javier Vergara.

Eliade, M. (2001). El Chamanismo y las técnicas arcaicas del éxtasis. España: FCE

Ferguson, M. (1980). La conspiración de Acuario. Barcelona: Kairós.

Fischer, A. (2004). Nuevos paradigmas a comienzos del tercer milenio. Santiago de Chile: Aguilar Chilena de Ediciones S.A.

Fontana, D. (1994). ¿Qué es la meditación? Argentina: Troquel.

Frankl, V. E. (1995). El hombre en busca de sentido. Barcelona: Herder.

Freedman, D (1996). Los Hacedores de Cerebros. Santiago de Chile: Editorial Andrés Bello.

From, E. B (1985). La revolución de la esperanza. México: Fondo de Cultura Económica.
-   (1986). Y seréis como dioses. México: Paidós.
-   (1986). Etica y psicoanálisis. México: Fondo de Cultura Económica.
From, E. & Suzuki D.T. (1964). Budismo zen y psicoanálisis. México: Fondo de Cultura Económica.
Gaynor, Mitchell L. (2001). Sonidos que curan. Barcelona: Urano.
Gazzaniga, M. (1998). El Pasado de la Mente. Santiago de Chile: Editorial Andrés Bello.
Grinberg, M. (2003). Edgar Morín y el Pensamiento Complejo: Madrid: Campo de Ideas.
Grof, S. & Grof, C. (1993). El poder curativo de las crisis. Barcelona: Kairós.
Grof, S. (1985). Psicología transpersonal. Barcelona: Kairós.
-   (1992). En busca del ser. Buenos Aires: Planeta.
-   (1994). La mente holotrópica. Buenos Aires: Planeta.
-   (1993). Sabiduría antigua y ciencia moderna. Santiago de Chile: Cuatro Vientos.
Gubern, R. (2000). El eros electrónico. Madrid: Taurus.
Hall, J. A. (1995) La experiencia jungiana. Santiago de Chile: Cuatro Vientos.
Hawking, W. S. (2002). Historia del tiempo. Barcelona: Editorial Crítica,S.L.
Holt, J. (1980). En vez de educación. México: Diana.
Jasper, K. (1990) La filosofía. México: Fondo de Cultura Económica.
Jung, C. G. (1991). El secreto de la flor de oro. Barcelona: Paidós.
Kharitidi, Olga. (1999). El círculo de los chamanes. Barcelona: Urano
Leakey, R. (2000). El Origen de la Humanidad. Madrid: Editorial Debate S.A.
Leonard G. (1979). El Pulso Silencioso. Madrid: EDAD, Ediciones-Distribuciones S.A.
Leshan, L. (1986). De Newton a la percepción extrasensorial. Barcelona: Urano.
- (1990). Cómo meditar. Argentina: Troquel.
Maslow, A. H. (1971). La personalidad creadora. Barcelona: Kairós.
-   (1987). El hombre autorrealizado. Barcelona: Kairós.
Maturana, H. y Varela, F. (2004). De Máquinas y Seres Vivos. Argentina: Editoriales Universitaria/Lumen.
May, P. (2003). Todos los Reinos Palpitan en Ti. Santiago de Chile: Editorial Grijalbo S.A.
May, R. (1996). El hombre en busca de sí mismo. Argentina. Fausto.
Mcknight, H. (1982). Psicorientología de El Método Silva de Control Mental. México: Diana.

McLuhan, M. & Powers, B.R. La aldea global. Barcelona: Gedisa.

Moody, R., Jr. (1984). Vida después de la vida. Madrid: Edaf.

- (1997). Más sobre vida después de la vida. Madrid: Edaf.

Morin, E. (2005). Introducción al Pensamiento Complejo. Barcelona: Gedisa.

Naranjo, C. (1993). La agonía del patriarcado. Barcelona: Kairós.

- (1989). Psicología de la meditación. Buenos Aires: La Frambuesa.

Ostapchenko, E. (1972). Iniciación al Laser. Barcelona: Marcombo S.A.

Ostrander, Sheila y Nancy & Schroeder, Lynn. (1996). Superaprendizaje 2000. Barcelona: Grijalbo.

Osho. (1998). Meditación. La primera y última libertad. Madrid: Gaia

Ouspensky, P.D. (1988). Psicología de la posible evolución del hombre. Santiago de
Chile: Cerro Manquehue.

Peat, F.D. (1989). Sincronicidad. Barcelona: Kairós.

Peña, O. (2004). El Universo en un Instante de Conciencia. Stgo de Chile: Lom Ediciones Ltda.

- (2005). El Universo en una Caverna. Santiago de Chile: Mago Editores.

Rogers, C. (1989). El camino del ser. Argentina: Troquel.

- (1984). Grupos de encuentro. Buenos aires: Amorrortu.

Rogers, C. y Rosenberg, R. (1981). La persona como centro. Barcelona: Editorial Herder.

Roszak, T. (1985). Persona / Planeta. Barcelona: Kairós.

Ryzl, M. (1986). Cómo potenciar la mente. Barcelona: Martínez Roca.

Samuel, L. (1986). Guía práctica de las autoterapias psicológicas. Madrid: Edaf.

Schumacher, E.F. (1983). Lo pequeño es hermoso. Argentina: Hyspamérica Ediciones Argentinas.

Scott Peck, M. (1991). La nueva comunidad humana. Argentina: Emecé.

- (1990). La nueva psicología del amor. Argentina: Emecé.

Sherman, H. (1980). Sus poderes misteriosos de percepción extrasensorial. México: Diana.

Shreeve, J. (2005). La mente es lo que el cerebro crea: Mente alterada. National Goegraphic.

Silva, J. (1980). Reflexiones. México: Diana.

Silva, J. y Miele, P. (1982). El método Silva de Control Mental. México: Diana.

Simon, D. (2002). Qué hacer cuando el diagnóstico es cáncer. Barcelona: Ediciones Urano S.A.

Smith, H. (2001). La verdad olvidada. Barcelona: Kairós.

Spire, A. (2000). El Pensamiento de Prigogine. Santiago de Chile: Editorial Andrés Bello.

Stone, R. B. (1983). La magia del poder psicotrónico. Madrid: Edaf.

Tart, C. (1990). El despertar del Self. Barcelona: Kairós.

Varela, F. (1999). Dormir, soñar, morir. Santiago de Chile: Dolmen Ediciones.

- (2005). Conocer. Barcelona: Gedisa.

Varela, F.; Thompson, E.; Rosch, E. (2005). De cuerpo presente. Barcelona: Gedisa.

Walsh, R & Vaughan, F (Eds.), (1980). Más allá del ego. Barcelona: Kairós.

- (1994). Trascender el ego. Barcelona: Kairós.

Watts, A. (1986). El libro del tabú. Barcelona: Kairós.

Watzlawick, P. (1986). El lenguaje del cambio. Barcelona: Herder.

- (1993La realidad inventada. Barcelona: Editorial Gedisa.

Watzlawick, P.; Krieg, P. (2000). El ojo del observador. Barcelona: Editorial Gedisa.

Weiss, B. (1998). A través del tiempo. Barcelona: Ediciones B.

Wesselman, H. (1999). El mensaje del chamán. Barcelona: Plaza & Janés.

- (1998). Encuentros con el espíritu. Barcelona: Plaza & Janés.

White, J. (Ed.) (1985). Qué es la iluminación. Barcelona: Kairós.

- (1990). La experiencia mística. Argentina: Troquel.

Wilber, K. (1989). La conciencia sin fronteras. Barcelona: Kairós.

Para salvar la Tierra.

Arnheim, R (2000). El quiebre y la estructura. Santiago de Chile: Editorial Andrés Bello.

Arons, H. (1968). Nuevo curso básico de hipnotismo. Buenos Aires: Glem.

- (1969). Técnicas rápidas de hipnotismo. Buenos Aires: Glem.

- (1967). Manual de autohipnosis. Buenos Aires: Glem.

Benson, H. y Klipper, M. (1977). Relajación: La Respuesta de Relajación. Barcelona: Editorial Pomaire S.A.

Bateson, G. (1972). Pasos para una ecología de la mente. Buenos aires: Planeta.

Berman, Morris. (1990). El reencantamiento del mundo. Santiago de Chile: Cuatro Vientos.

Buber, M. (1990) ¿Qué es el hombre?. México: Fondo de Cultura Económica.

Capra, F. (1982). El punto crucial. Barcelona: Integral.

- (2003). Las Conexiones Ocultas. Barcelona: Editorial Anagrama.

- (2006). La Trama de la Vida. Barcelona: Editorial Anagrama.

Carroll, John M. (1974). Fundamentos y aplicaciones del Laser. Barcelona: Marcombo S.A.

Castaneda, C. (1988). Las enseñanzas de don Juan. México: Fondo de Cultura Económica.

- (1986). Una realidad aparte. México: Fondo de Cultura Económica.

Chopra, D. (1989). La Curación Cuántica. México: Editorial Grijalbo.

Doore, G. (1993). El viaje del chamán. Barcelona: Kairós.

Drouot, P. (2001). El chamán, el físico y el místico. Buenos aires: Javier Vergara.

Eliade, M. (2001). El Chamanismo y las técnicas arcaicas del éxtasis. España: FCE

Farias, I. y Ossandon, J. (2006). Observando Sistemas. Santiago de Chile: Ril Editores.

Ferguson, M. (1980). La conspiración de Acuario. Barcelona: Kairós.

Fontana, D. (1994). ¿Qué es la meditación? Argentina: Troquel.

From, E. B (1985). La revolución de la esperanza. México: Fondo de Cultura Económica.

- (1986). Y seréis como dioses. México: Paidós.

- (1986). Etica y psicoanálisis. México: Fondo de Cultura Económica.

From, E. & Suzuki D.T. (1964). Budismo zen y psicoanálisis. México: Fondo de Cultura Económica.

Grinberg, M. (2003). Edgar Morín y el Pensamiento Complejo: Madrid: Campo de Ideas.

Grof, S. & Grof, C. (1993). El poder curativo de las crisis. Barcelona: Kairós.

Grof, S. (1985). Psicología transpersonal. Barcelona: Kairós.

- (1992). En busca del ser. Buenos Aires: Planeta.

- (1994). La mente holotrópica. Buenos Aires: Planeta.

- (1993). Sabiduría antigua y ciencia moderna. Santiago de Chile: Cuatro Vientos.

Gubern, R. (2000). El eros electrónico. Madrid: Taurus.

Jung, C. G. (1991). El secreto de la flor de oro. Barcelona: Paidós.

Kharitidi, Olga. (1999). El círculo de los chamanes. Barcelona: Urano

Leakey, R. (2000). El Origen de la Humanidad. Madrid: Editorial Debate S.A.

Leonard G. (1979). El Pulso Silencioso. Madrid: EDAD, Ediciones-Distribuciones S.A.

Leshan, L. (1986). De Newton a la percepción extrasensorial. Barcelona: Urano.

- (1990). Cómo meditar. Argentina: Troquel.

Lovelock, J. (2007). La Venganza de la Tierra. Santiago de Chile: Editorial Planeta Chilena S.A.

Maslow, A. H. (1971). La personalidad creadora. Barcelona: Kairós.

- (1987). El hombre autorrealizado. Barcelona: Kairós.

Maturana, H. y Varela, F. (2004). De Máquinas y Seres Vivos. Argentina: Editoriales Universitaria/Lumen.

May, P. (2003). Todos los Reinos Palpitan en Ti. Santiago de Chile: Editorial Grijalbo S.A.

McLuhan, M. & Powers, B.R. La aldea global. Barcelona: Gedisa.

Moody, R., Jr. (1984). Vida después de la vida. Madrid: Edaf.

-      (1997). Más sobre vida después de la vida. Madrid: Edaf.

Morgan, M. (2004). Las Voces del Desierto. Barcelona, España: Ediciones B, S.A.

Morin, E. (2005). Introducción al Pensamiento Complejo. Barcelona: Gedisa.

Nora, D. (1997). La Conquista del Ciberespacio. Santiago de Chile: Editorial Andrés Bello.

Naranjo, C. (1993). La agonía del patriarcado. Barcelona: Kairós.

- (1989). Psicología de la meditación. Buenos Aires: La Frambuesa.

Osho. (1998). Meditación. La primera y última libertad. Madrid: Gaia

Ostapchenko, E. (1972). Iniciación al Laser. Barcelona: Marcombo S.A.

Peña, O. (2004). El Universo en un Instante de Conciencia. Stgo de Chile: Lom Ediciones Ltda.

-      (2005). El Universo en una Caverna. Santiago de Chile: Mago Editores.

-      (2006). Cambio de Sentido. Santiago de Chile: Mago Editores.

Rogers, C. (1989). El camino del ser. Argentina. Troquel.

-      (1984). Grupos de encuentro. Buenos aires: Amorrortu.

Roszak, T. (1985). Persona / Planeta. Barcelona: Kairós.

Ryzl, M. (1986). Cómo potenciar la mente. Barcelona: Martínez Roca.

Samuel, L. (1986). Guía práctica de las autoterapias psicológicas. Madrid: Edaf.

Scott Peck, M. (1991). La nueva comunidad humana. Argentina: Emecé.

- (1990). La nueva psicología del amor. Argentina: Emecé.

Sherman, H. (1980). Sus poderes misteriosos de percepción extrasensorial. México: Diana.

Shreeve, J. (2005). La mente es lo que el cerebro crea: Mente alterada. National Goegraphic.

Silva, J. (1980). Reflexiones. México: Diana.

Silva, J. y Miele, P. (1982). El método Silva de Control Mental. México: Diana.

Spire, A. (2000). El Pensamiento de Prigogine. Santiago de Chile: Editorial Andrés Bello.

Stone, R. B. (1983). La magia del poder psicotrónico. Madrid: Edaf.

Varela, F. (1999). Dormir, soñar, morir. Santiago de Chile: Dolmen Ediciones.

- (2005). Conocer. Barcelona: Gedisa.

Varela, F.; Thompson, E.; Rosch, E. (2005). De cuerpo presente. Barcelona: Gedisa

Walsh, R & Vaughan, F (Eds.), (1980). Más allá del ego. Barcelona: Kairós.

- (1994). Trascender el ego. Barcelona: Kairós.

Watzlawick, P. (1986). El lenguaje del cambio. Barcelona: Herder.

Weiss, B. (1998). A través del tiempo. Barcelona: Ediciones B.

Wesselman, H. (1999). El mensaje del chamán. Barcelona: Plaza & Janés.

- (1998). Encuentros con el espíritu. Barcelona: Plaza & Janés.

Wilber, K. (1989). La conciencia sin fronteras. Barcelona: Kairós.

Espacios de la mente.

Arnheim, R (2000). El quiebre y la estructura. Santiago de Chile: Editorial Andrés Bello.

Bender, H. (1981). La parapsicología y sus problemas. Barcelona: Editorial Herder.

Berman, Morris. (2004). Historia de la conciencia. Santiago de Chile: Cuatro Vientos.

Bertossa F. & Ferrari R. (2010). La mirada sin ojo. Chile. J.C. Sáez Editor.

Bravo, R. & Castillo, J. (2010). Ufología aeronáutica. Santiago de Chile: Mago Editores.

Bulhman, W. (2001) Aventuras fuera del cuerpo. Buenos Aires: Editorial Sirio.

Capra, F. (1982). El punto crucial. Barcelona: Integral.

- (2003). Las Conexiones Ocultas. Barcelona: Editorial Anagrama.

- (2006). La Trama de la Vida. Barcelona: Editorial Anagrama.

Castaneda, C. (1988). Las enseñanzas de don Juan. México: Fondo de Cultura Económica.

- (1986). Una realidad aparte. México: Fondo de Cultura Económica.

Chopra, D. (1989). La Curación Cuántica. México: Editorial Grijalbo. Fondo de Cultura Económica.

Csikszentmihalyi, M. (2008). El Yo evolutivo. Barcelona: Editorial Kairós S.A.

Damasio, A. ((2009). El error de Descartes. Barcelona. Editorial Crítica.

Díaz, J.L. (2008). La conciencia viviente. México: Fondo de Cultura Económica.

Di Lorenzo, N. (2012). Un viaje a ojos cerrados. Buenos Aires. Editorial Distal.

Dispenza, J. (2010). Desarrolle su cerebro. Buenos Aires: Kier

Droit, R. (2001). 101 experiencias de filosofía cotidiana. Buenos Aires.

Drouot, P. (2001). El chamán, el físico y el místico. Buenos Aires: Javier Vergara.

Echeverría, R. (1985). El observador y su mundo. Chile. J.C. Sáez Editor.

Eliade, M. (1993). El yoga. Inmortalidad y libertad. México: Fondo de Cultura Económica.

Ferguson, M. (1980). La conspiración de Acuario. Barcelona: Kairós.

Freedman, D (1996). Los Hacedores de Cerebros. Santiago de Chile: E. Andrés Bello.

Fischer, A. (2004). Nuevos paradigmas del tercer milenio. Santiago de Chile: Aguilar Chilena de Ediciones S.A.

Gardner, H. (1995). Inteligencias múltiples. Barcelona España. Ediciones Paidós Ibérica S.A.

Gazzaniga, M. (1998). El Pasado de la Mente. Santiago de Chile: Editorial Andrés Bello.

Goswami, A. (2008). La física del alma. Barcelona España. Ediciones Obelisco, S.L.

Grof, S. & Grof, C. (1993). El poder curativo de las crisis. Barcelona: Kairós.

Grof, S. (1985). Psicología transpersonal. Barcelona: Kairós.

- (1992). En busca del ser. Buenos Aires: Planeta.
- (1994). La mente holotrópica. Buenos Aires: Planeta.
- (1993). Sabiduría antigua y ciencia moderna. Santiago de Chile: Cuatro Vientos.

Hawking, W. S. (2002). Historia del tiempo. Barcelona: Editorial Crítica, S. L.

Hawking, S. & Mlodinow, L. (2010). El gran diseño. Barcelona: Editorial Crítica, S.L.

Holt, John. (1980). En vez de educación. México: Editorial Diana

Ibáñez, A. (2008). Dinámica de la cognición. Chile. J.C. Sáez Editor.

Kronmüller, E. & Cornejo C. (2008). Ciencias de la mente. Chile. J.C. Sáez Editor.

Lanier, J. (2012). No somos computadoras. Buenos Aires: Editorial Debate.

Laszlo, E. (2004). La ciencia y el campo akásico. Madrid. Ediciones Nowtilus S.L.

Leakey, R. (2000). El Origen de la Humanidad. Madrid: Editorial Debate S.A.

Mctaggart L. (2006). El campo. Buenos Aires Argentina. Editorial Sirio

Maslow, A. H. (1971). La personalidad creadora. Barcelona: Kairós.

- (1987). El hombre autorrealizado. Barcelona: Kairós.

Maturana, H. y Varela, F. (2004). De Máquinas y Seres Vivos. Argentina: Editoriales Universitaria/Lumen.

- (2002). Formación humana y capacitación. Santiago de Chile: Dolmen Ediciones.

McLuhan, M. & Powers, B.R. La aldea global. Barcelona: Gedisa.

Moody, R., Jr. (1997). Más sobre vida después de la vida. Madrid: Edaf.

Morin, E. (2005). Introducción al Pensamiento Complejo. Barcelona: Gedisa.

Naranjo, C. (1993). La agonía del patriarcado. Barcelona: Kairós.

- (1989). Psicología de la meditación. Buenos Aires: La Frambuesa.
- (2007). Cambiar la educación para cambiar el mundo. Chile: Editorial Cuarto Propio.

Peña, O. (2004). El Universo en un instante de conciencia. Stgo. de Chile: Lom Ediciones Ltda.

- (2005). El Universo en una caverna. Santiago de Chile: Mago Editores.
- (2006). Cambio de sentido. Santiago de Chile: Mago Editores.
- (2008). Para salvar la Tierra. Santiago de Chile: Mago Editores.

Rogers, C. (1989). El camino del ser. Argentina: Troquel.

Rueff, J. (1968). Visión cuántica del universo. Madrid: Ediciones Guadarrama.

Varela, F. (1999). Dormir, soñar, morir. Santiago de Chile: Dolmen Ediciones.
- (2005). Conocer. Barcelona: Gedisa.
- (2010). El fenómeno de la vida. Chile. J.C. Sáez Editor.

Varela, F., Thompson, E. y Rosch, E. (2005). De cuerpo presente. Barcelona: Gedisa.

Watt, A. (2008). ¿Qué es la realidad? Barcelona: Kairós.

Watzlawick, P. (1986). El lenguaje del cambio. Barcelona: Herder.
- (1993). La realidad inventada. Barcelona: Editorial Gedisa.
- (2009). ¿Es real la realidad? Barcelona: Herder.

Wilber, K. (1989). La conciencia sin fronteras. Barcelona: Kairós.
- (2003). Una teoría de todo. Barcelona: Kairós.
- (1998). Breve historia de todas las cosas. Barcelona: Kairós.

Zancolli, E. (2003). El misterio de las coincidencias. Buenos Aires: E. del Nuevo Extremo S.A.

www.ingramcontent.com/pod-product-compliance
Lightning Source LLC
Chambersburg PA
CBHW081435170526
45166CB00008B/2211